国家"十二五"重点图书

规模化生态养殖技术丛书

规模化生态养羊技术

张英杰　主编

中国农业大学出版社

·北京·

图书在版编目(CIP)数据

规模化生态养羊技术/张英杰主编.—北京:中国农业大学出版社,2012.9(2016.12 重印)

ISBN 978-7-5655-0580-5

Ⅰ.①规… Ⅱ.①张… Ⅲ.①羊-饲养管理 Ⅳ.①S826

中国版本图书馆 CIP 数据核字(2012)第 174873 号

书　　名	规模化生态养羊技术
作　　者	张英杰　主编

策划编辑	林孝栋　赵　中	**责任编辑**	张苏明
封面设计	郑　川	**责任校对**	陈　莹　王晓凤
出版发行	中国农业大学出版社		
社　　址	北京市海淀区圆明园西路 2 号	**邮政编码**	100193
电　　话	发行部 010-62818525,8625	**读者服务部**	010-62732336
	编辑部 010-62732617,2618	**出　版　部**	010-62733440
网　　址	http://www.cau.edu.cn/caup	**E-mail**	cbsszs @ cau.edu.cn
经　　销	新华书店		
印　　刷	涿州市星河印刷有限公司		
版　　次	2013 年 1 月第 1 版　　2016 年 12 月第 8 次印刷		
规　　格	880×1 230　32 开本　9.25 印张　256 千字		
定　　价	17.00 元		

图书如有质量问题本社发行部负责调换

规模化生态养殖技术
丛书编委会

主　编　张英杰

副主编　刘月琴　许贵善

参　编　张洪岩　锡建中　王玉芹　温雪京
　　　　厉福军　李　菲　赵金华　唐玉双
　　　　冯　琳

总　序

改革开放以来,我国畜牧业飞速发展,由传统畜牧业向现代畜牧业逐渐转变。多数畜禽养殖从过去的散养发展到现在的以规模化为主的集约化养殖方式,不仅满足了人们对畜产品日益增长的需求,而且在促进农民增收和加快社会主义新农村建设方面发挥了积极作用。但是,由于我们的畜牧业起点低、基础差,标准化规模养殖整体水平与现代产业发展要求相比仍有不少差距,在发展中,也逐渐暴露出一些问题。主要体现在以下几个方面:

第一,伴随着规模的不断扩大,相应配套设施没有跟上,造成养殖环境逐渐恶化,带来一系列的问题,比如环境污染、动物疾病等。

第二,为了追求"原始"或"生态",提高产品质量,生产"有机"畜产品,对动物采取散养方式,但由于缺乏生态平衡意识和科学的资源开发与利用技术,造成资源的过度开发和环境遭受严重破坏。

第三,为了片面追求动物的高生产力和养殖的高效益,在养殖过程中添加违禁物,如激素、有害化学品等,不仅损伤动物机体,而且添加物本身及其代谢产物在动物体内的残留对消费者健康造成严重的威胁。"瘦肉精"事件就是一个典型的例证。

第四,由于采取高密度规模化养殖,硬件设施落后,环境控制能力低下,使动物长期处于亚临床状态,导致抗病能力下降,进而发生一系列的疾病,尤其是传染病。为了控制疾病,减少死亡损失,人们自觉或不自觉地大量添加药物,不仅损伤动物自身的免疫机能,而且对环境造成严重污染,对消费者健康形成重大威胁。

针对以上问题,2010 年农业部启动了畜禽养殖标准化示范创建活动,经过几年的工作,成绩显著。为了配合这一示范创建活动,指导广大养殖场在养殖过程中将"规模"与"生态"有机结合,中国农业大学出版社策划了《规模化生态养殖技术丛书》。本套丛书包括《规模化生态蛋鸡养殖技术》、《规模化生态肉鸡养殖技术》、《规模化生态奶牛养殖技术》、《规模化生态肉牛养殖技术》、《规模化生态养羊技术》、《规模化生态养兔技术》、《规模化生态养猪技术》、《规模化生态养鸭技术》、《规模化生态养鹅技术》和《规模化生态养鱼技术》十部图书。

《规模化生态养殖技术丛书》的编写是一个系统的工程,要求编著者既有较深厚的理论功底,同时又具备丰富的实践经验。经过大量的调研和对主编的遴选工作,组成了十个编写小组,涉及科技人员百余名。经过一年多的努力工作,本套丛书完成初稿。经过编辑人员的辛勤工作,特别是与编著者的反复沟通,最后定稿,即将与读者见面。

细读本套丛书,可以体会到这样几个特点:

第一,概念清楚。本套丛书清晰地阐明了规模的相对性,体现在其具有时代性和区域性特点;明确了规模养殖和规模化的本质区别,生态养殖和传统散养的不同。提出规模化生态养殖就是将生态养殖的系统理论或原理应用于规模化养殖之中,通过优良品种的应用、生态无污染环境的控制、生态饲料的配制、良好的饲养管理和防疫技术的提供,满足动物福利需求,获得高效生产效率、高质量动物产品和高额养殖利润,同时保护环境,实现生态平衡。

第二,针对性强,适合中国国情。本套丛书的编写者均为来自大专院校和科研单位的畜牧兽医专家,长期从事相关课程的教学、科研和技术推广工作,所养殖的动物以北方畜禽为主,针对我国目前的饲养条件和饲养环境,提出了一整套生态养殖技术理论与实践经验。

第三,技术先进、适用。本套丛书所提出或介绍的生态养殖技术,多数是编著者在多年的科研和技术推广工作中的科研成果,同时吸纳了国内外部分相关实用新技术,是先进性和实用性的有机结合。以生态养兔技术为例,详细介绍了仿生地下繁育技术、生态放养(林地、山场、草场、果园)技术、半草半料养殖模式、中草药预防球虫病技术、生态驱蚊技术、生态保暖供暖技术、生态除臭技术、粪便有机物分解控制技术等。再如,规模化生态养鹅技术中介绍了稻鹅共育模式、果园养鹅模式、林下养鹅模式、养鹅治蝗模式和鱼鹅混养模式等，很有借鉴价值。

第四，语言朴实，通俗易懂。本套丛书编著者多数来自农村，有较长的农村生活经历。从事本专业以来，长期深入农村畜牧生产第一线，与广大养殖场（户）建立了广泛的联系。他们熟悉农民语言，在本套丛书之中以农民喜闻乐见的语言表述，更易为基层所接受。

我国畜牧养殖业正处于一个由粗放型向集约化、由零星散养型向规模化、由家庭副业型向专业化、由传统型向科学化方向发展过渡的时期。伴随着科技的发展和人们生活水平的提高，科技意识、环保意识、安全意识和保健意识的增强，对畜产品质量和畜牧生产方式提出更高的要求。希望本套丛书的出版，能够在一系列的畜牧生产转型发展中发挥一定的促进作用。

规模化生态养殖在我国起步较晚，该技术体系尚不成熟，很多方面处于探索阶段，因此，本套丛书在技术方面难免存在一些局限性，或存在一定的缺点和不足。希望读者提出宝贵意见，以便日后逐渐完善。

感谢中国农业大学出版社各位编辑的辛勤劳动，为本套丛书的出版呕心沥血。期盼他们的付出换来丰硕的成果——广大读者对本书相关技术的理解、应用和获益。

中国畜牧兽医学会副理事长

2012 年 9 月 3 日

前　言

　　生态养羊是利用无污染的山场、草原、滩涂草地、林地草场等天然资源，或者运用仿生态技术措施，改善养殖生态环境，按照特定的养殖模式进行养殖，生产出无公害绿色羊产品。生态养殖的羊产品因其品质高、口感好而备受消费者欢迎，产品供不应求。

　　本书紧紧围绕规模化生态养羊技术，重点介绍生态环境与养羊生产、羊的品种、生态养羊的繁殖技术、营养与饲料配制技术、饲养管理技术、羊场建筑与设备及羊病防治等技术。在内容上密切结合我国当前养羊生产实际，并收集、汇总了近年来一些国内外生态养羊的先进技术、科研成果和经验，具有实用性和先进性，适合专业技术人员及基层畜牧兽医工作者和广大养羊场（户）参考、应用。

　　由于作者业务水平有限，书中难免有不妥之处，敬请广大读者批评指正。

作　者

2012 年 6 月

目　　录

第一章

概述

  我国是世界上草地资源最丰富的国家之一,草地面积近4亿公顷,占国土面积的41.41%,居世界第二。在我国的国土资源中,草地资源的总量和人均占有量均居国内其他土地资源的首位,但与世界平均人均占有量相比则较少,仅为世界平均人均占有量的42%。我国草地的自然生产力——草产量与国外同类草地不相上下,生产潜力还很大。另外,我国年产秸秆、糟渣超过7亿吨,可用作饲料的总量在3.2亿吨左右,把大量秸秆、糟渣资源通过牛、羊转化与利用,不仅能减少其焚烧、堆弃过程中产生的污染,而且能有效降低生产成本,促进草食家畜养殖的可持续发展。因此我国发展生态养羊具有广阔的前景。

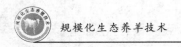

第一节　生态养羊的概述

一、生态养羊的概念

生态养殖是近年来在我国农村大力提倡的一种生产模式,其最大的特点就是在有限的空间范围内,人为地将不同种的动物群体以饲料为纽带串联起来,形成一个循环链,目的是最大限度地利用资源,减少浪费,降低成本。

所谓生态养殖,是指运用生态学原理,保护生物多样性与稳定性,合理利用多种资源,以取得最佳的生态效益和经济效益。生态养羊就是利用无污染的山场、草原、滩涂草地、林地草场等天然资源,或者运用仿生态技术措施,改善养殖生态环境,按照特定的养殖模式进行养殖,投放无公害饲料,目标是生产出无公害绿色羊产品。生态养殖的羊产品因其品质高、口感好而备受消费者欢迎,产品供不应求。

生态养羊一般要根据不同种、属生物间的共生互补原理,利用自然界物质循环系统,在一定的养殖空间和区域内,通过相应的技术和管理措施,使不同生物在同一环境中共同生长,实现保持生态平衡、提高养羊效益的目的。其中"共生互补原理"、"自然界物质循环系统"、"保持生态平衡"等几个关键词,明确了"生态养羊"的几个限制性因子,区分了"生态养殖"与"人工养殖"之间的根本不同点。

二、生态养羊的类型

(一)原生态养羊

原生态养羊是让羊群在自然生态环境中按照自身原有的生长发育规律自然地生长,而不是人为地制造生长环境和用促生长剂让其违反自身原有的生长发育规律快速生长。

相对于生态养殖方式来说,采用集约化、工厂化养殖方式可以充分利用养殖空间,在较短的时间内饲养出栏大量的商品,以满足市场对畜产品的量的需求,从而获得较高的经济效益。但由于家畜是生活在人造的环境中,采食添加有促生长剂在内的配合饲料,因此,尽管生长快,产量高,但其产品品质、口感均较差。而采用放牧或散养方式的不喂全价配合饲料的养殖,因为是在自然的生态环境下自然地生长,所以生长慢、产量低,但其产品品质与口感均优于集约化、工厂化养殖方式饲养。

(二)现代仿生态养羊

随着人们生活水平的不断提高,用集约化、工厂化养殖方式生产出来的产品已不能满足广大消费者日益增长的消费需求,而农村一家一户少量饲养的不使用全价配合饲料的散养生态养殖,因其产量低、数量少也满足不了消费者对生态畜产品的消费需求,因而现代仿生态养殖应运而生。现代仿生态养羊是有别于农村一家一户散养和集约化、工厂化养殖的一种养殖方式,是介于散养和集约化养殖之间的一种规模养殖方式,它既有散养的特点——畜产品品质高、口感好,也有集约化养殖的特点——饲养量大、生长相对较快、经济效益高。但如何搞好现代生态养羊,却没有一个统一的标准与固定的模式。

要想搞好仿生态养羊,必须注意以下几点:

1. 选择合适的自然生态环境

合适的自然生态环境是进行现代生态养羊的基础,没有合适的自然生态环境,生态养殖也就无从谈起。发展生态养羊必须根据羊群的生活习性选择适合其生长的无污染的自然生态环境,有比较大的天然的活动场所,让其自由活动、自由采食、自由饮水,让其自然地生长。如一些地方采取的林地、山场养殖补饲配合饲料的方式就是很好的现代生态养羊模式。

2. 使用配合饲料

使用配合饲料是进行现代生态养羊与农村一家一户散养的根本区

别。如果仅是在合适的自然生态环境中散养而不使用配合饲料，则羊体的生长速度必然很慢，其经济效益也就很低，这不仅影响饲养者的积极性，而且也不能满足消费者的消费需求，因此，进行现代生态养殖仍然要使用配合饲料。但所使用的配合饲料中不能添加违禁促生长剂和动物源性饲料，因为其在畜产品中的残留不仅降低了畜产品的品质，也影响畜产品的口感，满足不了消费者的消费需求。

3. 注意收集粪便

生态养殖的羊群大部分时间是处在散养自由活动状态，随时随地都有可能排出粪便，这些粪便如不能及时清理，则不可避免地会造成环境污染，也容易造成疫病传播，进而影响饲养者的经济效益和人们的身体健康。因此，应及时清理粪便，减少环境污染，保证环境卫生。

4. 多喂青绿饲料

多喂一些青绿饲料不仅可以给羊机体提供必需的营养，而且能够提高机体免疫力，促进身体健康。饲养者可在羊群活动场地种植一些耐践踏的青饲料供羊只活动时自由采食，但仅靠活动场地种植的青饲料还不能满足生态养殖的需要，必须另外供给。另外供给的青饲料最好现采现喂，不可长时间堆放，以防堆积过久产生亚硝酸盐，导致亚硝酸盐中毒。青饲料采回后，要用清水洗净泥沙，切短饲喂。不要去刚喷过农药的菜地、草地采集青菜或牧草，以防农药中毒。一般喷过农药后须经 15 天方可采集。饲喂青绿饲料要多样化，这样不但可增加适口性，提高采食量，而且能够提供丰富的植物蛋白和多种维生素。在冬季没有青饲料时，要多喂一些青干草粉，以改善产品品质和口感。

5. 做好防疫工作

生态养殖的羊群大部分时间是在舍外活动场地自由活动，相对于工厂化养殖方式更容易感染外界细菌、病毒而发生疫病，因此，做好防疫工作就显得尤为重要。防疫应根据当地疫情制定正确的免疫程序，防止免疫失败。

为避免因药物残留而降低畜产品品质，饲养者要尽量少用或不用抗生素预防疾病，可选用中草药预防，有些中草药农村随处可见，如用

马齿苋、玉米芯炭等可防治拉稀,五点草可增强机体免疫力。这样不仅可提高畜产品质量,而且可降低饲养成本。

三、生态养殖的途径

(1)充分利用自然资源发展生态养殖　羔羊过了初乳哺乳期,就可以逐步将其放养到山林、草地或高秆作物地里,让羊自由采食青草、野菜、草籽、昆虫。这种放归自然的饲养方式好处甚多:一是减少了饲喂量,可以节省大量粮食;二是能有效清除大田害虫和杂草,达到生物除害的功效,减少人们的劳动强度和大田的药物性投入;三是能增强机体的抵抗力,激活免疫调节机制,羊得病少,节约预防性用药的资金投入;四是能大幅度提高肉、奶的品质,生产出特别受欢迎的绿色产品。有条件的地方,都可以利用滩涂、荒山等自然资源,建设生态养殖场所,生产出无污染、纯天然或接近天然的绿色产品,同时还能从本质上提高动物的抗病能力,减少预防性药物的投入。

(2)利用活菌制剂发展生态养殖　规模化舍饲生态养殖过程中,可利用活菌制剂,也叫微生态制剂,其中的有益菌可在动物肠道内大量繁殖,使病原菌受到抑制而难以生存,产生一些多肽类抗菌物质和多种营养物质,如 B 族维生素、维生素 K、类胡萝卜素、氨基酸、促生长因子等,抑制或杀死病原菌,促进动物的生长发育。更有积极意义的是,有益菌在肠道内还可产生多种消化酶,从而可以降低粪便中吲哚、硫化氢等有害气体的浓度,使氨浓度降低 70% 以上,起到生物除臭的作用,对于改善养殖环境十分有利。使用活菌制剂有"三好"优点,即安全性好、稳定性好、经济性好,可以彻底消除使用抗菌药物带来的副作用,是发展生态养殖的重要途径。

目前研究制成的动物微生态制剂主要包括益生菌原液、益生元、合生元三类,可供选用的制剂主要有 EM、益生素、促菌生、调痢生、制菌灵、止痢灵、抗痢灵、抗痢宝、乳酶生等,可广泛用于畜禽养殖。

(3)农牧结合发展生态养殖　羊场排泄物"资源化利用"模式,不仅符合畜牧业发展实际,而且也能取得种植业和养殖业协调发展的"双赢"。如将羊排泄物发酵,可直接制成优质有机肥全部用于农田和果园,每年不仅可减少购买化肥的成本,而且可使农作物和水果增产,水果甜度增加、口感鲜美、价格提高,还可生产出有机饲料供养殖场利用。

采取农牧结合的生态养殖模式,不仅实现了养殖排泄物的零排放,而且改善了土地的肥力,使昔日闲置的荒山变成了今天郁郁葱葱的花果山,更重要的是大大改善了养殖的生态条件,羊群在污染少、空气好、隔离条件好的山场里生长,发病率、死亡率明显下降,羊的生产性能也得到提高。

第二节　规模化生态养羊的作用与意义

我国的传统畜牧业是牧区"靠天养畜",生产水平很低,农区主要靠一些秸秆、农副产品和粮食发展养殖业,这种"耗粮型"畜牧业生产格局显然不能满足人们物质生活水平提高后对畜产品的需求。因此,充分发掘饲草料资源,发展集约化草食畜牧业就显得尤为重要。生态养羊不但顺应当前退耕还林、还草和农业产业结构调整的形势,而且也是现代养羊优质高效生产的根本出路。

一、生态养羊是社会主义新农村建设的要求,是农民增收的需要

加强农村生态环境建设,提高农民生活水平,是建设社会主义新农村的重要内容。实施生态家园富民行动,要按照"减量化、再利用、资源化"的循环经济理念,以农村废弃物资源循环利用为切入点,大力推进

资源节约型、环境友好型和循环利用型农业发展,实现家居环境清洁化、农业生产无害化和资源利用高效化。社会主义新农村建设也要求养羊要走环保、节约、高效的可持续生态养殖方式。

农民增收是我国一项长期的战略任务,生态环境建设也是国家可持续发展的战略问题,两者在现阶段有突出的矛盾,而生态养羊就是解决这一矛盾的有效措施,是一条振兴农村经济、增加农民收入的有效途径。种草养羊与种植粮食相比较,单位土地面积的生物产量高、成本低,经济效益高于种植粮食。此外,种草养羊抗御自然灾害的能力较强,并能充分利用自然界各种有利或不利的光、热、水、土等资源。

二、生态养羊有利于保持农业生态系统良性循环, 缓解人畜争粮的矛盾

我国是一个人多地少的国家,人均耕地面积只有 0.08 公顷,人均粮食产量一直在 400 千克左右徘徊。因此,通过增加粮食生产发展畜牧业来增加动物性产品的可能性越来越小,饲粮短缺已成为制约我国畜牧业发展的重要因素。合理建设和利用草地,通过种植优质饲草来养羊可以有效缓解我国饲粮不足和人畜争粮的矛盾。

生态养羊在农业生态系统中起着不断向系统归还营养物质的作用,维持了植物—动物—微生物三者之间组成食物链的良性循环,使物质和质量的输入、输出能互相交换、互相调节和互相补偿,从而为建立一个良好的农业生态系统创造有利条件。

三、生态养羊有利于我国农业产业结构的调整

衡量一个国家农业的发达程度主要看 2 个方面:①畜牧总产值在农业总产值中的比重;②草食家畜产值在畜牧总产值中的比重。畜牧总产值在农业总产值中的比重越大,农业越发达。发达国家畜牧总产

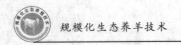

值在农业总产值中所占比重一般在 50％ 以上,如美国 60％、英国 70％、德国 74％,我国目前为 30％;发达国家草食家畜产值在畜牧总产值中所占比重一般在 60％ 以上,我国与发达国家差距甚远。这清楚地指明了我国畜牧业结构调整的方向,即大力发展牛、羊为主的草食家畜。

众所周知,天然草地、人工草地以及牧草产品是发展草食家畜的物质基础。从当前和长远看,草食家畜缺乏优质牧草的矛盾相当尖锐,大力发展牧草产业正是解决这一矛盾的有效途径。当前畜牧业结构调整的核心问题是草食家畜的优先发展问题,而草食家畜发展的关键是草的问题,只有解决草的问题,畜牧业结构问题才能得以解决。

四、生态养羊有助于改善生态环境

气候干旱、水土流失、土地沙化、沙尘暴和环境污染是威胁我国生态环境、生产建设和生存条件的主要问题。我国现有草原草坡面积约 4 亿公顷,但 50％ 以上严重沙化、退化,载畜量下降,许多地方已经达到饱和、超载,草地缺乏休养生息、恢复和再生机会。牧草生态适应性广,生命力顽强,枝叶繁茂,根系发达,有些牧草的根茎能覆盖地面,可以减少雨水冲刷、风沙和风蚀,防止水土流失和沙尘暴,有助于改善生态环境。

五、生态养羊有利于改变季节性畜牧业,提高养羊业的集约化水平

目前,我国传统养羊业生产几乎是全年在草地放牧,对自然条件依赖性很强,这种饲养方式的主要问题是牧草的季节性供给和家畜长年需求之间的不平衡性。受天然草原季节性生产的影响,家畜仍然呈现"夏饱、秋肥、冬瘦、春乏"的季节性波动现象。传统草地畜牧业生产的

主要障碍仍然是自然灾害，靠天养畜的局面仍没有得到根本性改变。草地畜牧业的脆弱性和不稳定性是靠天养畜、粗放经营的传统草地畜牧业难以治愈的病症。要解决这一问题只有通过种植饲草，建立饲草生产体系，进行集约化生产，从而保护草地畜牧业高产、优质、稳定、持续的发展。

第二章

生态环境与养羊生产

第一节　养羊生产与生态环境

　　生态环境是人类社会赖以生存和发展的物质基础,畜牧业的发展必须把生态环境保护和建设放在首位。养羊虽对生态环境造成一定影响,但都是因管理不善造成的。羊是草食动物,可大量利用牧草、秸秆、糟渣、非蛋白氮、粮油加工副产品等非粮型饲料,羊产品不仅与人民生活息息相关,而且具有不可替代的重要作用,其年产值约800亿元,是发展可持续畜牧业的支柱产业。为了加速国民经济发展,促进农业产业结构调整和农民增收,应因地制宜地发展,走经济保护生态之路。当然,如果没有经济开发和利用来保证,空谈生态保护是没有意义的。

一、养羊业并非破坏生态环境的罪魁祸首

有人认为养羊业是破坏生态环境的罪魁祸首,那么羊是怎样破坏生态环境的? 羊为什么要破坏生态环境? 这些问题必须搞清楚。羊属于草食动物,嘴尖牙利,喜食脆硬的饲草和饲料,在枯草期和荒漠或半荒漠草原,在纯放牧的条件下,羊无草可吃,为了生存,就掘草根、啃树皮,对植被造成了严重的破坏,加剧了荒漠化进程,恶化了生态环境。因而,有人认为羊破坏生态环境是由其本性决定的。所以,为了保护生态环境必须禁牧宰羊或限养的提法就应运而生。其实,造成草地退化的原因很多,归根结底就是人—草—畜—环境与社会总的大系统遭到破坏,在这个大系统中任何一种动物过多都会造成对环境的破坏,因此,我们不应该把环境恶化归咎于山羊灾害性的采食行为。

那么,有人会问:养羊能不能不破坏生态环境呢? 回答是肯定的,当羊有草吃或不放牧时就不会破坏生态环境。还有人会问:我国有足够的草喂这么多的羊吗? 回答也是肯定的,我国的牧草、秸秆等非粮性饲草资源十分丰富,总量过剩,局部不足。还有人问:羊不放牧能行吗? 回答还是肯定的。可见,养羊就一定破坏生态环境的提法是片面的、错误的。养羊破坏生态环境纯因人为的管理不善造成,而非羊本身的罪过。

二、养羊与生态的关系

近年来,我国北方地区频繁发生严重的沙尘暴,直接影响到北京及我国中、南部地区,对人民群众正常的生产、生活造成严重的危害,并有逐年扩大之势,引起了各方面的密切关注。其中,有人把沙尘暴的起因归咎于发展山羊特别是绒山羊生产所致。针对这一问题,应正确看待山羊生产。造成目前我国草地退化、沙化的原因是多方面的,既有自然因素,也有人为因素,自然因素如干旱少雨、大风频次不断增加等;人为因素如盲目开荒,挖掘各种中药材,人口暴涨导致耕地和水资源减少、

环境污染,以及草地承包责任制尚未全面落实,盲目发展草食家畜造成草地超载、重牧和过牧等。因此,关键因素是人为管理不善。长期以来,由于草地超载、滥牧、饲草缺乏,导致草食家畜(其中包括山羊)啃树皮、扒草根,造成草地沙化。但是,通过科学管理,落实草地承包,种草种树,以草定畜,改变养羊方式是完全可以避免的,并能实现保护生态环境与适度发展养羊业生产两者的协调发展。因此,不分青红皂白,把我国近些年来西北、华北地区频繁发生的沙尘暴归罪于山羊,这是不客观的,也是不公正的。

三、养羊业与生态环境建设协调发展

我国是世界养羊大国,羊存栏近 4 亿只,每只羊产值按 200 元计算,年产值达 800 亿元左右。可见,养羊业是国民经济中的一个重要的支柱产业。不仅如此,羊产品在国民经济和人民生活中具有重要的不可替代的作用。例如,高级毛料主要来自毛用羊,号称天然纤维明珠的山羊绒来自绒山羊,轻柔、薄软、透气、华美的皮衣及皮具来自皮山羊,被誉为"完全食物"的山羊奶和山羊肉兼有营养和保健双重作用。可见,羊产品不仅与人民生活息息相关,而且具有不可替代的重要作用。加之羊本身是草食动物,可大量利用牧草、秸秆、糟渣、非蛋白氮、粮油加工副产品等非粮型饲料,是发展可持续畜牧业的支柱产业。为了加速国民经济的蓬勃发展,促进农业产业结构调整和农民增收,如何做到养羊与生态环境协调发展呢?特提以下方略供参考。

(一)因地制宜发展养羊

各地生态环境千差万别,不能套用一个模式来养羊,更不能搞宰羊禁牧一刀切,应因地制宜,协调发展。

(1)北羊南养 制约我国发展养羊的严重问题是草畜不配套,北方有羊缺草,南方有草缺羊,而南方多雨潮湿,要养羊必须创造局部干燥的小环境,发展离地笼架养羊,充分利用南方丰富的牧草资源,大力发展养羊业。

（2）禁牧限养　在荒漠或半荒漠草原及风沙区应坚决采取禁牧、限养、迁羊等措施,并种草植灌,确保植被恢复或生态环境建设。

（3）划区轮牧　在植被好的草原要界定产权,制定条例,出台政策,划定草原所有权,实现谁拥有、谁治理、谁受益。在草资源丰富的牧区应以草定羊,控制规模,草羊配套;划区轮牧,在枯草期舍饲养羊。

（4）林牧结合　在林区要草、灌、乔结合,特别是种植一些易于成活,根系发达,固沙、固坡性能好的灌木或其他树种。如种植三倍体刺槐、沙棘等,在灌木丛生、植被优良的林区,可进行林牧结合。适度放牧可促进牧草和灌木的根系发育和再生,有利于保护植被。

（5）舍饲养羊　在半农半牧或半林区发展舍饲养羊。在这些地区应大力推广高产牧草的种植,牧草根系发达,固沙固坡效果好,而且产草量大,营养价值高,是舍饲养羊的饲草来源。

（6）秸秆养羊　农区农作物秸秆量大质优,秸秆青贮或微贮是理想的饲草饲料,据初步计算,仅秸秆一项就可以满足全国养羊所需饲草的总需要量。

(二)改良品种,提高效益

我国虽是养羊大国,但不是养羊强国。究其原因主要是良种化程度低,经济效益差。例如,我国普通山羊的日增重仅 60 克左右,而著名的波尔肉山羊日增重高达 200 克以上,相差 3 倍多,萨福克、无角道塞特等肉绵羊品种日增重可高达 400 克左右。为了提高我国养羊业的经济效益,必须加大品种改良速度,变数量扩张型为质量效益增长型,这不仅可以提高养羊的经济效益,而且可以减少生态环境的压力。

(三)突出特色,发展产业化

我国养羊业必须走产业化的道路,把特色做大、做好、做出成效。例如,我国闻名于世的绒山羊、裘皮羊、奶山羊以及近几年引进和发展的美利奴毛用羊、波尔肉山羊,不仅品质好,而且效益高,应大力发展。

在养羊问题上,应该首先搞一体化,把良种、饲草、饲养、生产、加工、销售六个环节紧密连接起来,养羊产业化可用六个字来概括,即种、草、养、产、加、销。为此应搞好良种繁育、饲草饲料供给、疾病防治、产品加工、市场流通五大体系建设,确保养羊业生产与生态环境建设协调发展。

(四)把数量型转向质量效益型

要严格控制产区养羊数量,提高个体产量,我国羊只,尤其是山羊,良种化程度较低,大多数为低产普通山羊,生长缓慢,饲料报酬低,一般到 1.5 岁后才能上市,不仅造成饲料资源的浪费和环境破坏,而且饲养效益低,因此需要引进良种予以改进和提高,实现当年羔羊当年育肥、当年上市。通过饲养良种羊,在数量大大减少的情况下,农牧民收入不降低,而生态环境却得到较大改善。

(五)逐步实现部分粮田向草地的过渡也是传统农业向高效农业的转变

实现这种转变必须依靠政策持久的支持和效益的引导,逐步转变农民的经营意识,使他们由被动接受转为主动采纳。

(六)改变传统的饲养方式,养羊由全放牧向舍饲半舍饲方向发展

传统的养羊业一直沿袭以放牧为主,这种粗放的经营投入少,成本低,效益差,而舍饲又无章可循,担心舍饲会降低生长速度等。其实这种担心是没有必要的,羊的生长主要受遗传因素影响,其次是环境因素。当然,从放牧到舍饲,可能在营养、繁殖、疾病防治等方面会出现一些新问题,但这些问题通过加强科学饲养管理是可以解决的。在没有草场或草场已退化区,选择农户小群舍饲方式,所饲养的羊以奶山羊或高产肉用绵山羊为主;在草地条件较好的山区,采取放牧舍饲相结合方式,即在严格控制饲养量和放牧强度(以不超过实际产草量50%)的条件下,夏秋季以放牧为主,冬春季以舍饲为主,逐渐过渡到以舍饲为主;

成岭树林区或灌木区,以放牧良种肉山羊为主,利用羊消除灌木、林间杂草、树叶,消灭林地火灾隐患,减少病虫危害,生产无污染羊肉,实现林牧利益互补。

(七)充分利用自然及资源优势,积极探索养羊业生产管理模式

例如以农作物秸秆加工调制为基本饲草的短期育肥模式,以优质牧草及青贮饲料为主体的肉羊繁育模式,以生态牧业为主体的地方品种资源开发模式。

第二节 养羊生产与生态因子

自然界各种生态因子会直接或间接地影响养羊生产,因此通过建造不同类型羊舍以克服自然界气候因素的影响,有利于羊健康和生产性能的发挥。近十几年来,关于家畜环境和畜舍环境控制的研究进展较快。一些畜牧生产发达的国家在生产中已广泛采用所谓的"环境控制舍",这就为最大限度地节约饲料能量、最有效地发挥家畜的生产力、均衡地获取优质低价产品创造了条件,并已成为畜牧生产现代化的标志之一。下面分述几种主要生态因子对养羊生产的影响。

一、温度

羊的生产性能只有在一定的外界温度条件下才能得到充分发挥。温度过高或过低,都会使生产水平下降,养殖成本提高,甚至使羊的健康和生命受到影响。例如冬季温度太低,羊吃进去的饲料全被用于维持体温,没有生长发育的余力,有的反而掉膘,造成"一年养羊半年长"的现象,甚至发生严重冻伤;温度过高,超过一定界限时,羊的采食量随之下降,甚至停止采食,喘息。湖北罗汉寺种羊场地处亚热带,该场6~

8月份3个月最高气温不低于30℃的天数为61.5天,使该场饲养的罗姆尼羊散热发生困难,采食受到影响,造成羊只掉膘或中暑。羊育肥的适宜温度决定于品种、年龄、生理阶段及饲料条件等多种因素,很难划出统一的范围。根据有关研究资料,中国几种不同生产类型绵羊育肥对气温适应的生态幅度如表2-1所示。

表 2-1 不同类型绵羊育肥对气温适应的生态幅度   ℃

绵羊类型	掉膘极端低温	掉膘极端高温	抓膘气温	最适宜抓膘气温
细毛羊	≤-5	≥25	8~22	14~22
半细毛羊	≤-5	≥25	8~22	14~22
中国卡拉库尔羊	≤-10	≥32	8~22	14~22
粗毛肉用羊	≤-15	≥30	8~24	14~22

二、湿度

空气相对湿度的大小直接影响着羊体热的散发。在一般温度条件下,空气湿度对羊体热的调节没有影响,但在高温、低温时,能加剧高、低温对羊体的危害。羊在高温、高湿的环境中,散热更困难,甚至受到抑制,往往引起体温升高、皮肤充血、呼吸困难,中枢神经因受体内高温的影响,机能失调,最后致死。在低温、高湿的条件下,羊易患感冒、神经痛、关节炎和肌肉炎等各种疾病。潮湿的环境还有利于微生物的发育和繁殖,使羊易患疥癣、湿疹及腐蹄病等。对羊来说,较干燥的空气环境对健康有利,应尽可能地避免出现高湿度环境。不同生产类型绵羊对空气湿度适应的生态幅度见表2-2。

表 2-2 不同生产类型绵羊对空气湿度适应的生态幅度   ％

绵羊类型	适宜的相对湿度	最适宜的相对湿度
细毛羊	50~75	60
毛肉兼用半细毛羊	50~75	60
肉毛兼用半细毛羊	50~80	60~70
卡拉库尔羊	40~60	45~50
粗毛肉用羊	55~80	60~70

在养羊生产中防潮是一个重要问题，必须从多方面采取综合措施来应对：

第一，妥善选择场址，把羊场修建在高燥地方。羊舍的墙基和地面应设防潮层。

第二，加强羊舍保温，使舍内空气温度始终在露点温度以上，防止水汽凝结。

第三，尽量减少舍内用水量。

第四，对粪尿和污水应及时清除，避免在舍内积存。

第五，保证通风系统良好，及时将舍内过多的水汽排出去。

第六，勤换垫草可有效地防止舍内潮湿。

三、光照

光照对羊的生理机能具有重要调节作用，不仅对羊繁殖有直接影响，对育肥也有重要作用。首先，光照的连续时间影响生长和育肥。据张英杰等报道，在春季对蒙古羊给予短光照处理可使母羊在非繁殖季节发情排卵；据贾志海报道，对绒山羊分别给予 16 小时光照、8 小时黑暗（长光照制度）和 16 小时黑暗、8 小时光照（短光照制度），结果在采食相同日粮情况下，短光照组山羊体重增长速度高于长光照组，公羊体重增长高于母羊，见表 2-3。其次，光照的强度对育肥也有影响，如适当降低光照强度，可使增重提高 3%～5%，饲料转化率提高 4%。

表 2-3　不同光照周期和性别对山羊体重的影响

项　目	光照周期		性别	
	短光照	长光照	公	母
开始体重/千克	31.2	30.6	35.4	26.3
结束体重/千克	39.0	37.3	45.6	30.6
平均日增重/克	130	112	170	72

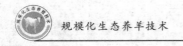

四、气流

在一般情况下,气流对绵、山羊的生长发育和繁殖没有直接影响,而是加速羊只体内水分的蒸发和热量的散失,间接影响绵、山羊的热能代谢和水分代谢。在炎热的夏季,气流有利于对流散热和蒸发散热,因而对绵、山羊育肥有良好作用。因此,在气候炎热时应适当提高舍内空气流动速度,加大通风量,必要时可辅以机械通风。在冬季,气流会增强羊体的散热量,加剧寒冷的影响。据对羊的观察,在同一温度下,气流速度愈大则羊受冻现象愈明显,而且年龄愈小,所受影响愈严重。在寒冷的环境中,气流使绵、山羊能量消耗增多,进而影响育肥速度。不过,即使在寒冷季节,舍内仍应保持适当的通风,这样可使空气的温度、湿度、化学组成均匀一致,有利于将污浊气体排出舍外,气流速度以 0.1~0.2 米/秒为宜,最高不超过 0.25 米/秒。

五、空气中的灰尘和微生物

(一)灰尘

羊舍内的灰尘主要是由打扫地面、分发干草和粉干料,刷拭、翻动垫草等产生的。灰尘对羊体的健康有直接影响。灰尘降落在羊体表上,可与皮脂腺的分泌物以及细毛、皮屑、微生物等混合在一起,黏结在皮肤上,使皮肤发痒以至发炎,同时,使皮脂腺和汗腺的管道堵塞,皮质变脆易损,皮肤的散热功能下降,体热调节受到破坏。灰尘降落在眼结膜上,会引起灰尘性结膜炎。另外,空气中的灰尘可被吸入呼吸道,使鼻腔、气管、支气管受到机械性刺激。特别是灰尘中常常含有病原微生物,使羊受到感染。

为了减少羊舍空气中的灰尘量,应采取以下措施:在羊场的周围种植保护林带,场地内也应大量植树;粉碎精料、堆放和粉碎干草等场所,都应远离羊舍;分发干草时动作要轻;最好由粉料改喂颗粒饲料,或注意饲喂时间和给料方法；翻动或更换垫草，应趁羊不在舍内时进行；禁止在舍内刷拭羊体；禁止干扫地面；保证通风系统性能良好，采用机械通风的羊舍，尽可能在进气管上安装除尘装置。

（二）微生物

羊舍内空气中存在大量灰尘以及羊咳嗽、喷嚏、鸣叫时喷出来的飞沫，从而使微生物得以附着并生存。病原微生物附着在灰尘上对羊体造成感染叫灰尘感染，附着在飞沫上造成感染叫飞沫感染。大自然中主要是灰尘感染，在畜舍内主要是飞沫感染。呼吸道疾病均是通过飞沫传播的，在封闭式的羊舍内，飞沫可以散布到各个角落，使每只羊都有可能受到感染。因此，必须做好舍内消毒，避免粉尘飞扬，保持圈舍通风换气，预防疾病发生。

六、有害气体

在敞棚、开放舍或半开放羊舍内，空气流动性大，所以空气成分与大气差异不大。在封闭式羊舍，如果排气设施不良或使用不当，舍内有害气体有可能达到很高的浓度，危害羊群。最常见、危害最大的气体是氨和硫化氢。氨主要由含氮有机物如粪、尿、垫草、饲料等分解产生，硫化氢是由于羊采食富含蛋白质的饲料而且消化机能紊乱时由肠道排出。其次是一氧化碳和二氧化碳。消除有害气体的措施如下：

首先要及时清除粪尿。粪尿是氨和硫化氢的主要来源，清除粪尿有助于羊舍空气保持清新。

其次是铺用垫草。在羊舍地面的一定部位铺上垫草，可以吸收一定量的有害气体，但垫草须勤换。

还要注意合理换气。这样可将有害气体及时排出舍外，保证舍内空气清洁。羊舍内有害气体的浓度应控制在氨20毫克/千克、硫化氢10毫克/千克、二氧化碳0.15%、一氧化碳24毫克/千克以下。

第三节　环境保护对生态养羊的要求

20世纪,我国的养羊生产是以农牧结合、小规模、个体经营为主,尚未进入高度集约化的阶段,环境污染并未引起养殖场的普遍关注。进入21世纪以后,大型现代化养殖场不断涌现,规模越来越大,随之而来的是产生了大量生产废弃物,如不经处理,不仅会危害家畜本身,还会污染周围环境,甚至形成公害。日本及欧洲一些国家也常因畜牧业生产废弃物构成畜产公害案件,引起一些社会人士的不满。为解决畜产公害问题就要采取环境保护的措施。

生态养羊的环境保护的基本原则是:养殖场内所产生的一切废弃物不可任其污染环境,使恶臭远逸,蚊蝇乱飞,也不可弃之于土壤、河道而污染周围环境,酿成公害,必须加以适当处理,合理利用,化害为利,并尽可能在场内解决。

对养羊场来说,最主要的废弃物是粪便,如果能够妥善地处理好粪便,也就解决了养殖场环境保护中的主要问题。羊的粪便由于饲养管理方式及设备等的不同,废弃的形式也不同,或以纯粪尿、或以粪液、或以污水的形式废弃,因而处理的方法也随之不同。其最主要的出路,目前仍然是作为肥料供给作物与牧草。在我国,家畜的粪尿几乎全部施于农田。

在处理家畜的粪便、粪液或畜牧场污水方面,近些年来已经摸索了不少物理、化学、生物及综合处理的方法,可以用各种高效率的设备,系统地处理畜牧场的废弃物以达到净化的目的,并使这些废弃物物尽其用,在场内解决,有效地防止其对人畜健康造成的危害及对环境可能形成的污染。

保护养羊场的环境主要是从规划羊场、妥善处理粪尿及污水、绿化环境、防护水源等方面着手进行。

一、从环境保护的观点合理规划羊场

合理规划羊场是搞好环境保护的先决条件,否则,不仅会影响日后生产,并且会使羊场的环境条件恶化,或者为了保护环境而付出很高的代价。

在对一个羊场选址时,从环境保护着眼,必须考虑羊场与周围环境的相互影响,既要考虑到羊场不要污染了周围的环境,也要考虑到羊场不要受到周围环境已存在的污染的影响。同时,为了在一个地区内合理地设置羊场的数量和饲养的头数,使其废弃物尽可能地在本地区内加以利用,就要根据所产废弃物的数量(主要是粪尿量)及土地面积的大小,规划各羊场的规模,科学、合理、较均匀地布置在本地区内。

一个农牧结合的羊场要处理好它与外界的关系。第一,羊所产的粪便尽可能施用于本场土地,以减少化肥外购;第二,收获的作物及牧草解决本场所需的大部分饲料,以减少外购饲料。这样既利于生产经营,也利于防止污染。

对一个非农牧结合的羊场,场内地面有限,为妥善地处理粪肥,在规模羊场,须根据具体情况做以下的各种选择:①与附近农业生产单位订立合同,全部运送交付该单位使用;②建造沼气池;③安装处理粪液或污水的全套设备。粪液经后两种方法处理,即经过微生物作用后,仍可作肥料使用。

二、妥善处理羊粪尿

羊的粪尿由于土壤、水和大气的理化及生物的作用,经过扩散、分解逐渐完成自净过程,并进而通过微生物、动植物的同化和异化作用,又重新形成动、植物所需的糖类、蛋白质和脂肪等,也就是再度变为饲料,再行饲养畜禽。这样农牧结合、互相促进的办法,是当前处理羊粪便的基本措施,也起到保护环境的作用。从图 2-1 可见粪尿在自然界中的循环过程。

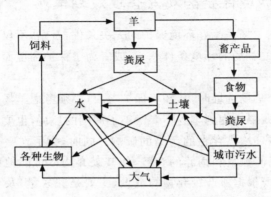

图 2-1 粪尿在自然界的循环过程

目前,对粪便的处理与利用有以下几个途径。

(一)用作肥料

有用新鲜粪尿直接上地的,也有经过腐熟后再行施用的。

1.土地还原法

把家畜粪尿作为肥料直接施入农田的方法,称为"土地还原法"。羊粪尿不仅供给作物营养,还含有许多微量元素等,能增加土壤中的有机质含量,促进土壤微生物繁殖,改良土壤结构,提高肥力,从而使作物有可能获得较高而稳定的产量。实行农牧结合,就不会出现因粪便而形成畜产公害的问题。

2.腐熟堆肥法

是利用好气性微生物分解家畜粪便与垫草等固体有机废弃物的方法。此法具有能杀死细菌与寄生虫卵,并能使土壤直接得到一种腐殖质类肥料等优点,其施用量可比新鲜粪尿多 4～5 倍。

好气性微生物在自然界到处存在,它们发酵需以下一些条件:要有足够的氧,如物料中氧不足,厌气性微生物将起作用,而厌气性微生物的分解产物多数有臭味,为此要安置通气的设备,经通气的腐熟堆肥比较稳定,没有怪味,不招苍蝇。除好气环境外,水分保持在40%左右较适宜。

我国利用腐熟堆肥法处理家畜粪尿是非常普遍的,并有很丰富的经验,所使用的通气方法比较简便易行。例如将玉米秸捆或带小孔的竹竿在堆肥过程中插入粪堆,以保持好气发酵的环境。经四五天即可使堆肥内温度升高至60~70℃,2周即可达到均匀分解、充分腐熟的目的。

粪便经腐熟处理后,其无害化程度通常用两项指标来评定。

(1)肥料质量　外观上呈暗褐色,松软无臭。如测定其中的总氮和速效氮、磷、钾的含量,肥效好的,速效氮有所增加,总氮和磷、钾不应过多减少。

(2)卫生指标　首先是观察苍蝇滋生情况,如成蝇的密度、蝇蛆死亡率和蝇蛹羽化率;其次是大肠杆菌值及蛔虫卵死亡率。此外尚须定期检查堆肥的温度。见表2-4。

表2-4　高温堆肥法卫生指标

项目	卫生指标
堆肥温度	最高堆温达50~55℃,持续5~7天
蛔虫卵死亡率	95%~100%
粪大肠菌值	10^{-2}~10^{-1}
苍蝇	有效地控制苍蝇滋生

3. **粪便工厂化好氧发酵干燥处理法**

此项技术是随着养殖业大规模集约化生产的发展而产生的。通过创造适合发酵的环境条件,来促进粪便的好氧发酵,使粪便中易分解的有机物进行生物转化,性质趋于稳定。利用好氧发酵产生的高温(一般可达50~70℃)杀灭有害的病原微生物、虫卵、害虫,降低粪的含水率,从而将粪便转化为性质稳定、能储存、无害化、商品化的有机肥料,或制造其他商品肥的原料。此方法具有投资少、耗能低、没有再污染等优点，是目前发达国家普遍采用的粪便处理的主要方法，也应成为我国今后粪便处理的主要形式。

4. 好氧发酵制有机-无机型复合肥的开发利用

有机-无机型复合肥既继承了有机肥养分全面、有机质含量高的优点，又克服了有机肥养分释放慢、数量不足、性质不稳定、养分比例不平衡的缺点，同时也弥补了无机化肥养分含量单一、释放速度过快、易导致地力退化和农产品质量下降的不足。工厂化高温好氧发酵处理畜禽粪便，可得到蛋白质稳定的有机肥，这种有机肥为生产有机-无机型复合肥提供了良好的有机原料。有机-无机型复合肥是一种适合现代农业，给土壤补充有机质，消除有害有机废弃物，发展有机农业、生态农业、自然农业的重要手段。实践经验表明，在蔬菜作物黄瓜、辣椒田施用有机-无机型复合肥比施用常规肥明显增产，其中黄瓜田施用有机-无机型复合肥比施常规肥增产 13%，辣椒田增产 6%。

（二）用粪便生产沼气

利用家畜粪便及其他有机废弃物与水混合，在一定条件下产生沼气，可代替柴、煤、油供照明或作燃料等用。沼气是一种无色、略带臭味的混合气体，可以与氧混合进行燃烧，并产生大量热能，每立方米沼气的发热量为 5 000～6 500 千卡（约 21～27 兆焦）。

使粪便产生沼气的条件，第一是保持无氧环境，可以建造四壁不透气的沼气池，上面加盖密封；第二是需要充足的有机物，以保证沼气菌等各种微生物正常生长和大量繁殖；第三是有机物中碳氮比适中，在发酵原料中，碳氮比一般以 25：1 产气系数较高，这一点在进料时须注意，适当搭配、综合进料；第四是沼气菌在 35℃ 时最活跃（沼气菌生存温度范围为 8～70℃），此时产气快且多，发酵期约为 1 个月，如池温低至 15℃，则产生沼气少而慢，发酵期约为 1 年；第五是沼气池保持在中性范围内较好，过酸、过碱都会影响产气，一般以 pH 6.5～7.5 时产气量最高,酸碱度可用 pH 试纸测试,一般情况下发酵液可能过酸,可用石灰水或草木灰中和。

在设计沼气池时须考虑粪便的每日产生量和沼气生成速度。沼气的生成速度与沼气池内的温度及酸碱度、密闭性等条件有关。一般将沼气池的容积定为贮存 10～30 天的粪便产量。

三、合理处理与利用畜牧场污水

由于畜牧业生产的发展,其经营与管理的方式随之而改变,畜产废弃物的形式也有所变化。如羊的密集饲养,取消了垫料,或者是采用漏缝地面,为保持羊舍的清洁,用水冲刷地面,使粪尿都流入下水道。因而,污水中含粪尿的比例更高,有的羊场每千克污水中含干物质达50～80 克,有些污水中还含有病原微生物,如直接排至场外或施肥,危害更大。如果将这些污水在场内经适当处理,并循环使用,则可减少对环境的污染,也可大大节约水费的开支。

污水的处理主要经分离、分解、过滤、沉淀等过程,具体方法如下:

(1)将污水中固形物与液体分离　污水中的固形物一般只占1/6～1/5,将这些固形物分出后,一般能堆起,便于贮存,可作堆肥处理。即使施于农田,也无难闻的气味,剩下的是稀薄的液体,水泵易于抽送,并可延长水泵的使用年限。液体中的有机物含量下降,从而减轻了生物降解的负担,也便于下一步处理。

将污水中的固形物与液体分离,一般用分离机。

(2)通过生物滤塔使分离的稀液净化　生物滤塔是依靠滤过物质附着在滤料表面所建立的生物膜来分解污水中的有机物,以达到净化的目的。通过这一过程,污水中的有机物浓度大大降低,得到相当程度的净化。

用生物滤塔处理工业污水已较为普遍,处理畜牧场的生产污水,在国外也已从试验阶段进入实用阶段。

（3）沉淀　粪液或污水沉淀的主要目的是使一部分悬浮物质下沉。沉淀也是一种净化污水的有效手段。据报道，将羊粪以 10∶1 的比例用水稀释，在放置 24 小时后，其中 80%～90% 的固形物沉淀下来。24 小时沉淀下来的固形物中的 90% 是在开始的 10 分钟内沉淀的。试验结果表明，沉淀可以在较短的时间去掉高比例的可沉淀固形物。

（4）淤泥沥水　沉淀一段时间后，在沉淀池的底部会有一些较细小的固形物沉降而成为淤泥。这些淤泥无法过筛，因在总固形物中约有一半是直径小于 10 微米的颗粒，采用沥干去水的办法较为有效，可以将淤泥再沥去一部分水，剩下的固形物可以堆起，便于贮存和运输。

沥水柜一般直径 3.0 米，高 1.0 米，底部为焊接金属网，上面铺以草捆，容量为 4 米³。淤泥在此柜沥干约需 1～2 周，沥干后大约剩 3 米³ 淤泥，每千克含干物质 100 克，能堆起，体积相当于开始放在柜内淤泥的 3/5。

以上对污水采用的 4 个环节的处理，如系统结合，连续使用，可使羊场污水大大净化，并有可能对其重新利用。

污水经过机械分离、生物过滤、氧化分解、沥水沉淀等一系列处理后，可以去掉沉下的固形物，也可以去掉生化需氧量及总悬浮固形物的 75%～90%。达到这一水平即可作为生产用水，但还不适宜当作家畜的饮水。要想能为家畜饮用，必须进一步减少生化需氧量及总悬浮固形物，大大减少氮、磷的含量，使之符合饮用水的卫生标准。

在干燥缺水地区，将羊场污水经处理后再供给家畜饮用，有更为现实的意义。国外已试行将经过一系列处理后的澄清液加压进行反向渗透，可以达到这一目的。渗透通过的管道，其内壁是成束的环氧树脂，外覆以乙酸纤维素制成的薄膜，膜上的孔径仅为 1～3 纳米。澄清液在 21～35 千克/厘米²（2.06～3.43 兆帕）的压力下经此管反向渗透，渗透出的液体每千克的生化需氧量由 473 毫克降到 38 毫克，氮含量由 534 毫克降到 53 毫克，磷含量由 188 毫克降到 5.6 毫克，去掉了所有的悬浮固形物，颜色与浊度几乎全部去掉，通过薄膜的渗透液基本上无色、澄清，质量大体符合家畜饮用的要求。

四、绿化环境

畜牧场的绿化,不仅可以改变自然界面貌,改善环境,还可以减少污染,在一定程度上能够起到保护环境的作用。

(1)改善场区小气候 绿化可以明显改善畜牧场内的温度、湿度、气流等状况。在高温时期,树叶的蒸发吸收空气中的热量,从而使气温有所降低,同时也增加了空气中的湿度。由于树叶阻挡阳光,造成树木附近与周围空气的温差,会产生轻微的对流作用,同时也显著降低树荫下的辐射强度。据6月份中午对橡树林的测定,林下的太阳辐射强度只有田野中的1/10,分别为0.10和1.05卡/(厘米²·分)[约0.42和4.4焦/(厘米²·分)]。夏季一般树荫下气温较树荫外低3~5℃。

(2)净化空气 据调查,有害气体经绿化地区后,至少有25%被阻留净化,煤烟中的二氧化硫可被阻留60%。

(3)减弱噪声 树木与植被等对噪声具有吸收和反射的作用,可以减弱噪声的强度,树叶的密度越大,则减噪的效果也越显著。

(4)减少空气及水中细菌含量 森林可以使空气中含尘量大为减少,因而使细菌失去了附着物,数目也相应减少;同时,某些树木的花、叶能分泌一种芳香物质,可以杀死细菌、真菌等。含有大肠杆菌的污水,若从宽30~40米的松林流过,细菌数量可减少为原来的1/18。

(5)防疫、防火作用 羊场外围的防护林带和各区域之间种植隔离林带,可以防止人、畜任意往来,减少疫病传播的机会。由于树木枝叶含有大量的水分,并有很好的防风隔离作用,可以防止火灾蔓延,故在羊场中进行绿化,可以适当减小各建筑的防火间隔。

五、防止昆虫滋生

羊场往往滋生骚扰人、畜的昆虫,主要是蚊、蝇。为防止这些昆虫的滋生,可采取以下一些措施。

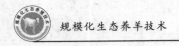
（1）保持环境的清洁、干燥　填平所有能积水的沟渠洼地，排水用暗沟，粪池加盖。堆粪场远离居民区与畜舍，用腐熟堆肥法处理粪便。

（2）防止昆虫在粪便中繁殖、滋生　根据操作规程，定时将羊舍内的粪便清除出去。

（3）使用化学杀虫剂　除一些常用的杀虫剂外，在美国还试用合成的昆虫激素，将其混合于饲料中喂给畜禽，然后由消化道与粪一齐排出，蛆吃了这种药物即不能进一步发育与蜕变，直至死亡。这种药物对畜禽的健康与生产性能均无影响。

（4）使用电气灭蝇灯　这种灯的中部安有荧光管，放射对人畜无害而对苍蝇有高度吸引力的紫外线。荧光管的外围有格栅，可将220伏电压转变为5 500伏，当苍蝇爬经电丝时，则接通电路而被击毙，落于悬吊在灯下的盘中。

六、注意水源防护

主要是注意水源不被污染。

（1）控制排水　防止将污水直接排入水源，这是避免水源被污染的首要条件。各工矿企业及农业生产单位所排出的污水，必须经过处理，使其符合各项卫生指标。

（2）加强水源的管理　家畜饮用水的水质应符合我国《生活饮用水卫生标准》，同时对于作为生活饮用水的水源水质也提出了要求。为了确保水质的良好和安全，对各种不同的水源还应作好防护工作。

规模化生态养殖技术

第三章

羊的品种

第一节　主要绵羊品种

一、澳洲美利奴羊

澳洲美利奴羊是世界上最著名的细毛羊品种,产于澳大利亚,其特点是毛品质优良,毛长、毛密,净毛率高。澳洲美利奴羊引入中国后,对培育中国美利奴羊新品种以及提高中国其他细毛羊品种的净毛率、被毛质量发挥了重大作用。

(一)外貌特征

澳洲美利奴羊体格中等,体质结实,体形近似长方形,胸宽深,背部平直,后躯肌肉丰满。公羊有螺旋形角,母羊无角;公羊颈部有1~3个发育完全或不完全的横皱褶,母羊有发达的纵皱褶。毛被覆盖头部至

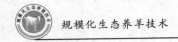

眼线。毛色纯白,少数个体在耳及四肢有褐色或黑色斑点。

(二)生产性能

澳洲美利奴羊根据体重、羊毛长度和细度分为细毛、中毛、强毛三个类型。

细毛型:成年公羊体重 60～70 千克,剪毛量 6～9 千克;成年母羊体重 36～45 千克,剪毛量 4～5 千克。羊毛细度 64～70 支,净毛率 55％～65％。

中毛型:成年公羊体重 65～90 千克,剪毛量 8～12 千克,成年母羊体重 40～44 千克,剪毛量 5～6 千克。毛长 9～13 厘米,羊毛细度60～64 支,净毛率 62％～65％。

强毛型:成年公羊体重 70～100 千克,剪毛量 9～14 千克;成年母羊体重 42～48 千克,剪毛量 5～7 千克。毛长 9～13 厘米,净毛率 60％～65％。

二、苏联美利奴羊

苏联美利奴羊产于俄罗斯,由兰布列、阿斯卡尼、高加索、斯塔夫洛波尔和阿尔泰等品种公羊改良新高加索和马扎也夫美利奴母羊培育而成,是前苏联分布最广的毛肉兼用细毛羊品种。我国自 20 世纪 50 年代引入,主要分布在内蒙古、河北、安徽、四川、西藏、陕西等地。在许多地区适应性良好,改良粗毛羊效果比较显著,并参与了东北细毛羊、内蒙古细毛羊和敖汉细毛羊新品种的育成。

(一)外貌特征

苏联美利奴羊体质结实,公羊有螺旋形大角,颈部有 1～3 个完全或不完全的皱褶,母羊多无角,颈部有纵皱褶,胸宽深,体躯较长,被毛呈闭合型,腹毛覆盖良好。

(二)生产性能

成年公羊体重平均 101.4 千克,成年母羊 54.9 千克。成年公羊剪毛量平均 16.1 千克,成年母羊 7.7 千克,毛长 8～9 厘米,细度 64 支,净毛率 38%～40%。产羔率 120%～130%。

三、高加索细毛羊

高加索细毛羊是前苏联育成的,分布在北高加索干旱地区和伏尔加格勒等地。1952 年我国由前苏联引入一批高加索细毛羊对本地粗毛羊进行改良,现已分布于吉林、黑龙江、河北、山西、甘肃、浙江、云南及内蒙古等地区。

(一)外貌特征

高加索细毛羊体格较大,结构良好,公羊有角,母羊无角。颈部有 1～3 个皱褶,剪毛后在体躯上可明显看到很多小皱褶。体质结实,骨骼健壮,体躯宽大,四肢端正,蹄质致密。头、腹、四肢毛着生良好,被毛均为白色,仅上耳、口缘间有褐色小斑。

(二)生产性能

成年公羊体重 90～100 千克,成年母羊 55～60 千克。成年公羊剪毛量 10～11 千克,成年母羊 5.8～6.5 千克。毛长 7～8 厘米,细度为 64～70 支,净毛率为 38%～42%。产羔率为 106%～125%。

四、罗姆尼羊

罗姆尼羊原产于英格兰东南部的肯特郡,我国从 1966 年起先后从英国、新西兰和澳大利亚等国引入。罗姆尼羊是育成青海高原半细毛羊和云南半细毛羊新品种的主要父系之一。

（一）外貌特征

罗姆尼羊体质结实，公、母羊均无角，颈短，体躯宽深，背部较长，前躯和胸部丰满，后躯发达。被毛白色，光泽好，羊毛中等弯曲，匀度好。蹄为黑色，鼻和唇为暗色，四肢下部皮肤有素色斑点和小黑点。罗姆尼羊具有早熟、生长发育快、放牧性强和被毛品质好的特性。

（二）生产性能

成年公羊体重 90～110 千克，成年母羊 80～90 千克。成年公羊剪毛量 4～6 千克，成年母羊 3～5 千克。毛长 11～15 厘米，细度 40～48 支，净毛率 65%。产羔率 120%。成年公羊胴体重 70 千克，成年母羊 40 千克；4 月龄育肥公羔胴体重为 22.4 千克，母羔为 20.6 千克。

五、林肯羊

林肯羊原产于英国东部的林肯郡，属半细毛品种。中国从 1966 年开始先后从英国、澳大利亚和新西兰引入，饲养于内蒙古、云南、吉林等省（自治区）。

（一）外貌特征

林肯羊体质结实，体躯高大，结构匀称。公、母羊均无角，头较长，颈短。前额有丛毛下垂。背腰平直，腰臀宽广，肋骨弓张良好。羊毛有丝光光泽。

（二）生产性能

成年公羊平均体重 120～140 千克，成年母羊 70～90 千克。成年公羊剪毛量 8～10 千克，成年母羊 6.0～6.5 千克。毛长 20～30 厘米，细度 36～44 支，净毛率 60%～65%。产羔率 120%左右。

六、夏洛莱羊

夏洛莱羊原产地为法国,自 1987 年引入我国,主要饲养在河北、内蒙古等省(自治区)。

(一)外貌特征

头无毛,粉红色或黑色,有的带有黑色斑点。公、母羊均无角,额宽,眼眶距离大。耳朵细长,与头部颜色相同。颈短粗,肩宽平,胸宽深,胁部拱圆,背部肌肉发达,体躯呈圆筒状,四肢较矮,肉用体型良好,被毛同质、白色。

(二)生产性能

成年公羊体重100~150 千克,成年母羊75~95 千克。10~30 日龄公羔平均日增重 255 克,母羔 245 克,30~70 日龄公羔平均日增重302 克,母羔 276 克。5 月龄育肥羊体重可达 45 千克,胴体重23 千克,屠宰率55%以上。产羔率平均185%。

七、无角道塞特羊

无角道塞特羊原产于澳大利亚和新西兰。以雷兰羊和有角道塞特羊为母本,考历代羊为父本进行杂交,杂种羊再与有角道塞特公羊回交,然后选择所生的无角后代培育而成。从 20 世纪 80 年代以来,新疆、内蒙古、中国农业科学院畜牧研究所等先后从澳大利亚引入无角道塞特羊。在目前我国肉羊业发展过程中,许多省(区)均引用该品种公羊做主要父本与地方绵羊杂交,效果良好。

(一)外貌特征

体质结实,头短而宽,公、母羊均无角。颈短粗,胸宽深,背腰平直,

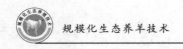

后躯丰满,四肢粗短,整个躯体呈圆筒状,面部、四肢及被毛为白色。

(二)生产性能

经过育肥的 4 月龄羔羊的胴体重公羔为 22.0 千克,母羔为 19.7 千克。6 月龄羔羊体重为 55 千克,周岁公羊可达 110 千克。成年公羊体重 90～110 千克,成年母羊 65～75 千克。剪毛量 2～3 千克,毛长 7.5～10.0 厘米,羊毛细度 56～58 支,净毛率 60% 左右。母羊母性好,泌乳力强,产羔率 120%～150%。该品种羊生长发育快,早熟,可全年发情配种产羔。

八、萨福克羊

萨福克羊原产于英国英格兰东南部的萨福克、诺福克、剑桥和埃塞克斯等地,以南丘羊为父本,当地体形较大、瘦肉率高的旧型黑头有角诺福克羊为母本进行杂交培育,于 1859 年育成,是目前世界上体型、体重最大的肉用品种。我国从 20 世纪 70 年代起先后从澳大利亚、新西兰等国引进,主要分布在新疆、内蒙古、北京、宁夏、吉林、河北和山西等地。

(一)外貌特征

萨福克羊体形较大,头短而宽,鼻梁隆起,耳大,公、母羊均无角,颈长、深且宽厚,胸宽,背、腰和臀部宽而平,肌肉丰满,后躯发育良好。头和四肢为黑色,并且无羊毛覆盖。被毛白色,但偶尔可发现有少量的有色纤维。

(二)生产性能

成年公羊体重 100～136 千克,成年母羊 70～96 千克。成年公羊剪毛量 5～6 千克,成年母羊 2.5～3.6 千克。毛长 7～8 厘米,细度 50～58 支,净毛率 60% 左右。该品种早熟,生长发育快,产肉性能好,经育肥的

4月龄公羔胴体重24.2千克,母羔19.7千克,并且瘦肉率高,是生产大胴体的优质羔羊肉的理想品种。美国、英国、澳大利亚等国都将该品种作为生产羔羊肉的终端父本品种。产羔率141.7%～157.7%。

九、德克赛尔羊

德克赛尔羊因原产于荷兰德克赛尔岛而得名,20世纪初用林肯、莱斯特羊与当地马尔盛夫羊杂交,经长期的选择和培育而成。该品种已广泛分布于比利时、卢森堡、丹麦、德国、法国、英国、美国、新西兰等国。自1995年以来,我国黑龙江、宁夏、北京、河北和甘肃等地先后引进。

(一)外貌特征

德克赛尔羊头大小适中,颈中等长、粗,体形大,胸圆,鬐甲平,个别个体略微凸起,背腰平直,肌肉丰满,后躯发育良好。

(二)生产性能

成年公羊体重115～130千克,成年母羊75～80千克。成年公羊平均剪毛量5.0千克,成年母羊4.5千克。羊毛长度10～15厘米,羊毛细度48～50支,净毛率60%。羔羊70日龄前平均日增重为300克,在最适宜的草场条件下,120日龄的羔羊体重40千克,6～7月龄达50～60千克,屠宰率54%～60%。早熟,泌乳性能好,产羔率150%～160%。对寒冷气候有良好的适应性。该品种羊寿命长,产羔率高,母性好,产奶多;羊肉品质好,肌肉发达,瘦肉率和胴体分割率高,市场竞争力强。

十、波德代羊

波德代羊原产于世界上著名的羔羊肉产地——新西兰南岛的坎特

伯里平原,是新西兰在 20 世纪 30 年代用边区莱斯特羊与考历代羊杂交,从一代中进行严格选择,然后横交固定至 4～5 代培育而成的肉毛兼用绵羊品种。2000 年我国首次引进波德代羊,在甘肃省永昌肉用种羊场饲养。

(一)外貌特征

该羊体质结实,结构匀称,体形大,肉毛兼用体形明显。头长短适中,额宽平。眼大而有神,公、母羊均无角。头与颈、颈与肩结合良好,颈短、粗,胸深,肋骨开张良好,背腰平直,后躯丰满,发育良好。四肢健壮,肢势端正,蹄质结实,步态稳健。全身白色,眼眶、鼻端、唇和蹄均为黑色。耐干旱、耐粗饲、适应性强,母羊难产少,同时性成熟早,羔羊成活率高。

(二)生产性能

据甘肃省永昌肉用种羊场饲养管理条件下测定,成年公羊体重75～95 千克,成年母羊 55～70 千克。剪毛量 4.56 千克。羊毛同质,被毛呈毛丛结构,羊毛密度、匀度、弯曲、光泽、油汗良好,毛长10～15 厘米,细度 48～56 支,净毛率 65％以上。羊毛油脂率为 11％左右。母羊发情季节集中,繁殖率高,产羔率 120％～160％,双羔率 62.26％,三羔率 6.27％。平均初生重公羔 4.87 千克,母羔 4.41 千克。周岁公羊体重 62.79 千克,母羊 49.56 千克。

与引入地土种羊杂交,效果显著。杂种一代初生重比当地土种羊提高 1.5 千克,1 月龄和 4 月龄体重分别提高 10.87％和 33.48％,4 月龄断奶羊屠宰平均胴体重达 16.59 千克。

十一、杜泊绵羊

杜泊绵羊原产于南非,是该国在 1942—1950 年间用从英国引入的有角道塞特公羊与当地的波斯黑头母羊进行杂交,经选择和培育育成的肉用绵羊品种。该品种已分布到南非各地,主要分布在干旱地区。我国山东、河北、北京等地近年来已有引入。

(一)外貌特征

头颈为黑色,体躯和四肢为白色,也有全身为白色的群体,但有的羊腿部有色斑。一般无角,头顶平直,长度适中,额宽,鼻梁隆起,耳大、稍垂,既不过短也不过宽。颈短粗、宽厚,背腰平直,肋骨拱圆,前胸丰满,后躯肌肉发达。四肢强健,肢势端正。长瘦尾。

(二)生产性能

杜泊绵羊早熟,生长发育快,100 日龄公羔重 34.72 千克,母羔 31.29 千克。成年公羊体重 100～110 千克,成年母羊 75～90 千克。1 岁公羊体高 72.7 厘米,3 岁公羊 75.3 厘米。杜泊绵羊的繁殖表现主要取决于营养和管理水平,因此在年度间、种群间和地区间差异较大。正常情况下,产羔率为 140%,其中产单羔母羊占 61%,产双羔母羊占 30%,产三羔母羊占 4%。在良好的饲养管理条件下,可 2 年产 3 胎,产羔率 180%。同时,母羊泌乳力强,护羔性好。

杜泊绵羊体质结实,对炎热、干旱、潮湿、寒冷多种气候条件有良好的适应性,抗病力强,但在潮湿条件下,易感染肝片吸虫病,羔羊易感球虫病。

十二、德国美利奴羊

德国美利奴羊原产于德国,属肉毛兼用细毛羊,用泊列考斯和莱斯特公羊与德国原有的美利奴羊杂交培育而成。我国 1958 年曾有引入,分别饲养在甘肃、安徽、内蒙古、河北等省(区),曾参与了内蒙古细毛羊新品种的育成。

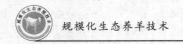

（一）外貌特征

体格大，胸宽深，背腰平直，肌肉丰满，后躯发育良好，公、母羊均无角。

（二）生产性能

成年公羊体重 90～100 千克，成年母羊 60～65 千克。成年公羊剪毛量 10～11 千克，成年母羊 4.5～5.5 千克。毛长 7.5～9.0 厘米，细度 60～64 支，净毛率 45％～52％。产羔率 140％～175％。早熟，6 月龄羔羊体重可达 40～45 千克，比较好的个体可达 50～55 千克。

十三、南非肉用美利奴羊

南非肉用美利奴羊原产于南非，现分布于澳大利亚、新西兰及美洲和亚洲的一些国家。我国从 20 世纪 90 年代开始引进，主要分布在新疆、内蒙古、北京、山西、辽宁和宁夏等地。

（一）外貌特征

无角，体大、宽深，胸部开阔，臀部宽广，腿粗壮坚实，生长速度快，产肉性能好。

（二）生产性能

100 日龄羔羊体重可达 35 千克。成年公羊体重 100～110 千克，成年母羊 70～80 千克。成年公羊剪毛量 5 千克，成年母羊 4 千克。羊毛细度 21 微米。母羊 9 月龄性成熟，平均产羔率 150％。

十四、东佛里生乳用羊

东佛里生乳用羊原产于荷兰和德国西北部，是目前世界绵羊品种中产奶性能最好的品种。我国辽宁、北京、内蒙古和河北等地已有引进,主要用于杂交改良本地绵羊,改良后杂种羊泌乳性能增强。

(一)外貌特征

该品种体格大,体型结构良好,公、母羊均无角,被毛白色,偶有纯黑色个体出现,体躯宽而长,腰部结实,肋骨拱圆,臀部略有倾斜,尾瘦长、无毛;乳房结构优良,乳头良好。

(二)生产性能

成年公羊体重 90～120 千克,成年母羊 70～90 千克。成年公羊剪毛量 5～6 千克,成年母羊 4.5 千克以上。羊毛同质,成年公羊毛长20 厘米,成年母羊 16～20 厘米,羊毛细度 46～56 支,净毛率 60％～70％。成年母羊 260～300 天产奶量 550～810 千克,乳脂率6％～6.5％,产羔率 200％～230％。

十五、新疆细毛羊

新疆细毛羊育成于新疆伊犁巩乃斯种羊场,是我国培育的第一个毛肉兼用细毛羊品种。它具有适应性强、耐粗饲、产毛多、毛质好、体格大、繁殖力强、遗传稳定等优点。

(一)外貌特征

新疆细毛羊具有一般毛肉兼用细毛羊的特征,躯体结构良好,体质健壮,骨骼结实。头较宽长,公羊有螺旋形大角,母羊无角,颈下有 1～2 个皱褶,鬐甲和十字部较高,四肢强健,高大端正,蹄质致密结实。

(二)生产性能

新疆细毛羊剪毛后的周岁公羊平均体重 45.0 千克,母羊 37.6 千克;成年公羊平均体重 93.0 千克,成年母羊 46.0 千克。周岁公羊平均剪毛量 5.4 千克,母羊 5.0 千克;成年公羊平均剪毛量 12.2 千克,母羊 5.5 千克。净毛量,周岁公、母羊分别为 2.8 和 2.6 千克,成年公、母羊分别为 6.1 和 3.0 千克。羊毛长度,周岁公、母羊分别为 8.9 和 6.9 厘米,成年公、母羊分别为 10.9 和 8.8 厘米。羊毛细度在 58～70 支之间,以 64 支和 60 支为主。母羊产羔率平均为 135% 左右。成年羯羊屠宰率平均为 49.5%,净肉率平均为 40.8%。

十六、东北细毛羊

东北细毛羊是东北三省经多年努力育成的毛肉兼用细毛羊品种,主要分布在辽宁、吉林、黑龙江三省的中部和西部的农区和半农半牧区。

(一)外貌特征

东北细毛羊体质结实,结构匀称。头形正常,公羊鼻梁稍隆起,有螺旋形角,颈部有 1～2 个完全或不完全的横皱褶;母羊鼻梁平直,无角,颈部有发达的纵皱褶。皮肤适当宽松,体躯无皱褶。毛被白色,毛丛结构良好,呈闭合型。毛被密度良好。羊毛弯曲正常,细度均匀,油汗适中,多为乳白色或淡黄色。腹毛呈毛丛结构。羊毛覆盖头部至两眼连线,前肢达腕关节,后肢达飞节。胸宽深,背腰平直,四肢端正。

(二)生产性能

育成公、母羊体重分别为 42.95 和 37.81 千克,成年公、母羊分别为 83.66 和 45.36 千克。成年公羊平均剪毛量 13.44 千克,成年母羊 6.10 千克,14～16 月龄公、母羊分别为 7.15 和 6.58 千克。成年公羊被毛平均长度 9.33 厘米,成年母羊 7.37 厘米,14～16 月龄公、母羊分别为 9.53 和 9.54 厘米。细度以 60 支和 64 支为主,净毛率为 35.0%～40.0%。64 支羊毛强度为 7.24 克,伸度为 36.9%;60 支羊毛相应为 8.24 克和 40.5%。油汗颜色,白色占 10.19%,乳白色占

23.8%,淡黄色占 55.13%,黄色占 10.88%。成年公羊屠宰率为 43.64%,净肉率为 34.0%;成年母羊相应为 52.40% 和 40.78%。初产母羊的产羔率为 111%,经产母羊为 125%。

十七、内蒙古细毛羊

内蒙古细毛羊是经过二十多年的精心培育,于 1976 年 8 月在内蒙古自治区锡林郭勒盟的典型草原地带育成的,主要分布于正蓝、太仆寺、多伦、镶黄、西乌珠穆沁等旗(县)。

(一)外貌特征

内蒙古细毛羊体质结实,结构匀称,公羊有 1～2 个完全或不完全的横皱褶,母羊有发达的纵皱褶。头形正常,颈长短适中,体躯长宽而深,背腰平直,四肢端正。公羊有发达的螺旋形角,母羊无角或有小角。毛被闭合性良好,细度 60～64 支,油汗为白色或浅黄色,油汗高度占毛丛的 1/2 以上。细毛着生头部至眼线,前肢至腕关节,后肢至飞节。

(二)生产性能

育成公、母羊平均体重分别为 41.2 和 35.4 千克,成年公、母羊分别为 91.4 和 45.9 千克。育成公、母羊平均剪毛量分别为 5.4 和 4.7 千克,成年公、母羊分别为 11.0 和 5.5 千克。成年公、母羊羊毛平均长度分别为 8～9 厘米和 7.2 厘米。细度 64 支的净毛率为 36%～45%。1.5 岁羯羊屠宰前平均体重 49.98 千克,屠宰率 44.9%。经产母羊产羔率 110%～123%。

十八、中国美利奴羊

中国美利奴羊是经十多年的培育,在新疆的巩乃斯种羊场和紫泥泉种羊场、内蒙古的嘎达苏种畜场、吉林的查干花种羊场育成的。1985

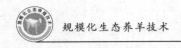

年 12 月经鉴定验收正式命名。

（一）外貌特征

中国美利奴羊体质结实，体形呈长方形。公羊有螺旋形角，母羊无角，公羊颈部有 1～2 个横皱褶或发达的纵皱褶，无论公、母羊躯干部均无明显的皱褶。被毛呈毛丛结构，闭合良好，密度大，全身被毛有明显的大、中弯曲，油汗白色和乳白色，含量适中，分布均匀。各部位毛丛长度与细度均匀，前肢着生至腕关节，后肢到飞节，腹部毛着生良好。

（二）生产性能

据嘎达苏种畜场 1985 年测定，种公羊剪毛后体重 91.8 千克，剪毛量 17.37 千克，净毛率 56.7％，净毛量 9.87 千克，毛长 12.4 厘米。一般成年母羊剪毛后体重为 42.9 千克，净毛率为 60.84％，毛长 10.2 厘米。

据嘎达苏种畜场 1990 年测定，2.5、3.5、3.5～4.5 岁的中国美利奴羊屠宰胴体重分别为 18.52、22.12、22.24 千克，净肉重分别为 15.15、18.95、18.99 千克，屠宰率分别为 43.43％、44.37％、43.93％，净肉率分别为 35.50％、38.01％、37.51％，骨肉比分别为 1：4.50、1：5.98、1：5.82。

十九、青海高原半细毛羊

青海高原半细毛羊是经过二十多年的育种工作培育出的毛肉兼用半细毛羊品种，主要分布在青海省海南藏族自治州、海北藏族自治州和海西蒙古族藏族自治州。

（一）外貌特征

青海高原半细毛羊分为罗茨新藏和茨新藏两个类型。相对而言，前者头稍宽短，体躯粗深，四肢稍矮，蹄壳多为黑色或黑白相间，公、母羊都无角；后者体形近似茨盖羊，体躯较长，四肢较高，蹄壳多为乳白色或乳白相间，公羊多有螺旋角，母羊无角或有小角。

（二）生产性能

6月上旬剪毛后周岁公、母羊平均体重为44.43～55.66千克和23.98～35.22千克，成年公、母羊为64.08～85.57千克和35.26～46.09千克。成年公、母羊平均剪毛量为5.98克和3.10千克，幼年公、母羊为4.36千克和2.63千克。体侧净毛率平均为61%。成年公、母羊羊毛密度分别为2 286和2 261根/厘米^2，毛的细度为48～58支。成年公、母羊平均毛长分别为11.72和10.01厘米，羊毛呈明显或不明显的波状弯曲。油汗多为白色或乳白色。6月龄幼年羯羊屠宰率为42.71%，2.5～3.5岁成年羯羊屠宰率为48.69%，繁殖成活率65%～75%。公、母羊一般都在1.5岁时第一次配种，多产单羔。

二十、东北半细毛羊

东北半细毛羊分布在东北三省的东部地区，是以考历代公羊为父本，与当地蒙古羊及杂种改良羊杂交培育而成的。

（一）外貌特征

公、母羊均无角，头较小，颈短粗，体躯无皱褶，头部被毛着生至两眼连线，体躯呈圆筒状，后躯丰满，四肢粗壮。被毛白色，密度中等，匀度好，腹毛呈毛丛结构。羊毛有大弯，油汗适中，呈白色。

（二）生产性能

成年公羊一般体重62.07千克，剪毛量5.96千克，毛长9厘米以上者占84.3%，羊毛细度56～58支者占91.97%。成年母羊一般体重为44.38千克，剪毛量4.07千克，毛长9厘米以上者占52.93%，羊毛细度56～58支者占85.04%。平均净毛率为50%。母羊产羔率

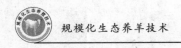

为 105.64%。

二十一、云南半细毛羊

云南半细毛羊主要分布在云南省昭通地区的永善、巧家两县,该地区属高寒山区。自 20 世纪 60 年代后期开始,用长毛种羊(罗姆尼羊、林肯羊等)为父系,当地粗毛羊为母系,进行杂交选择并横交固定后培育而成。1996 年 5 月正式通过国家新品种委员会鉴定验收,2000 年 7 月被国家畜禽品种委员会正式命名为"云南半细毛羊"。

(一)外貌特征

云南半细毛羊体质结实,公、母羊均无角,头大小适中,颈短,前胸宽深,背腰平直,尻宽发育良好,体躯呈圆筒状,四肢粗壮。羊毛覆盖头部至两眼连线,四肢过腕关节和飞节,腹毛好。

(二)生产性能

云南半细毛羊成年公羊体重 65 千克,剪毛量 6.6 千克;成年母羊体重 47 千克,剪毛量 4.8 千克。毛丛长度 14~16 厘米,羊毛细度48~50 支。羊毛长度和细度均匀,弯曲呈中弯或大弯。油汗白色、乳白色,极少量呈浅黄色,含量适中。净毛率公羊 70%,母羊 66%。母羊集中在春、秋两个季节发情,产羔率 114.8%。

二十二、蒙古羊

蒙古羊为我国三大粗毛羊之一,是我国分布最广的一个绵羊品种,除内蒙古自治区外,东北、华北、西北也均有分布。

(一)外貌特征

蒙古羊由于分布地区辽阔,各地自然条件、饲养管理水平和选育方向不一致,因此体形外貌有一定差异。外形上一般表现为头狭长,鼻梁隆起。公羊多数有角,为螺旋形,角尖向外伸,母羊多无角。耳大、下垂,短脂尾,呈圆形,尾尖弯曲呈"S"形,体躯被毛多为白色,头颈与四肢则多有黑或褐色斑块。毛被呈毛辫结构。

(二)生产性能

蒙古羊成年公羊体重 45~65 千克,剪毛量 1~2 千克;成年母羊体重 35~55 千克,剪毛量 0.8~1.5 千克。屠宰率 40%~54%。产羔率 100%~105%,一般一胎一羔。

二十三、西藏羊

西藏羊为我国三大粗毛羊之一,原产于西藏高原,分布于西藏、青海、四川北部以及云南、贵州等地的山岳地带。西藏羊分布面积大,由于各地海拔、水热条件的差异,形成了一些各具特点的自然类群。依其生态环境,结合其生产、经济特点,西藏羊主要分为高原型(或草地型)和山谷型两大类。

(一)外貌特征

高原型(草地型)体质结实,体格高大,四肢端正、较长,体躯近似方形。公、母羊均有角,公羊角长而粗壮,呈螺旋状向左、右平伸;母羊角细而短,多数呈螺旋状向外上方斜伸。鼻梁隆起,耳大而不下垂。前胸开阔,背腰平直,十字部稍高,紧贴臀部有扁锥形小尾。毛色全白者占6.85%,头肢杂色者占82.6%,体躯杂色者占10.5%。山谷型的明显特点是体格小,结构紧凑,体躯呈圆筒状,颈稍长,背腰平直。头呈三角形,公羊多有角,短小,向后上方弯曲,母羊多无角,毛色甚杂。

(二)生产性能

高原型(草地型)成年公羊体重为 50.8 千克,成年母羊为 38.5 千克;剪毛量成年公羊为 1.42 千克,成年母羊为 0.97 千克;成年羯羊的平均屠宰率为 43.11%。山谷型成年公羊平均体重为 36.79 千克,成年母羊为 29.69 千克;成年公羊平均剪毛量为 1.5 千克,成年母羊为 0.75 千克;屠宰率平均为 48.7%。西藏羊一般一年一胎,一胎一羔,双羔者极少。

二十四、哈萨克羊

哈萨克羊为我国三大粗毛羊之一,分布在天山北麓、阿尔泰山南麓、准噶尔盆地及阿山、塔城等地区。除新疆外,甘肃、青海、新疆三省(自治区)交界处也有哈萨克羊。

(一)外貌特征

哈萨克羊鼻梁隆起,公羊有较大的角,母羊无角。耳大、下垂,背腰宽,体躯浅,四肢高而粗壮。尾宽大,下有缺口,不具尾尖,形似"W"。毛色不一,多为褐、灰、黑、白等杂色。

(二)生产性能

成年公、母羊体重分别为 60～85 千克和 45～60 千克,成年公羊剪毛量 2.61 千克,成年母羊 1.88 千克,净毛率分别为 57.8% 和 68.9%。成年公羊毛辫长度为 11～18 厘米,成年母羊为 5.5～21 厘米。屠宰率为 49.0% 左右。初产母羊平均产羔率为 101.24%,成年母羊为 101.95%,双羔率很低。

二十五、乌珠穆沁羊

乌珠穆沁羊是我国著名的肉脂兼用粗毛羊品种,主要分布在东乌珠穆沁旗以及毗邻的阿巴哈纳尔旗、阿巴嘎旗部分地区。以其体大、尾大、肉脂多、羔羊生长快而著称。

(一)外貌特征

乌珠穆沁羊头中等大小,额稍宽,鼻梁隆起,耳大,下垂或半下垂,公羊多数有角,角呈半螺旋状,母羊多无角。体格高大,体躯长,胸宽深,背腰宽平,后躯发育良好,尾肥大,尾中部有一纵沟,把尾分成左、右两半。毛色以黑头羊居多,约占 62.1%,全身白色者占 10%左右,体躯杂色者占 11%。

(二)生产性能

乌珠穆沁羊生长发育快,公、母羔出生重分别为 4.3 和 4.0 千克,2.5～3 月龄公、母羔平均体重为 29.5 和 24.9 千克,6～7 个月公羔平均体重为 39.6 千克,母羔为 35.9 千克,成年公、母羊平均体重分别为 74.43 和 58.4 千克。屠宰率平均为 51.4%,尾脂重一般为 3～5 千克,产羔率平均为 100.2%。

二十六、阿勒泰大尾羊

阿勒泰大尾羊是哈萨克羊中的一个优良分支,以其体格大,肉脂性能高而著称。主要分布在新疆福海、富蕴、青河县和阿勒泰市,其次还分布于布尔津、吉木乃和哈巴河三个县。

(一)外貌特征

阿勒泰大尾羊体格大,体质结实。公羊有螺旋形大角,母羊大部分有角,角向后外侧伸展。鼻梁隆起,耳大、下垂,颈长中等,胸部宽深,鬐甲平宽,背腰平直,四肢高大结实,肌肉丰满,脂尾大并有纵沟,可达7～8 千克。乳房发育良好,被毛多为褐色,全黑或全白的羊较少,部分羊头部为黄色,体躯为白色。

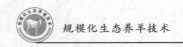

(二)生产性能

成年公、母羊平均体重分别为 92.98 和 67.56 千克,成年公、母羊平均剪毛量分别为 2.04 和 1.63 千克,母羊产羔率为 110%,成年羯羊屠宰率为 53%。羔羊生长发育较快,初生重为 4.0~5.4 千克,5 月龄屠前体重可达 37 千克,屠宰率 52.7%。

二十七、大尾寒羊

大尾寒羊主要分布于黄河下游的河南、河北、山东三省相邻的平原农业区,为我国优良地方品种,其特点是尾大、多胎,生长发育快,繁殖率高,羊毛和裘皮质量较好。

(一)外貌特征

大尾寒羊头稍长,鼻梁隆起,耳大、下垂,公、母羊均无角,体躯较矮小,胸窄,后躯发育良好,尻部倾斜,脂尾肥大,超过飞节,个别拖及地面。被毛多为白色,少数羊头、四肢及体躯有色斑。

(二)生产性能

成年公、母羊平均体重分别为 72.0 和 52.0 千克,周岁羊分别为 41.6 和 29.2 千克。尾重平均 8 千克左右,一般成年母羊尾重 10 千克左右,种公羊最重者达 35 千克。成年公、母羊年平均剪毛量分别为 3.30 和 2.70 千克,毛长约为 10.40 和 10.20 厘米。毛纤维类型质量比,无髓毛和两型毛约占 95%,粗毛占 5%。净毛率为 45.0%~63.0%。所产羔皮和二毛皮毛色洁白,毛股一般有 6~8 个弯曲,花穗清晰美观,弹性、光泽均好,轻便保暖。肉用性能好,6~8 月龄公羊屠宰率 52.23%,2~3.5 岁公羊屠宰率 54.76%。性成熟早,母羊一般为 5~7 月龄,公羊为 6~8 月龄,母羊初配年龄为 10~12 月龄,公羊

1.5～2岁开始配种。一年四季均可发情配种,可一年产2胎或两年产3胎。产羔率185％～205％。

二十八、小尾寒羊

小尾寒羊原产于河北南部、河南东部和东北部、山东南部及皖北、苏北一带,现全国各地都有分布。具有体大、生长发育快、早熟、繁殖力强、性能稳定、适应性强等优点。

(一)外貌特征

小尾寒羊体型结构匀称,鼻梁隆起,耳大、下垂,脂尾呈圆扇形,尾尖上翻,尾长不超过飞节,胸部宽深,肋骨开张,背腰平直,体躯长,呈圆筒状,四肢健壮端正。公羊头大颈粗,有螺旋形大角。母羊头小颈长,有小角或无角。被毛白色、异质,少数个体头部有色斑。

(二)生产性能

3月龄公羔断奶体重22千克以上,母羔20千克以上;6月龄公羔38千克以上,母羔35千克以上;周岁公羊75千克以上,母羊50千克以上;成年公羊100千克以上,母羊55千克以上。成年公羊剪毛量4千克,母羊2千克,净毛率60％以上。8月龄公、母羊屠宰率在53％以上,净肉率在40％以上,肉质较好。18月龄公羊屠宰率平均为56.26％。母羊初情期5～6月龄,6～7月龄可配种怀孕。母羊常年发情。初产母羊产羔率在200％以上,经产母羊270％。

二十九、同羊

同羊又名同州羊,主要分布在陕西渭南、咸阳两市北部各县,延安市南部和秦岭山区有少量分布。

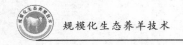

(一)外貌特征

耳大而薄(形如茧壳),向下倾斜。公、母羊均无角,部分公羊有栗状角痕。颈较长,部分个体颈下有一对肉垂。胸部较宽深,肋骨细如筋,弓张良好。公羊背部微凹,母羊背部短直、较宽,腹部圆大。尾大如扇,按其长度是否超过飞节,可分为长脂尾和短脂尾两大类型,90%以上为短脂尾。全身被毛洁白,中心产区59%的羊只产同质毛和基本同质毛。其他地区同质毛羊只较少。腹毛着生不良,多由刺毛覆盖。

(二)生产性能

周岁公、母羊平均体重分别为33.10和29.14千克,成年公、母羊分别为44.0和36.2千克。周岁公、母羊剪毛量分别为1.20和1.00千克,成年公、母羊分别为1.40和1.20千克。毛纤维类型质量百分比:绒毛占81.12%～90.77%,两型毛占5.77%(公)和17.53%(母),粗毛占0.21%(公)和3.00%(母),死毛占0～3.60%。成年公、母羊羊毛细度分别为23.61和23.05微米。周岁公、母羊羊毛长度均在9.0厘米以上。净毛率平均为55.35%。周岁羯羊屠宰率为51.75%,成年羯羊为57.64%,净肉率为41.11%。6～7月龄即达性成熟,1.5岁配种。全年可多次发情、配种,一般两年三胎,但产羔率较低,一般一胎一羔。

同羊肉肥嫩多汁,瘦肉绯红,肌纤维细嫩,烹之易烂,食之可口。具有陕西关中独特地方风味的"羊肉泡馍"、"腊羊肉"和"水盆羊肉"等食品,皆以同羊肉为上选。

三十、滩羊

滩羊是在特定的自然环境下经长期定向选育形成的一个独特的裘皮羊品种,主要分布在宁夏贺兰山东麓的银川市附近各县以及甘肃、内蒙古、陕西和宁夏的毗邻地区。

（一）外貌特征

滩羊体格中等,公羊有大而弯曲成螺旋形的角,母羊一般无角,颈部丰满,长度中等,背平直,体躯狭长,四肢较短。尾长、下垂,尾根宽阔,尾尖细长,呈"S"状弯曲或钩状弯曲,达飞节以下。被毛多为白色,头部、眼周围和两颊多有褐色、黑色、黄色斑块或斑点,两耳、嘴端、四肢上部也多有类似的色斑,纯黑、纯白者极少。

（二）生产性能

成年公、母羊平均体重分别为 47.0 和 35.0 千克。二毛皮是滩羊的主要产品,是羔羊出生后 30 天左右宰取的羔皮。此时毛股长 7～8 厘米,被毛呈有波浪形弯曲的毛股状,毛色洁白,花案清晰,光泽悦目,毛皮轻便,不毡结,十分美观。成年公羊剪毛量为 1.6～2.6 千克,成年母羊为 0.7～2 千克,净毛率 65％左右。成年羯羊屠宰率为 45.0％左右。滩羊一般一胎一羔,产双羔者很少。

三十一、湖羊

湖羊产于浙江、江苏太湖流域,主要分布在浙江的吴兴、嘉兴、海宁、杭州和江苏的吴江、宜兴等地区,以生长发育快、成熟早、繁殖性能高、生产美丽羔皮而著称。

（一）外貌特征

湖羊头面狭长,鼻梁隆起,耳大、下垂,公、母羊均无角,眼大、突出,颈细长,体躯较窄,背腰平直,十字部较鬐甲部稍高,四肢纤细,短脂尾,尾大、呈扁圆形,尾尖上翘。全身白色,少数个体的眼圈及四肢有黑褐色斑点。

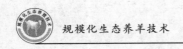

（二）生产性能

成年公羊体重为 40～50 千克,成年母羊为 35～45 千克。成年公羊平均剪毛量为 2.0 千克,成年母羊为 1.2 千克。成年母羊的屠宰率为 54%～56%。产羔率平均为 212%。湖羊的泌乳性能良好,在 4 个月泌乳期中可产乳 130 升左右。羔羊生后 1～2 天内宰剥的羔皮称为"小湖羔皮",毛色洁白,有丝一般的光泽,花纹呈波浪形,甚为美观。羔羊出生后 60 天内宰剥的皮为"袍羔皮",皮板薄而轻,毛细柔、光泽好,是上等的裘皮原料。

三十二、中国卡拉库尔羊

中国卡拉库尔羊以卡拉库尔羊为父系,库车羊、哈萨克羊及蒙古羊为母系,采用级进杂交方法育成,主要分布在新疆的库车、沙雅、新和、尉犁、轮台、阿瓦提以及南疆生产建设兵团的相应团场和北疆的 150 团场,内蒙古自治区的鄂托克旗、准格尔旗、阿拉善左旗、阿拉善右旗、乌拉特后旗等地区。

（一）外貌特征

头稍长,耳大、下垂,公羊多数有角,母羊多数无角,颈中等长,四肢结实,尾肥厚,基部宽大。该品种羊羔皮有光泽,毛卷多以平轴卷、鬚形卷为主,毛色 99% 为黑色,极少数为灰色和杂色。

（二）生产性能

成年公羊体重 77.3 千克,成年母羊 46.3 千克,被毛异质,成年公羊剪毛量 3.0 千克,成年母羊 2.0 千克,净毛率 65.0%,产羔率 105%～115%,屠宰率 51.0%。

三十三、兰州大尾羊

兰州大尾羊主要分布在甘肃省兰州市郊区及毗邻县的农村,20世纪80年代后期以来发展很快,数量迅速增加。该品种羊具有生长发育快、易育肥、肉脂率高、肉质鲜嫩的特点。据说,在清朝同治年间(公元1862—1875年)从同州(今陕西省大荔县一带)引入几只同羊,与兰州当地羊(蒙古羊)杂交,经长期人工选择和培育,形成了今日的兰州大尾羊。

(一)外貌特征

兰州大尾羊被毛纯白,头大小中等,公、母羊均无角,耳大、略向前垂,眼圈淡红色,鼻梁隆起,颈较长而粗,胸宽深,背腰平直,肋骨开张良好,臀部略倾斜,四肢相对较长,体形呈长方形。脂尾肥大,方圆平展,自然下垂达飞节上下,尾中有沟,将尾部分为左右对称两瓣,尾尖外翻,紧贴中沟,尾面着生被毛,内面光滑无毛,呈淡红色。

(二)生产性能

兰州大尾羊体格大,早期生长发育快,肉用性能好。周岁公羊体重53.10千克,周岁母羊42.60千克;成年公羊体重58.9千克,成年母羊44.4千克。10月龄羯羊屠宰率60.3%,成年羯羊63%。被毛纯白,异质,干死毛占17.5%,成年公羊剪毛量2.5千克,成年母羊1.3千克。母羔7~8月龄开始发情,公羔9~10月龄可以配种。饲养管理条件好的母羊一年四季均可发情配种,两年产三胎,产羔率为117.02%。

三十四、广灵大尾羊

广灵大尾羊主要分布在山西省广灵、浑源、阳高、怀仁和大同等地区,原产于山西省北部的广灵县及其周围地区,是草原地区的蒙古羊带

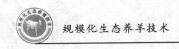

入农区以后,在当地生态经济条件和群众长期选择、精心饲养管理、闭锁繁育下形成的地方肉脂兼用的优良绵羊品种。

(一)外貌特征

头中等大小,耳略下垂,公羊有角,母羊无角,颈细而圆,体形呈长方形,四肢强健有力。脂尾呈方圆形,宽度略大于长度,多数有小尾尖向上翘起。毛色纯白,杂色者很少。

(二)生产性能

广灵大尾羊生长发育快,成熟早,产肉力高。周岁公羊平均体重33.4千克,周岁母羊31.5千克,成年公羊51.95千克,成年母羊43.55千克。成年公羊剪毛量1.39千克,成年母羊0.83千克,净毛率68.6％。产肉性能好,10月龄羯羊屠宰率54.0％,脂尾重3.2千克,占胴体重的15.4％;成年羯羊的上述指标相应为52.3％、2.8千克和11.7％。6～8月龄性成熟,初配年龄一般1.5～2岁,母羊春、夏、秋三季均可发情配种,在良好的饲养管理条件下,可一年两胎或两年三胎,产羔率102％。

三十五、和田羊

和田羊主要分布在新疆和田地区的平原与昆仑山草原上。

(一)外貌特征

体质结实,结构匀称,头部清秀,大小中等,额平,脸狭长,鼻梁稍隆起,耳大、下垂。公羊多数具有螺旋形角,母羊无角。胸深,背腰平直,四肢高大,短脂尾,毛色混杂。

(二)生产性能

成年公羊体重38.95千克,成年母羊33.76千克。成年公羊剪毛量 1.62 千克,成年母羊 1.22 千克,净毛率 70%。屠宰率 37.2%～42.0%,产羔率 102.52%。

三十六、贵德黑裘皮羊

贵德黑裘皮羊又称贵德黑紫羔羊,或称青海黑藏羊,以生产黑色二毛皮著称,主要分布在青海省海南藏族自治州的贵南、贵德、同德等县。

(一)外貌特征

属草地型西藏羊类型,毛色和皮肤均为黑色,公、母羊均有角,两耳下垂,体躯呈长方形,背腰平直,成年羊被毛分黑色、灰色和褐色。

(二)生产性能

以生产黑色二毛皮著称,羔羊出生后 1 月龄左右屠宰所得的二毛皮称为贵德黑紫羔皮,毛股长度 4.0～7.0 厘米,具有毛色纯黑、光泽悦目、毛股弯曲明显、花案美观等特点。公羊平均剪毛量 1.8 千克,母羊 1.6 千克,为异质毛。肉质鲜嫩,脂肪分布均匀,羯羊屠宰率 46.0%,母羊 43.4%。母羊发情集中在 7～9 月份,产羔率 101.1%。

三十七、洼地绵羊

洼地绵羊产于山东省滨州地区的惠民、滨州、无棣、沾化和阳信等县(市),具有耐粗饲、抗病力强的特点,是适宜低洼地放牧、肉用性能好的地方肉毛兼用品种。

(一)外貌特征

公、母羊均无角,鼻梁隆起,耳稍下垂。胸深,背腰平直,肋骨开张良好。四肢较短,后躯发达,体躯呈长方形。被毛白色,少数羊头部有褐色或黑色斑块。

（二）生产性能

成年公羊体重 60.40 千克,成年母羊 40.08 千克,周岁公、母羊体重分别为 43.63 千克、33.96 千克。在放牧条件下,10 月龄公羊体重 32.50 千克,胴体重 14.35 千克,净肉重 11.27 千克,屠宰率 44.14％。放牧加补饲条件下分别为 37.80、18.15、14.89 千克和 48.02％。性成熟早,公羊 4～4.5 月龄睾丸中就有成熟精子,母羊 182 天就可配种,一般 1.0～1.5 岁参加配种。一年四季均可发情配种,平均产羔率 202.98％。

三十八、巴美肉羊

巴美肉羊是从 20 世纪 60 年代开始,用林肯羊、边区莱斯特羊、罗姆尼羊和强毛型澳洲美利奴公羊,对当地蒙古羊进行杂交改良,在选育的基础上,引入德国美利奴羊公羊做父本,采取级进杂交育种方法,经选择和培育,于 2006 年育成的肉羊新品种。巴美肉羊主要分布在内蒙古自治区巴彦淖尔市。

（一）外貌特征

巴美肉羊体格大,体质结实,结构匀称。无角,头部毛覆盖至两眼连线,前肢至腕关节,后肢至飞节。胸部宽而深,背腰平直,四肢结实,肌肉丰满,肉用体形明显,呈圆筒形。巴美肉羊具有较强的抗逆性和适应性,耐粗饲。

（二）生产性能

成年公羊平均体重 101.2 千克,成年母羊 60.5 千克。被毛同质,白色,闭合良好,密度适中,细度均匀,以 64 支为主,成年公羊产毛量 6.85 千克,成年母羊 4.05 千克,净毛率 48.42％。

巴美肉羊生长发育快,早熟,肉用性能突出。公羔初生重 4.7 千克,母羔 4.3 千克;育成公羊平均体重 71.2 千克,育成母羊 50.8 千克;6 月龄羔羊平均日增重 230 克以上,胴体重 24.95 千克;屠宰率 51.13%。经产母羊可两年三胎,平均产羔率 151.7%。

第二节 主要山羊品种

一、波尔山羊

波尔山羊原产于南非。1995 年以来,我国先后从德国、南非和新西兰等引入,主要分布在陕西、江苏、四川、山东、河北、浙江和贵州等省。

(一)外貌特征

波尔山羊具有强健的头,眼睛清秀,罗马鼻,头颈部及前肢比较发达,体躯长、宽、深,肋部发育良好且完全展开,胸部发达,背部结实、宽厚,腿臀部肌肉丰满,四肢结实有力。毛色为白色,头、耳、颈部颜色可以是浅红至深红色,但不超过肩部,双侧眼睑必须有色。

(二)生产性能

波尔山羊体格大,生长发育快。成年公羊体重 90～135 千克,成年母羊 60～90 千克;羔羊初生重 3～4 千克,断奶前日增重一般在 200 克以上,6 月龄时体重 30 千克以上。波尔山羊肉用性能良好,8～10 月龄屠宰率为 48%,周岁、2 岁和 3 岁分别为 50%、52% 和 54%,4 岁时达到 56%～60% 或以上。波尔山羊胴体瘦而不干,肉厚而不肥,色泽纯正,膻味小,多汁鲜嫩,备受消费者欢迎。该品种性成熟早,多胎率比例高,据统计:单胎母羊比例为 7.6%,双胎母羊比例为 56.5%,三胎母羊比例为 33.2%,四胎母羊比例为 2.3%,五胎母羊比例为 0.4%。

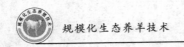

二、萨能奶山羊

萨能奶山羊原产于瑞士,是世界著名的奶山羊品种之一,分布范围很广,几乎遍及世界各地。早在 80 多年前就由外国传教士带入中国,1929 年又自加拿大引入,1981 年以来,又由德国、加拿大、美国、日本等国分批引进,在国内分布较广。

(一)外貌特征

体质结实,结构匀称,以头长、颈长、体长、腿长为特点。多数无角,有髯,有的有肉垂。背腰长而平直,后躯发育好,肋骨拱圆,尻部略显倾斜。乳房发育好,基部宽大,呈圆形,乳头大小适中。被毛白色,个别个体毛尖呈土黄色。皮肤薄,呈粉红色。

(二)生产性能

成年公羊体重 75～100 千克,母羊 50～65 千克。泌乳期 8～10 个月,年泌乳量 600～1 200 千克,含脂率 3.5%。萨能奶山羊性成熟早,母羊 3～4 月龄就可发情,一般 10 月龄左右配种,产羔率 200%左右。

三、努比亚奶山羊

努比亚奶山羊原产于非洲东北部的努比亚地区及埃及、埃塞俄比亚、阿尔及利亚等国。我国 1939 年曾引入饲养在四川成都等地,20 世纪 80 年代中后期,广西壮族自治区及四川省简阳县、湖北省房县又从英国和澳大利亚等国引入饲养。

(一)外貌特征

该品种羊头较短小,鼻梁凸起似兔鼻,两耳宽大、下垂,头颈相连处呈圆形,颈长,躯干短,尻短而斜,四肢细长,无须无角,个别公羊有螺旋形角。肌肉较薄。被毛细短,有光泽,色杂,有暗红色、棕红色、乳白色、灰色、黑色,有各种杂色斑块。

(二)生产性能

体格较小,成年母羊 40～50 千克,体高 66～71 厘米,体长 66～76 厘米。乳房发达,多呈球形,基部宽广,乳头稍偏两侧。泌乳期较短,仅有 5～6 个月,盛产期日产奶 2～3 千克,高产者可达 4 千克以上,含脂率较高,为 4%～7%。努比亚奶山羊性情温顺,繁殖力强,一年可产两胎,每胎 2～3 羔。

四、辽宁绒山羊

辽宁绒山羊是中国最优秀的绒山羊品种。原产于辽宁省辽东半岛步云山周围各县,中心产区为盖县东部山区。1976 年以来,陕西、甘肃、新疆、内蒙古、山西、河北等 17 个省(区)曾先后引种,用以改良本地山羊,提高产绒量,收到了良好效果。

(一)外貌特征

辽宁绒山羊公、母均有髯、有角,公羊角粗大,向两侧呈螺旋式伸展,母羊角向后上方呈捻曲状伸出。体躯结构匀称,体质结实,体格较大。被毛为全白色,外层为粗毛,内层为绒毛,被毛光泽好。

(二)生产性能

据辽宁绒山羊原种场测定,成年公羊平均产绒量 1 454.5 克,母羊671.6 克,绒毛长度分别为 6.8、6.3 厘米,细度在 16.5 微米左右。净绒率达 70%以上。羔羊 5 月龄左右性成熟,一般在 1 岁左右初配,产羔率 110%～120%。

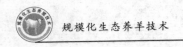

五、内蒙古绒山羊

内蒙古绒山羊主要分布在内蒙古自治区中西部地区的二狼山地区、阿尔巴斯地区和阿拉善左旗地区。内蒙古绒山羊是蒙古山羊在荒漠、半荒漠条件下,经广大牧民长期饲养、选育形成的一个优良类群。目前内蒙古绒山羊品种有阿尔巴斯、二狼山和阿拉善三个类型。

(一)外貌特征

体质结实,公、母羊均有角,公羊角粗大,向上向后外延伸,母羊角相对较小。体躯深长,背腰平直,整体似长方形。全身被毛纯白,外层为光泽良好的粗毛,内层为绒毛。

(二)生产性能

成年公羊体重45～52千克,母羊30～45千克。外层粗毛长12～20厘米,细度88.3～88.8微米;内层绒毛长5.0～6.5厘米,细度12.1～15.1微米。成年公羊产绒量400～600克,母羊350～450克,净绒率72%。母羊产羔率100%～105%。

六、济宁青山羊

济宁青山羊产于山东省西南部,主要分布在菏泽、济宁地区。该地区为黄河下游冲积平原,地势平坦,属于半湿润温暖型气候,具有大陆性气候特点。

(一)外貌特征

济宁青山羊是一个以多胎高产和生产优质猾子皮著称于世的小型山羊品种。公、母羊均有角和髯,公羊角粗长,母羊角短细。公羊颈粗短,前胸发达,前高后低;母羊颈细长,后躯较宽深。四肢结实,尾小、上翘。由于黑白毛纤维混生比例不同,被毛分为正青、铁青和粉青三色,以正青居多。毛色与羊只年龄有关,年龄越大,毛色越深。该品种另一个较突出的特征是:被毛、嘴唇、角、蹄为青色,而前膝为黑色,被简单地描述为"四青一黑"。

(二)生产性能

成年公羊平均体重 30 千克,母羊 26 千克。3～4 月龄性成熟,可全年发情配种,产羔率 290％。羔羊在产后 1～2 天内屠宰所产的羔皮毛色光润,人工不能染制,并有美丽的波浪状花纹,在国内外市场上深受欢迎,是制造翻毛外衣、皮帽、皮领的优质原料。

七、中卫山羊

中卫山羊又称中卫裘皮山羊或沙毛皮山羊,主产于宁夏回族自治区中卫县,分布于宁夏同心、中宁、海原等县及毗邻的甘肃省景泰、靖远县。

(一)外貌特征

被毛纯白色(偶见黑色),颈部丛生有弯曲的长毛。公、母羊均有角,公羊角大,呈半螺旋形,母羊角小,呈镰刀状。头部清秀,鼻梁平直,体短而深。四肢端正,蹄质结实,背腰平直。被毛分两层,外层由粗毛和两型毛组成,内层为绒毛。其主要产品沙毛皮花案清晰,被毛呈丝样光泽。

(二)生产性能

成年公羊体重 30～40 千克,母羊 25～35 千克。成年羯羊屠宰率 44.3％。母羊 7 月龄左右即可配种繁殖,多为单羔,产羔率 103％。

35 日龄左右的中卫山羊羊羔,毛股长度 7 厘米左右,宰杀剥制的皮张称沙毛皮。其自然面积 1 200 厘米² 以上,具有皮板致密结实、毛

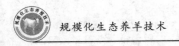

股紧实、弯曲明显、花案清晰等特点。

八、福清山羊

福清山羊是福建省地方山羊品种,当地群众称之为高山羊或花生羊。主要分布于福建省东南沿海各县,中心产区为福清、平潭县。

(一)外貌特征

福清山羊被毛有深浅不同的 3 种颜色,即灰白色、灰褐色和深褐色。鼻梁至额部有一近似三角形的黑毛区或在眉间至颊部有两条黑色毛带。鬐甲处有黑色毛带,沿肩胛两侧向上延伸,与背线相交成"十字形"。体格较小,结构紧凑。头小,呈三角形,公、母羊均有髯。有角个体占 77%～88%,公羊角粗长,向后、向下,紧贴头部;母羊角细,向后、向上。部分羊只有肉垂。颈长度适中,背腰微凹,尻矮斜。四肢健壮,善攀登。

(二)生产性能

成年公羊体重 30 千克,母羊 26 千克。经过育肥的 8 月龄羯羊平均体重 23 千克。屠宰率成年公羊(不剥皮)55.84%,母羊 47.67%。该品种性成熟早,母羊 3 月龄出现初情表现,一般在 6 月龄以后配种,可全年发情,平均产羔率 236%。

九、马头山羊

马头山羊产区在湖北省十堰市、丹江口市和湖南省常德市、怀化市以及湘西土家族苗族自治州各县。

(一)外貌特征

马头山羊体质结实,结构匀称,体躯呈长方形。头大小适中,公、母羊均无角,但有退化的角痕。两耳向前,略下垂,颌下有髯,部分羊颈下有一对肉垂。成年公羊颈较短粗,母羊颈较细长。头、颈、肩结合良好,前胸发达,背腰平直,后躯发育良好,尻略斜。四肢端正,蹄质坚实。乳房发育良好。被毛以白色为主,次为黑色、麻色及杂色;毛短、有光泽,冬季生有少量绒毛;额、颈部有长粗毛。

(二)生产性能

马头山羊成年公羊平均体重为 43.81 千克,母羊为 33.70 千克,羯羊为 47.44 千克。在全年放牧情况下,12 月龄公、母羊屠宰率分别为 54.69%、50.01%。马头山羊性成熟早,母羊 3~5 月龄、公羊 4~6 月龄达性成熟,一般 10 月龄配种,母羊初产多产单羔,经产母羊多产双羔,一年两胎或两年三胎。产羔率为 191.94%~200.33%。

十、成都麻羊

成都麻羊原产于四川省成都平原及附近山区,是乳、肉、皮兼用的优良地方品种。

(一)外貌特征

成都麻羊公、母羊多有角,有髯,胸部发达,背腰宽平,羊骨架大,躯干丰满,呈长方形。乳房发育较好,被毛呈深褐色,腹毛较浅,面部两侧各有一条浅褐色条纹,由角基到尾根有一条黑色背线,在鬐甲部黑色毛沿肩胛两侧向下延伸,与背线结成十字形。

(二)生产性能

成年公羊体重 40~50 千克,母羊 30~35 千克,成年羯羊屠宰率 54%。成都麻羊性成熟早,一般 3~4 月龄出现初情,8~10 月龄母羊初配,全年发情,产羔率 210%。产奶性能也较高,一个泌乳期 5~8 个月,可产奶 150~250 千克,含脂率达 6% 以上。

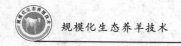

十一、南江黄羊

南江黄羊以努比亚奶山羊、成都麻羊、金堂黑山羊为父本,四川省南江县当地母羊为母本,采用复杂杂交方法培育而成,其间曾导入吐根堡奶山羊血液。主要分布在四川省南江县,具有体形大、生长发育快、四季发情、繁殖率高、泌乳力好、抗病力强、耐粗放、适应能力强、产肉力高及板皮品质好等特点。

(一)外貌特征

大多有角,头型较大,颈部短粗,体形高大,背腰平直,后躯丰满,体躯近似圆筒形,四肢粗壮。被毛呈黄褐色,面部多呈黑色,鼻梁两侧有一条浅黄色条纹;从头顶部至尾根沿脊背有一条宽窄不等的黑色毛带;前胸、颈、肩和四肢上端着生黑而长的粗毛。

(二)生产性能

成年公羊体重(66.87±5.03)千克,成年母羊体重(45.64±4.48)千克。在放牧条件下,8月龄屠宰前体重可达(22.65±2.33)千克,屠宰率47.63%±1.48%,12月龄屠宰率为49.41%±1.10%,成年羊为55.65%±3.70%。母羊常年发情,8月龄时可配种,年产两胎或两年三胎,双羔率可达70%以上,多羔率13%,群体产羔率205.42%。

十二、雷州山羊

雷州山羊主要分布于广东省湛江地区的雷州半岛,该品种耐粗饲、耐热、耐潮湿、抗病力强,适于炎热地区饲养。

(一)外貌特征

雷州山羊体格大,体质结实,公、母羊均有角、有髯,颈细长,耳向两侧竖立开张,鬐甲稍高起,背腰平直,胸稍窄,腹大而下垂。被毛多为黑色,少数羊被毛为麻色或褐色,雷州山羊从体形上看可分为高腿和短腿两种类型。前者体高,骨骼较粗,乳房不发达;后者体矮,骨骼较细,乳房发育良好。

(二)生产性能

3 岁以上公、母羊平均体重分别为 54.0 和 47.7 千克,2 岁公、母羊分别为 50.0 和 43.0 千克,周岁公、母羊分别为 31.7 和 28.6 千克。屠宰率平均为 46% 左右。雷州山羊繁殖率高,3～6 月龄达到性成熟,5～8 月龄初次配种,一般一年两产,产羔率 203%。

十三、海门山羊

海门山羊原产于江苏省海门市和苏州市以及上海市崇明县等地。

(一)外貌特征

海门山羊体格小,公、母羊均有角、有髯,头呈三角形,面微凹,背腰平直,前躯较发达,后躯较宽深,尾小而上翘,四肢细长,被毛为全白色,为短毛型。公羊的颈、背部及胸部披有长毛。

(二)生产性能

成年公羊体重 30 千克,母羊 20 千克,屠宰率 46%～49%。海门山羊性成熟早,一般 3～4 月龄即有发情表现,6～8 月龄配种,母羊四季发情,产羔率 227% 左右。

十四、承德无角山羊

承德无角山羊产于河北省东北部燕山山麓,以滦平、平泉、隆化等县数量最多。

（一）外貌特征

承德无角山羊无角，只有角基，有髯，头平直，胸宽深，背腰平直，肋骨开张良好，体躯呈圆筒形，四肢健壮有力，蹄质结实。毛色以黑色为主，少数为白色、青色。

（二）生产性能

成年公、母羊平均体重分别为 60.0 和 43.0 千克，平均屠宰率 50％左右。公羊平均产毛量 0.5 千克，产绒 245 克；母羊产毛 0.28 千克，产绒 140 克。5 月龄左右性成熟，一般一年一产，产羔率 110％。

十五、太行山羊

太行山羊主要分布在太行山东、西两侧，包括河北省的武安山羊、山西省的黎城大青羊和河南的太行黑山羊。

（一）外貌特征

太行山羊公、母羊均有角、有髯，角型分为两种，一种为两角在上 1/3 处交叉，另一种为倒“八”字形。背腰平直，四肢结实。毛色有黑、青、灰、褐等色，以黑色居多。

（二）生产性能

成年公、母羊体重分别为 36.7 和 32.8 千克，屠宰率 40％～50％；成年公羊抓绒量 275 克，母羊 165 克，绒细度 12～16 微米，绒较短。6 月龄左右性成熟，1.5 岁配种，一年一产，产羔率 130％～140％。

十六、黄淮山羊

黄淮山羊原产于黄淮平原的广大地区，如河南省周口、商丘市，安徽省及江苏省徐州市也有分布。具有性成熟早、生长发育快、板皮品质优良、四季发情及繁殖率高等特点。

（一）外貌特征

该品种羊鼻梁平直,面部微凹,颌下有髯。分有角和无角两个型,有角者公羊角粗大,母羊角细小,向上向后伸展呈镰刀状。胸较深,肋骨开张,背腰平直,体躯呈筒形。母羊乳房发育良好,呈半圆形。被毛白色,毛短、有丝光,绒毛很少。

（二）生产性能

成年公羊平均体重34千克,母羊26千克。肉汁鲜嫩,膻味小,产区习惯于7～10月龄屠宰,此时胴体重平均为10.9千克,屠宰率49.29%,而成年羯羊屠宰率为45.9%。板皮呈蜡黄色,细致柔软,油润光泽,弹性好,是优良的制革原料。黄淮山羊性成熟早,初配年龄一般为4～5月龄,能一年产2胎或两年产3胎,产羔率平均为238.66%。

十七、新疆山羊

新疆山羊分布在新疆境内。

（一）外貌特征

公、母羊多有长角,有髯,角呈半圆形弯曲,或向后上方直立,角尖微向后弯。前躯发育好,后躯较差,乳房发育良好。被毛有白色、黑色、棕色及杂色。

（二）生产性能

北疆成年公羊体重50千克以上,母羊38千克;屠宰率41.3%,抓绒量成年公羊552克,母羊229.4克;南疆山羊体格较小,成年公羊体

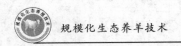

重 32.6 千克,母羊 27.1 千克;屠宰率 37.2%,抓绒量 120～140 克,个别母羊抓绒量可达 600 克。母羊泌乳期 5～9 个月,日平均产奶 500 克左右。秋季发情,产羔率 110%～115%。

十八、西藏山羊

西藏山羊分布在西藏、青海以及四川的阿坝、甘孜、甘南等地,产区属青藏高原。

(一)外貌特征

体格较小,公、母羊均有角,被毛颜色较杂,纯白者很少,多为黑色、青色以及头、肢花色。体质结实,前胸发达,肋骨弓张良好。母羊乳房不发达,乳头小。

(二)生产性能

成年公羊体重 23.95 千克,母羊 21.56 千克,成年羯羊屠宰率 48.31%。成年公羊剪毛量 418.3 克,母羊 339 克;抓绒量成年公羊 211.8 克,母羊 183.8 克,羊绒品质好,直径(15.37±1.1)微米,长度 5～6 厘米。年产一胎,多在秋季配种,产羔率 110%～135%。

十九、隆林山羊

隆林山羊原产于广西西北部山区,广西隆林县为中心产区。具有生长发育快、产肉性能好、繁殖力高、适应性强等特点。

(一)外貌特征

该品种羊体质结实,结构匀称,头大小适中,均有角和髯,少数母羊颈下有肉垂。肋骨弓张良好,体躯近似长方形,四肢粗壮。毛色较杂,其中白色占 38.25%,黑白花色占 27.94%,褐色占 19.11%,黑色占 1.7%。

(二)生产性能

成年公羊体重 57(36.5~85.0)千克,母羊 44.71(28.5~67.0)千克。成年羯羊胴体重平均为 31.05 千克,屠宰率为 57.83%,肌肉丰满,胴体脂肪分布均匀,肌纤维细,肉质鲜美,膻味小。一般两年产 3 胎,每胎多产双羔,一胎产羔率平均为 195.18%。

二十、贵州白山羊

贵州白山羊主要产于贵州省遵义、铜仁两地区的二十几个县,产区高山连绵,土层瘠薄,基岩裸露面极大,平均气温 13.7~17.4℃,年降水量 1 000~1 200 毫米,草场主要为灌木丛草地和疏林草地。

(一)外貌特征

贵州白山羊多数为白色,少数为麻色、黑色或杂色。公、母羊均有角,无角个体占 8%以下。被毛较短。

(二)生产性能

成年公羊体重 32.8 千克,母羊 30.8 千克。1 岁羯羊屠宰率 53.3%,成年羊 57.9%。板皮质地紧致、细致、拉力强,板幅较大。母羊可常年发情,春、秋两季较为集中,大多数羊只两年产 3 胎,产羔率 273.6%。

二十一、关中奶山羊

关中奶山羊主要分布在陕西省渭河平原,以富平、三原、铜川等县市数量最多。

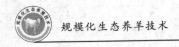

（一）外貌特征

关中奶山羊体质结实,母羊颈长,胸宽,背腰平直,腹大、不下垂,尻部宽长,倾斜适度,乳房大,多呈方圆形,乳头大小适中。公羊头大颈粗,胸部宽深,腹部紧凑,外形雄伟。毛短色白,皮肤粉红色,部分羊耳、唇、鼻及乳房有黑斑,颈下部有肉垂,有的羊有角、髯。

（二）生产性能

成年公羊体重 85～100 千克,母羊 50～55 千克。关中奶山羊的性成熟期为 4～5 月龄,一般 1 周岁左右开始配种,产羔率为 160%～200%。泌乳期 6～8 个月,年产乳量 400～700 千克,含脂率 3.5% 左右。成年母羊的屠宰率为 49.7%,净肉率为 39.5%。

二十二、崂山奶山羊

崂山奶山羊主要分布在山东半岛青岛崂山及周围各县,以萨能奶山羊与本地山羊杂交选育而成。

（一）外貌特征

崂山奶山羊体质结实,结构匀称。额部较宽,公、母羊多无角,颈下有肉垂。胸部较深,背腰平直,母羊乳房基部宽广,上方下圆,乳头大小适中,对称。后躯发育良好。毛色白,细短,部分羊耳部、头部、乳房部有浅色黑斑。

（二）生产性能

成年公、母羊平均体重分别为 75.5 和 47.7 千克,年产奶量 500～600 千克,含脂率 4.0% 左右,母羊产羔率为 180.0%,成年母羊屠宰率为 41.55%,净肉率为 28.94%。

第四章

生态养羊的繁育技术

发展生态养羊,生产安全优质的羊产品,繁育是关键环节之一。繁育是增加羊群数量和提高羊群质量的必要手段。为了提高羊的繁殖力,必须掌握羊的繁殖特性和规律,了解影响繁殖的各种内外因素。在养羊生产中,运用繁殖规律,采用先进的繁育技术措施,使养羊生产能按人们要求有计划地进行,以不断提高羊的繁殖力和生产性能。

第一节　羊的繁殖规律

一、羊的繁殖季节

一般来说,羊为季节性多次发情动物。羊属于短日照型繁殖动物,每年秋季随着光照从长变短,羊便进入了繁殖季节。我国牧区、山区的羊多为季节性多次发情类型,而某些农区的羊品种,如湖羊、小尾寒羊等,经长期舍饲驯养,往往终年可发情,或存在春、秋两个繁殖季节。

羊的繁殖受季节因素的影响,而不同的季节光照时间、温度、饲料供应等因素也不同,因此季节对羊繁殖机能的影响,实际上就相当于光照时间、温度和饲料等因素对羊繁殖机能的影响。

(1)光照的影响 光照的长短变化对羊的性活动影响明显。在赤道附近的地区,由于全年的昼夜长度比较恒定,所以该地区培育的品种,其性活动不易随白昼长短的变化而有所反应,即光照时间的长短对其性活动的影响不大。但在非高海拔和非高纬度地区,光照时间的长短常因季节不同而发生周期性变化。冬至白昼最短,黑夜最长,此后,白昼渐长,黑夜渐短,到春分时,昼夜相等,直到夏至时,白昼最长,黑夜最短,此后又向相反方向变化。白昼的长短意味着光照时间的长短。羊的繁殖季节与光照时间长短密切有关。Hafez 研究英国地区品种成年绵羊的繁殖季节与光照时间的关系,结果发现:有角道塞特羊的繁殖季节较长,平均 223 天,而边区莱斯特羊和威尔士羊较短,分别平均为131 天和 133 天;几乎所有品种的繁殖季节都在秋分至春分之间,而繁殖季节的中期接近一年中的光照时间最短的时期,这说明绵羊的性活动与光照时间关系很密切,在一年之中,繁殖季开始于秋分光照由长变短时期,而结束于春分光照由短变长时期。由此可见,逐渐缩短光照时间,可以促进羊繁殖季节的开始,因此,羊被认为是短日照繁殖动物。

(2)温度的影响 一般情况下,光照长短和温度高低相平衡。因此,温度对羊的繁殖季节也有影响,但其作用与光照相比是次要的。据Dutt 试验,将母羊分成两组,试验组从 5 月底到 10 月份这段时间关在凉爽的羊舍内,对照组为一般条件下饲养,结果试验组羊的繁殖季节约提前 8 周。相反在繁殖季节前 1 个月,将母羊关在一个长时间保持在32℃的羊舍内,大多数母羊都推迟了繁殖季节。由此可见,适宜的气温可使母羊的繁殖季节提前,而高温则会使之推后。

(3)饲料的影响 饲料充足,营养水平高,则母羊的繁殖季节就可以适当提早,相反就会推迟。在繁殖季节来临之前适当时期,采取加强营养措施,进行催情补饲,这样不但能提早繁殖季节,而且可以增加双羔率;如果长期营养不良,则其繁殖季节就会推迟开始,较早结束,亦即缩短了繁殖季节。由此可见，饲料供应情况，营养水平高低，对母羊的繁殖影响很大。

二、初情期、性成熟期和初配年龄

(一)初情期

母羊生长发育到一定的年龄时开始出现发情现象，母羊第一次出现发情症状即是初情期的到来。初情期是性成熟的初级阶段。初情期以前，母羊的生殖道和卵巢增长较慢，不表现性活动。以后随着母羊的生长发育，雌激素和垂体分泌促性腺激素逐渐增多，同时卵巢对促性腺激素敏感度也增大，卵泡开始发育成熟，即出现排卵和发情症状。此时虽然母羊有发情症状，但往往发情周期不正常，其生殖器官仍在继续生长发育之中，故此时不宜配种。一般绵羊的初情期为 4～8 月龄，某些早熟品种如小尾寒羊初情期为 4～5 月龄；山羊初情期为 4～6 月龄。

(二)性成熟期

随着第一次发情的到来，在雌激素的作用下，生殖器官增长迅速，生长发育日趋完善，具备了繁殖能力，此时称为性成熟期。羊的性成熟期一般为 5～10 月龄。一般来说性成熟后就能配种繁殖后代，但这时其自身的生长发育尚未成熟，体重仅为成年羊的 40%～60%，因而性成熟期并非适宜配种年龄。因为母羔配种过早，不仅会严重阻碍自身的生长发育，还会影响后代的生产性能。

母羊的初情期和性成熟期主要受品种、个体、气候和饲养管理条件等影响。一般早熟的肉用羊比晚熟的毛用羊初情期和性成熟早；山羊比绵羊性成熟略早；热带羊的初情期较寒带或温带羊早；南方羊的初情期较北方的早；早春产的母羔在当年秋季即可发情，而夏、秋产的母羔一般需到第二年秋季才发情；饲养管理条件好的比饲养管理条件差的性成熟早，营养不足则使初情期和性成熟延迟。

(三)初配年龄

羊的初配年龄与气候条件、营养状况有很大关系。南方有些山羊品种 5 月龄即可进行第一次配种,而北方有些山羊品种初配年龄需到 1.5 岁。山羊的初配年龄多为 10~12 月龄,绵羊的初配年龄多为 12~18 月龄,农区一些绵羊、山羊品种生长发育较快,母羊初配年龄为 6~8 月龄。我国广大牧区的绵羊多在 1.5 岁时开始初次配种。由此看来,分布于全国各地不同的绵羊、山羊品种其初配年龄很不一致,但根据经验,以羊的体重达到成年体重 70% 时进行第一次配种较为适宜。

三、发情

绵羊、山羊达到性成熟后有一种周期性的性表现,如有性欲、兴奋不安、食欲减退等一系列行为变化,外阴红肿、子宫颈开放、卵泡发育、分泌各种生殖激素等一系列生殖器官变化。母羊的这些性表现及异常变化称之为发情。

(一)发情征兆

大多数母羊有异常行为表现,如咩叫不安,兴奋活跃;食欲减退,反刍和采食时间明显减少;频繁排尿,并不时地摇摆尾巴;出现母羊间相互爬跨、打响鼻等一些公羊的性行为;接受抚摩按压及其他羊的爬跨,表现静立不动,对人表现温顺。

生殖器官也相应有如下变化:外阴部充血肿胀,由苍白色变为鲜红色,阴唇黏膜红肿;阴道间断地排出鸡蛋清样的黏液,初期较稀薄,后期逐渐变得浑浊、黏稠;子宫颈松弛开放;卵泡发育增大,到发情后期排卵。羊的发情行为表现及生殖器官的外阴部变化和阴道黏液是直观可见的,因此是发情鉴定的几个主要征兆。

山羊的发情征兆及行为表现很明显,特别是咩叫、摇尾、相互爬跨等行为很突出。绵羊则没有山羊明显,甚至出现安静发情(母羊卵泡发

74

育成熟至排卵无发情征兆和性行为表现称之为安静发情,亦称安静排卵)。安静发情与生殖激素水平有关,绵羊的安静发情较多。因此在绵羊的繁殖过程中,常采取公羊试情的方法来鉴别母羊是否发情。

(二)发情周期和发情持续期

母羊从发情开始到发情结束后,经过一定时间又周而复始地再次重复这一过程,两次发情开始间隔的时间就是羊的发情周期。绵羊正常发情周期的范围为 14～21 天,平均为 17 天。山羊正常发情周期的范围为 18～24 天,平均为 21 天。发情周期因品种、年龄及营养状况不同而有差别。奶山羊的发情周期长,青山羊的短;处女羊、老龄羊发情周期长,壮年羊短;营养差的羊发情周期长,营养好的羊短。

母羊的发情持续时间称为发情持续期。绵羊发情持续期平均为 30 小时,山羊平均为 40 小时。母羊排卵一般在发情中后期,故发情后 12 小时左右配种最适宜。发情持续期受品种、年龄、繁殖季节中的时期等因素影响。毛用羊比肉用羊发情持续期长,初情期的发情持续期最短,1.5 岁后较长,成年母羊最长;繁殖季节初期和末期的发情持续期短,中期较长;公母羊混群的母羊比单独组群的母羊的发情持续期短,且发情整齐一致。

(三)发情鉴定方法

母羊发情鉴定有以下几种方法。

1. 外部观察

直接观察母羊的行为征兆和生殖器官的变化来判断其是否发情,这是鉴定母羊是否发情最基本、最常用的方法。母羊发情时表现不安,目光呆滞,食欲减退,咩叫,外阴部红肿,排出黏液,发情初期黏液透明、量少,中期黏液呈扯丝状、量多,末期黏液呈胶状。发情母羊被公羊追逐或爬跨时,往往叉开后腿站立不动,接受交配。处女羊发情不明显,要认真观察,不要错过配种时机。

2.阴道检查

采用羊阴道开膛器插入阴道,检查生殖器的变化,如阴道黏膜的颜色潮红、充血,黏液增多,子宫颈变松弛等,可以判定母羊已发情。进行阴道检查时,先将母羊保定好,外阴部冲洗干净。开膛器清洗、消毒、烘干后,涂上灭菌润滑剂或用生理盐水浸湿。检查人员将开膛器前端闭合,慢慢插入阴道,轻轻打开开膛器,通过反光镜或手电筒光线检查阴道变化。发情母羊阴道黏膜充血,表面光亮湿润,有透明黏液流出,子宫颈口充血、松弛、开张,有黏液流出。检查完毕后稍微合拢开膛器,抽出。

3.公羊试情

用公羊对母羊进行试情,根据母羊对公羊的行为反应,结合外部观察来判定母羊是否发情。试情公羊要求性欲旺盛,营养良好,健康无病,一般每100只母羊配备2～3只试情公羊。试情公羊需做输精管切断或阴茎移位手术,或戴试情布。试情布一般宽35厘米,长40厘米,在四角扎上带子,系在试情公羊腹部,然后把试情公羊放入母羊群试情。

试情应在每天清晨进行。试情公羊进入母羊群后,用鼻去嗅母羊,或用蹄子去挑逗母羊,甚至爬跨到母羊背上,母羊不动,不拒绝,或伸开后腿排尿,这样的母羊即为发情羊。初配母羊对公羊有畏惧心理,当试情公羊追逐时,不像成年发情母羊那样主动接近。但只要试情公羊紧跟其后者,即为发情羊。

试情公羊应单独喂养,加强饲养管理,远离母羊群,防止偷配。对试情公羊每隔1周应本交或排精一次,以刺激其性欲。

四、羊的配种

(一)配种计划

羊的配种计划安排一般根据各地区、各羊场每年的产羔次数和时间来决定。一年一产的情况下,有冬季产羔和春季产羔两种。产冬羔时间在 1～2 月间,需要在 8～9 月份配种;产春羔时间在 4～5 月间,需要在 11～12 月份配种。一般产冬羔的母羊配种时期膘情较好,对提高产羔率有好处,同时由于母羊妊娠期体内供给营养充足,羔羊的初生重大,存活率高。此外冬羔利用青草期较长,有利于抓膘。但产冬羔需要有足够的保温产房,要有足够的饲草饲料贮备,否则母羊容易缺奶,影响羔羊发育。春季产羔,气候较暖和,不需要保暖产房;母羊产后很快就可吃到青草,奶水充足;羔羊出生不久也可吃到嫩草,有利于羔羊生长发育。但产春羔的缺点是母羊妊娠后期膘情最差,胎儿生长发育受到限制,羔羊初生重小。同时羔羊断奶后利用青草期较短,不利于抓膘育肥。

随着现代繁殖技术的应用,密集型产羔体系技术越来越多地应用于各大羊场。在两年三产的情况下,第一年 5 月份配种,10 月份产羔;第二年 1 月份配种,6 月份产羔,9 月份配种,来年 2 月份产羔。在一年两产的情况下,第一年 10 月份配种,第二年 3 月份产羔;4 月份配种,9 月份产羔。

(二)配种方式

配种时间一般是早晨发情的母羊傍晚配种,下午或傍晚发情的母羊于第二天早晨配种。为确保受胎,最好在第一次配种后,间隔 12 小时左右再配一次。羊的配种主要有两种方式:一种是自然交配,另一种是人工授精。

1. 自然交配

自然交配是让公羊和母羊自行直接交配的方式。这种配种方式又称为本交。由于生产计划和选配的需要,自然交配又分为自由交配和人工辅助交配。

(1)自由交配　自由交配是按一定公母比例,将公羊和母羊同群饲养,一般公母比为 1:(15～20),最多 1:30。母羊发情时便与同群的公羊自由进行交配。这种方法又叫群体本交,其优点是可以节省大量的人力、物力,也可以减少发情母羊的失配率,对居住分散的家庭小型牧场很适合。但也有以下的不足之处：

①公母羊混群放牧饲养，配种发情季节，性欲旺盛的公羊经常追逐母羊，影响采食和抓膘。

②公羊需求量相对较大，一头公羊负担 15～30 头母羊，不能充分发挥优秀种公羊的作用。特别是在母羊发情集中季节，无法控制交配次数，公羊体力消耗很大，将降低配种质量，也会缩短公羊的利用年限。

③由于公母混杂，无法进行有计划的选种选配，后代血缘关系不清，并易造成近亲交配和早配，从而影响羊群质量，甚至引起退化。

④不能记录确切的配种日期，也无法推算分娩时间，给产羔管理造成困难，易造成意外伤害和怀孕母羊流产。

⑤由生殖器官交配接触的传染病不易预防控制。

（2）人工辅助交配　　人工辅助交配是平时将公、母羊分开饲养，经鉴定把发情母羊从羊群中选出来和选定的公羊交配。这种方法克服了自由交配的一些缺点，如有利于选配工作的进行，可防止近亲交配和早配，也减少了公羊的体力消耗，有利于母羊群采食抓膘，能记录配种时间，做到有计划地安排分娩和产羔管理等。

人工辅助交配需要对母羊进行发情鉴定、试情和牵引公羊等，花费的人力、物力较多，在羊群数量不大时采用。

（3）母羊群固定公羊的自由交配　　在发情季节，按一定公母比例，将公羊和母羊同群饲养，一般 25 只母羊放入一只公羊，小圈单独饲养。一般为了节省公羊体力，便于公羊补充营养，可将公羊早上放入母羊群，下午再撤出集中饲养管理。这种方法优点是可以节省大量的人力、物力，也可以减少发情母羊的失配率，但需要母羊群小圈饲养，并且要防止混圈。

2.人工授精

人工授精是用器械采取公羊的精液，经过精液品质检查和一系列处理，再将精液输入发情母羊生殖道内，实现母羊受胎的配种方式。人工授精可以提高优秀种公羊的利用率，比本交增加与配母羊数十倍，节约饲养大量种公羊的费用，加速羊群的遗传进展，并可防止疾病传播。

第二节 人工授精技术

人工授精是近代畜牧科技的重大成果之一。通过人工方法采集公羊的精液,经一系列的检查处理后,再注入发情母羊的生殖道内,使其卵子受精,繁殖后代。人工授精最大的优点是增加了公羊的利用率,迅速提高羊群的质量。公羊的一次射精量,经过稀释后,可供几十只母羊使用。同时冷冻精液的制作,可实现远距离的异地配种,使某些地区在不引进种公羊的前提下,就能达到杂交改良和育种的目的,扩大优秀种公羊的配种辐射面。其次人工授精是将精液输到母羊的子宫颈内,公羊的精液品质经过检查,可以提高受胎率。再次可以节省种公羊的购买和饲养费。另外人工授精的公、母羊不直接接触,使用器械经严格消毒,可减少疾病传染的机会。

人工授精方法适用于有一定技术力量的大型羊场或规模较大的养殖户,也适用于社会化服务体系比较完善的养羊地区。

采用人工授精技术,一只优秀公羊在一个繁殖季节里可配300~500只母羊,有的可达1 000只以上,对羊群的遗传改良起着非常重要的作用。人工授精的主要技术环节有采精,精液品质检查,精液的稀释、保存、运输和输精等。

(一)采精

1.器材用具的准备

人工授精的器材用具主要有假阴道、输精器、阴道开张器、集精瓶、玻璃棒、镊子、烧杯、瓷盘等。凡采精、输精及与精液接触的一切器材都要求清洁、干燥、消毒,存放于清洁柜内,柜内不再放其他物品。

安装假阴道时,要注意假阴道内部的温度和压力,使其与母羊阴道相仿。灌水量占内胎和外壳空间的1/2~2/3,以150~180毫升为宜。

水温 45～50℃,采精时内胎腔内温度保持在 39～42℃。为保证一定的润滑度,用清洁玻璃棒蘸少许灭菌凡士林均匀涂抹在内胎前 1/3 处。通过气门活塞吹入气体,以内胎壁的采精口一端呈三角形为宜。

2.台羊的准备和公羊的诱情

台羊应与待采精公羊的体格大小相适应,且发情明显。将台羊拴系在稳固的地方,以防公羊跌倒。台羊外阴道用 2%来苏儿溶液消毒,再用温水冲洗干净并擦干。经过训练调教的公羊一到采精现场,因条件反射便有性表现,但不要急于让其爬跨台羊,应适当诱情,如绕台羊转几圈等,让公羊在采精前有充分的性准备,这样可改进采得精液的品质和数量。

3.采精

采精时采精员必须精力集中,动作敏捷准确。采精员蹲在台羊右后方,右手握假阴道,贴靠在台羊尾部,入口朝下,与地面呈 35～45 度角。当种公羊爬跨时,用左手轻托阴茎包皮,将阴茎导入假阴道中,保持假阴道与阴茎呈一直线。当公羊向前一冲时即为射精。随后采精员应在公羊从台羊身上跳下时将阴茎从阴道中退出,把集精瓶竖起,拿到处理室内,放出气体,取下集精瓶,盖上盖子,做上标记,准备精液检查。

在配种季节,公羊每天可采精 2～3 次,每周采精可达 25 次之多。但每周应注意休息 1～2 天。

(二)精液品质检查

采出的精液要检查色泽、气味、云雾状、射精量、精子活力和密度等。首先通过肉眼和嗅觉检查色泽、气味、云雾状、射精量,其次通过显微镜检查精液的活力、密度大小及精子形态等情况。

(1)色泽和气味 正常的精液应为白色或淡黄色,无味或略带腥味。凡呈红褐色或绿色、有臭味的精液不能用于输精,含有大块凝固物质的精液也不能使用。

(2)云雾状 肉眼观看刚采集的精液,密度大、活力高的精液呈翻腾滚动的云雾状态。

（3）射精量　羊的射精量为 0.5～2.0 毫升，一般为 1 毫升。每毫升精液中精子的数量为 20 亿～30 亿。

（4）活力　活力指精液中作直线前进运动精子的百分率，是评定精液品质的重要指标。检查时以灭菌玻璃棒蘸取一滴精液，滴在载玻片上，再加上盖片，置于 400 倍显微镜下观察。检查时温度以 38～40℃为宜。全部精子都作直线运动的活力评为 1 分，80％作直线运动的活力评为 0.8，60％作直线运动的评为 0.6 分，其余依此类推。活力在 0.8 以上方可用来输精。

（5）密度　密度是指单位体积中的精子数，检查精子活力同时要检查密度。常用三级评定：密集的精子充满显微镜整个视野，精子之间几乎无空隙或空隙小于一个精子的长度，看不出单个精子活动情况的为"密"；精子间相互距离有 1～2 个精子的长度，能看清单个精子活动的为"中"；视野中只有少量精子，且相互距离很大的为"稀"。密度在中等以上的才能用于输精。

（6）精子形态检查　是通过显微镜检查是否有畸形精子，如头部巨大、瘦小、细长、圆形、双头，颈部膨大、纤细、带有原生质滴，中段膨大、纤细、带有原生质滴，尾部弯曲、双尾、带有原生质滴等。如精液中畸形精子较多，也不宜输精。

（三）精液的稀释和保存

精液稀释一方面为了增加精液容量，以便为更多的母羊输精；另一方面还能使精液短期甚至长期保存起来，继续使用，且有利于精液的长途运输，从而大大提高种公羊的配种效能。

羊精子在体外不能长久存活，低温保存 24 小时后精子活力与受精能力显著下降，精液在采好以后应尽快稀释，稀释越早，效果越好。因而采精以前就应配好稀释液。常用的稀释液有 3 种：

（1）生理盐水稀释液　用注射用 0.9％生理盐水做稀释液，或用经过灭菌消毒的 0.9％氯化钠溶液。此种稀释液简单易行，稀释后马上

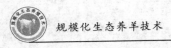

输精,也是一种比较有效的方法。此种稀释液的稀释倍数不宜超过2倍。

（2）葡萄糖卵黄稀释液　于100毫升蒸馏水中加葡萄糖3克,柠檬酸钠1.4克,溶解后过滤灭菌,冷却至30℃,加新鲜卵黄20毫升,充分混合。

（3）牛奶（或羊奶）稀释液　用新鲜牛奶（或羊奶）以脱脂纱布过滤,蒸汽灭菌15分钟,冷却至30℃,吸取中间奶液即可做稀释液用。

上述稀释液中,每毫升稀释液应加入500国际单位青霉素和链霉素,调整溶液的pH值为7后使用。新采的精液温度一般在30℃左右,如室温低于30℃时,应把集精瓶放在30℃的水浴箱里,以防精子因温度剧变而受影响。精液与稀释液混合时,二者的温度应保持一致,在20～25℃室温和无菌条件下操作。把稀释液沿集精瓶壁缓缓倒入,为使混匀,可用手轻轻摇动。稀释后的精液应立即进行镜检,观察其活力。

精液的稀释倍数应根据精子的密度大小决定。一般镜检为"密"时精液方可稀释,稀释后的精液输精量（0.1毫升）应保证有效精子数在7 500万以上。

（四）精液的保存和运输

保存精液的方法,按保存温度分为常温（室温）保存法、低温保存法和冷冻（超低温）保存法。为抑制精子的活动,降低代谢和能量消耗,一般都采用低温（0～5℃）保存和冷冻保存,低温保存时精子存活时间比常温条件下显著延长。

将稀释好的精液分装于2～5毫升的小试管内,精液面上留0.5～1.0厘米的空隙。用玻璃纸或无毒塑料袋封口,用橡皮筋扎好。每管精液需标明公羊号、采精日期、精子活力和密度。将试管放入广口保温瓶内,在20℃以下室温可保存1～2天。也可将装精液的小试管用脱脂棉或毛巾包上,外边套上塑料袋或假阴道内胎,放在冰箱内保存,在低温下可保存2～3天。

冷冻精液是将稀释后的精液做成固态的颗粒或细管精液,在－196℃的液氮罐中长期(数年)保存。

无论采用哪种方法保存精液,都要避免或减少精液与空气接触。保存温度要稳定。液态精液定期添加冰水、冰块等冷源。定时检查精子活力。

液态精液在运输过程中,无论用哪种包装或容器盛放,使用什么运输工具(自行车、摩托车、汽车或马),应尽量防止温度发生变化,减少震动。到达目的地后,在使用前将精液取出,在室温下自然升温到20℃左右,然后检查精子活力,活力不低于0.6时方可输精。

利用液氮罐保存的冷冻精液,要定期添加液氮,液氮面不得低于容器的1/3,并要没过精液。若发现液氮罐表面挂霜或有水珠,说明液氮罐的绝热性能不好,应及时转移精液。

运输冷冻精液时,要轻拿轻放液氮罐,防止碰撞。罐外加外套或木箱保护。用车辆运输时应加防震垫并固定在车上,以防止液氮罐倾倒。

(五)输精

输精是在母羊发情期的适当时期,用输精器械将精液送进母羊生殖道的操作过程,它是人工授精最后一个技术环节,也是保证较高配怀率的关键。输精有以下工作和步骤需要认真准备和严格操作。

1.输精前的准备

(1)输精器材的准备 输精前所有的器材要消毒灭菌,输精器及开膣器最好蒸煮或在高温干燥箱内消毒。输精器以每只母羊准备1支为宜,当输精器不足时,每次用后先用蒸馏水棉球擦净外壁,再以酒精棉球擦洗,待酒精挥发后再用生理盐水冲洗3～5次才能使用。连续输精时,每输完1只羊后,输精器外壁用生理盐水棉球擦净,便可继续输精。

(2)输精人员的准备 输精人员穿工作服,手指甲剪短磨光,手洗净擦干,用75%酒精消毒,再用生理盐水冲洗。

（3）待输精母羊的准备　把待输精母羊放在输精室,如没有输精室,可在一块平坦的地方进行。母羊的保定:正规操作应设输精架,若没有输精架,可以在地面埋上两根木桩,相距1米宽,绑上一根5～7厘米粗的圆木（横杠）,距地面高约70厘米,将输精母羊的两后肢搭在横杠上悬空,前肢着地,一次可使3～5只母羊同时搭在横杠上,输精时比较方便。另一种较简便的方法是由一人保定母羊,使母羊自然站立在地面,输精人员蹲在输精坑内。还可两人抬起母羊后肢保定,抬起高度以输精人员能较方便地找到子宫颈口为宜。

2.输精

（1）开腟器输精　即用开腟器将阴道扩开,借助一定电光源直接寻找子宫颈口。子宫颈口的位置不一定正对阴道,但其附近黏膜颜色较深,容易找到。输精时,将吸好精液的输精器慢慢插入子宫颈口内0.5～1.5厘米处,将精液轻轻注入子宫颈内。注射完后,抽出输精器和开腟器,随即消毒备用。

（2）细管输精　事先按剂量分装好的塑料细管精液的细管两端是密封的,输精时先剪开一端,由于空气的压力,管内的精液不会外流,将剪开的一端直接缓慢地送进阴道15厘米左右,再将细管的另一端剪开,同样因空气压力的原因,细管内的精液便自动流入母羊阴道内。使用这种方法,母羊的后躯应抬高,即将母羊倒提,以防止精液倒流。

（3）输精剂量　一般原精液量需要0.05～0.1毫升,保证有效精子数在7 500万个以上。如是冻精,剂量适当增加。有些处女羊,阴道狭窄,找不到子宫颈口,这时可采用阴道输精,但精液量至少增加一倍。

（4）输精次数　2次,重复输精的间隔时间为12小时左右。

3.输精时机

在发情中期（即发情12～16小时）或中后期输精。由于羊发情期短,当发现母羊发情时,母羊已发情了一段时间,因此,应及时输精。早上发现的发情羊,当日早晨输精一次,傍晚再输精一次。

输精的关键是严格遵守操作规程,操作要细致,子宫颈口要对准,精液量要足够。输精后的母羊要登记,按输精先后组群,加强饲养管理,为增膘保胎创造条件。

(六)提高受胎率的关键技术

要想提高人工授精受胎率,应重视下列几个方面的关键技术。

1. 公羊选择及精液品质鉴定

为了提高配怀率,对有生殖缺陷的公羊一经发现,应立即淘汰。凡是单睾、隐睾或睾丸形状不正常的均不能选择做种公羊。还应避免一些公羊暂时性不育的情况,如公羊经过长途运输后会有暂时的不育,夏、秋季气温过高,公羊性欲会变弱,精液品质下降,也能造成暂时性不育。通过精液品质检查,根据精子活力、正常精子的百分率、精子密度等判定公羊能否参加配种。

2. 严格执行人工授精操作规程

人工授精从采精、精液处理到适时输精,都是一环扣一环的,任何一环掌握不好,均会影响受胎率。如由于消毒清洗工作不严格,不但影响配怀率,还可能引起生殖疾病等。所以配种员应严格遵守人工授精操作规程,提高操作质量,才能有效地提高受胎率。

3. 确定最适宜的输精时间、剂量和部位

羊的发情持续期平均为 30～40 小时,排卵时间是在发情接近终止时,卵子维持受精能力的时间为 16～21 小时,精子在母羊生殖道内可存活 30～40 小时,所以母羊发情开始后的 12 小时是输精的最好时机。一般的输精剂量为 0.05～0.1 毫升,含有效精子数 7 500 万个以上。输精部位在子宫颈口内 0.5～1.5 厘米处。

4. 搞好母羊发情鉴定

搞好母羊发情鉴定才能确定适宜输精时间。一般可根据阴道流出的黏液来判定发情的早晚。黏液呈透明黏稠状即是发情开始,颜色为白色即到发情中期,如已混浊,呈不透明的黏胶状,即是到了发情晚期,是输精的最佳时期。但一般母羊发情的开始时间很难判定。根据母羊发情晚期排卵的规律,可以采取早、晚两次试情的方法选择发情母羊。

早晨选出的母羊早晨输精一次,到下午再重复输一次。晚上选出的母羊当晚输精一次,到第二天早上再重复输一次。这样可以大大提高受胎率。

5.利用腹腔镜子宫输精技术

羊冷冻精液子宫颈口输精法受胎率偏低。随着输精深度的增加,受胎率显著提高,然而由于羊子宫颈管道皱褶多,形状各异,只能在部分母羊中进行子宫颈内输精。近几年澳大利亚等国借用腹腔镜进行绵羊冷冻精液子宫内输精,受胎率可达 70% 以上。其方法是:将输精的母羊用保定架固定好,使母羊仰卧,剪去术部(乳房前 6～12 厘米腹中线两侧 3～4 厘米)的被毛后用碘酒消毒。在乳房前 8～10 厘米处用套管针将腹腔镜伸入腹腔观察子宫角及排卵情况,在对侧相同部位再刺入一根套管针,把输精器插入腹腔,将精液直接注入两侧的子宫角内。输精完毕取出器械,母羊术部伤口消毒即可。

第三节 妊娠和分娩

一、妊娠

妊娠是母羊特殊的生理状态,是由受精卵开始,经过发育,一直到成熟胎儿产出为止。所经历的这段时间称为妊娠期。羊的妊娠期平均为 150 天。母羊配种后 20 天不再表现发情,则可判断已经怀孕。母羊妊娠初期是胚胎形成阶段,母羊变化不大。妊娠 2～3 个月时,胎儿已经形成,手可触摸到腹下乳房前有硬块,但因胎儿体格很小,母羊消耗营养不多。在妊娠 4～5 个月时,即妊娠后期,胎儿生长发育迅速,母羊体内物质代谢和总能量代谢急剧增强,一般比空怀时高 20%。此阶段母羊腹部增大,欣窝下塌,乳房增大,行动小心缓慢,性情温驯。这段时间要加强营养,满足胎儿迅速增长的需要,同时应防止剧烈运动、相互拥挤、气温骤变、疾病感染等因素造成母羊流产、早产。

羊妊娠期随品种、个体、年龄、饲养管理条件的不同而有差别。例如,早熟的肉毛兼用或肉用绵羊品种多在饲料优裕的条件下育成,妊娠期较短,平均 145 天左右;细毛羊在草原地区繁育,特别是我国北方草原条件较差,妊娠期 150 天左右。

母羊妊娠后,为做好分娩前的准备工作,应准确推算产羔期,即预产期。羊的预产期可用公式推算,即配种月份数加 5,配种日期数减 2。

例一:某羊于 2008 年 4 月 26 日配种,它的预产期为:

4＋5＝9(月)·····················预产月份

26－2＝24(日)·····················预产日期

即该母羊的预产日期是 2008 年 9 月 24 日。

例二:某羊于 2011 年 10 月 9 日配种,它的预产期为:

(10＋5)－12＝3(月)·····················预产月份(超过 12 个月,可将分娩年份推迟一年,并将月份减去 12,余下的数就是下一年预产月份)

9－2＝7(日)·····················预产日期

即该母羊的预产期是 2012 年 3 月 7 日。

二、分娩、接羔

做好接羔及护理工作是提高羔羊存活率的重要环节,要做好计划,周密安排。

(一)产羔前的准备

1.饲草饲料的准备

绵羊、山羊的繁殖都具有相对的季节性,因而产羔也同样具有季节性。绵羊较山羊的季节性更为明显集中些,大多是春、秋两季,特别是产的冬、春羔当年可进入繁殖配种或育肥出栏,因此冬、春产羔优于秋季产羔。但我国大部分地区冬、春季节气候寒冷,牧草枯萎时间较长,特别是积雪天,母羊采食困难,由于营养不足,母羊将耗费自身体能营养维持胎儿后期急速生长的需要。由此将造成母羊体力虚弱,分娩无力,形成难产,或产后无奶,羔羊将冻饿而死,所以贮备产羔季节的草料是非常重要的。应种植一些优良的牧草,夏、秋季收贮起来以备产羔时用。大型草原放牧场,应在产羔圈不远的地方预留一些草场,平时不要放牧,专作产羔母羊的放牧地。母羊在产羔前后几天均不要出牧,只能在羊舍附近专牧地中喂养。

冬、春草料补饲应在母羊怀孕后期进行,不能到临产时才开始补给营养。为了有利于母羊泌乳,贮备一些青贮、多汁饲料也是必要的。

2. 产羔室的准备

大群养羊的场户,要有专门的接产育羔舍,即产房。舍内应有采暖设施,如安装火炉等,但尽量不要在产房内点火升温,以免羊因烟熏而患肺炎和其他疾病。产羔期间要尽量保持恒温和干燥,一般 $5\sim15℃$ 为宜,湿度保持在 $50\%\sim55\%$。

产羔前应提前 $3\sim5$ 天把产房打扫干净,墙壁和地面用 5% 碱水或 $2\%\sim3\%$ 来苏儿消毒,在产羔期间还应消毒 $2\sim3$ 次。

产羔母羊尽量在产房内单栏饲养,因此在产羔比较集中时要在产房内设置分娩栏,既可避免其他羊干扰又便于母羊认羔。一般可按产羔母羊数 10% 设置。提前将栏具及料槽和草架等用具检查、修理,用碱水或石灰水清毒。

另外,要准备充足的碘酒、酒精、高锰酸钾、药棉、纱布及产科器械。

(二)母羊分娩征象观察

对接近产期的母羊,每天早上出牧时要检查,如果发现母羊不愿走动,喜欢离群,喜靠在墙角用前蹄刨地,时起时卧等,即为临产现象,要准备接羔。如发现母羊胶窝下塌,阴户肿胀,乳房胀大,乳头垂直发硬,即为当日产羔征兆。初产母羊因为没有经验,往往羔羊已经入阴道仍边叫边跟群,或站立产羔,这时要设法让它躺下产羔。

（三）正常接产

　　母羊产羔时一般不需助产，最好让它自行产出。接羔人员应观察分娩过程是否正常，并对产道进行必要的保护。正常接产时首先剪净临产母羊乳房周围和后肢内侧的羊毛。然后用温水洗净乳房，并挤出几滴初乳。再将母羊的尾根、外阴部、肛门洗净，用1％来苏儿消毒。

　　一般情况下，羊膜破裂后几分钟至0.5小时羔羊就生出。先看到前肢的两个蹄，随着是嘴和鼻，到头露出后，即可顺利产出。产双羔时先产出一只羔，可用手在母羊腹部推举，能触到光滑的胎儿。产双羔前后间隔5～30分钟，长的到几小时，要注意观察，如母羊疲倦无力，则需要助产。

　　羔羊生下后0.5～3小时胎衣脱出，要拿走，防止被母羊吞食。

　　羔羊生出后，先把口腔、鼻腔及耳内黏液掏出擦净，以免误吞，引起窒息或异物性肺炎。羔羊生后，脐带一般会自然扯断。也可以离羔羊脐窝部5～10厘米处用剪刀剪断，或用手拉断。为了防止脐带感染，可用5％碘酒在断处消毒。

　　母羊一般在产羔后会将羔羊身上黏液自行舔干净。如果母羊不舔，可在羔羊身上撒些麸皮，促使母羊将它舔净。如天气寒冷，则用干净布迅速将羔羊身体擦干，免得受凉。不能用同一块布擦同时产羔的不同母羊的羔羊。

（四）难产及助产

　　一般初产母羊因骨盆狭窄，阴道过窄，胎儿过大，或母羊体弱无力，子宫收缩无力或胎位不正等，会造成难产。

　　若母羊羊膜破水30分钟后羔羊仍未产出，或仅露蹄和嘴，母羊又无力努责，则需助产。胎位不正的母羊也需助产。助产人员应先将手指甲剪短磨光，手臂用肥皂洗净，再用来苏儿水消毒，涂上润滑剂。如胎儿过大，可用手随着母羊的努责，握住胎儿的两前蹄，慢慢用力拉出；或随着母羊的努责，用手向后上方推动母羊腹部，这样反复几次，就能产出。如果胎位不正,先将母羊后驱抬高,把胎儿露出部分推回,手入产道摸清胎位,慢慢帮助纠正成顺胎位,然后随母羊有节奏的努责,将胎儿轻轻拉出。

(五)假死羔羊救治

有些羔羊产出后心脏虽然跳动,但不呼吸,称为"假死"。假死的原因主要是羔羊吸入羊水,或分娩时间较长,子宫缺氧等。

抢救"假死"羔羊首先应把羔羊呼吸道内吸入的黏液、羊水清除掉,擦净鼻孔,之后可以采用以下两种方法:一种是提起羔羊两后肢,使羔羊悬空并拍击其背、胸部;另一种是让羔羊平卧,用两手有节律地推压胸部两侧。短时假死的羔羊经过处理后一般能复苏。

严寒季节,放牧离舍过远或对临产母羊护理不慎,羔羊可能产在室外,羔羊因受冷而呼吸迫停、周身冰凉。遇此情况时,应立即移入温暖的室内进行温水浴。洗浴时水温由 38℃ 逐渐升到 42℃,羔羊头部要露出水面,切忌呛水,洗浴时间为 20～30 分钟。同时要结合急救"假死"羔羊的其他办法,使其复苏。

三、产后母羊及新生羔羊护理

产后护理工作不容疏忽,否则会造成损失。

(一)产后母羊护理

母羊产后,应让其很好地休息,并饮一些温水,第一次不宜过多,一般 1～1.5 升即可。最好喂一些麸皮和青干草。若母羊膘情较好,产后 3～5 天不要喂精料,以防消化不良或发生乳房炎。胎衣通常在分娩后 3～4 小时内排出,注意及时拿走,防止母羊吞食。

产后母羊应注意保暖,避免贼风,预防感冒。在母羊哺乳期间,要勤换垫草,保持羊舍清洁、干燥。

（二）初生羔羊护理

初生羔羊体质较弱,适应能力差,抵抗力低,容易发病,因此要加强护理,保证成活及健壮。

1.吃好初乳

初乳含丰富的营养物质,容易消化吸收,还含有较多的抗体,能抑制消化道内病菌繁殖。如吃不足初乳,羔羊抗病力降低,胎粪排除困难,易发病,甚至死亡。

羔羊出生后,一般十几分钟即能站起,寻找母羊乳头。第一次哺乳应在接产人员护理下进行,使羔羊尽早吃到初乳。如果一胎多羔,不能让第一个羔羊把初乳吃净,要使每个羔羊都能吃到初乳。

2.羔舍保温

羔羊出生后体温调节机能不完善,如果羔舍温度过低,会使羔羊体内能量消耗过多,体温下降,影响羔羊健康和正常发育。一般冬季羔舍温度要保持在5℃以上。

冬季注意产后3~7天内不要把羔羊和母羊牵到舍外有风的地方。7天后母羊可到舍外放牧或食草,但不要走得太远。千万不要让羔羊随母羊去舍外。

3.代乳或人工哺乳

一胎多羔或产羔母羊死亡或母羊因乳房疾病而无奶等原因引起羔羊缺奶时,应及时采取代乳和人工哺乳的方法解决。

在饲养高产羊品种如小尾寒羊时,经产成年母羊一胎产3~5只不足为奇。所以在发展小尾寒羊等高产羊的同时,应饲养一些奶山羊,作为代乳母羊。当产羔多时,要人工护理使初生羔羊普遍吃到初乳7天以上,然后为产羔母羊留下2只羔羊,把多余的羔羊移到代乳母羊的圈内。用人工辅助羔羊哺乳,并在羔羊吃完奶后,挤出一些山羊奶,抹到羔羊身上,经7~10天左右,母山羊不再拒绝为羔羊哺乳时,再过一段时间即可放回大群。

可将产羔后死掉羔羊或同期生产的单产母羊做保姆羊。因羊的嗅觉很灵敏,开始保姆羊不让代乳羔羊吃奶,要人工辅助哺乳,然后采用强制法或洗涤法让保姆羊误认为是自己生的羔羊而主动哺乳。强制法即是在羔羊的头顶、耳根、尾部涂上保姆羊的胎液、奶汁,再将保姆羊与羔羊圈在单栏中单独饲喂3～7天,直到认羔为止。此法适用于5～10日龄的羔羊。洗涤法是将准备代乳的羔羊放在40℃左右的温水中,用肥皂擦洗掉其周身原有的气味,擦干后涂以保姆羊的胎液,待稍干后交给保姆羊即可顺利代乳。此法适用于将多胎羔羊寄养给同期产羔的单产母羊,因而应当在产前准确估计出临产母羊可能生产的羔羊数,及时收集单羔多奶母羊的胎液,并装入塑料袋备用。

人工哺乳的奶源包括牛奶、羊奶、代乳品和全脂奶粉。应定时、定量、定温、定次数。一般7日龄内每天5～9次,8～12日龄每天4～7次,以后每天3次。

人工哺乳在羔羊少时用奶瓶,多时用哺乳器(一次可供8只羔羊同时吸乳)。使用牛奶、羊奶应先煮沸消毒。10日龄以内的羔羊不宜补喂牛奶。若使用代乳品或全脂奶粉,宜先用少量羔羊初试,证实无腹泻、消化不良等异常表现后再大面积使用。

4. 疫病防治

羔羊出生后1周,容易患痢疾,应采取综合措施防治。在羔羊出生后12小时内,可喂服土霉素,每只每次0.15～0.2克,每天1次,连喂3天。对羔羊要经常仔细观察,做到有病及时治疗。一旦发现羔羊有病,要立刻隔离,认真护理,及时治疗。羊舍粪便、垫草要焚烧。被污染的环境及土壤、用具等要用3‰～5‰来苏儿喷雾消毒。

第四节　繁殖新技术的应用

随着科学技术的不断发展进步,利用羊的繁殖生理原理,在羊的繁殖过程中采用同期发情、诱导发情、冷冻精液、超数排卵与胚胎移植及早期妊娠诊断等先进新技术,可加快羊的繁殖和育种工作,大大提高养羊业生产水平和生产能力。

一、同期发情

同期发情即有计划地使一群母羊在同一时间内发情,这便于羊的人工授精,提高精液利用率。同时,母羊同期发情、同期配种、同期产羔也便于生产的组织和管理。

(一)前列腺素处理法

前列腺素具有溶解黄体的作用,对于卵巢上存在功能黄体的母羊,注射前列腺素后,黄体溶解,黄体分泌的孕酮对卵泡的抑制作用消除,卵巢上的卵泡就会发育成熟,并使母羊发情,但对卵巢上无黄体的母羊无效。妊娠母羊注射前列腺素后可引起流产。

全群母羊第一次全部注射氯前列烯醇 0.1~0.2 毫克,卵巢上有黄体的母羊,在注射后的 72~90 小时内发情,发情后即可输精。对第一次注射无反应的羊,10 天后第二次注射。在此期间,这些母羊可能由于自然发情卵巢上形成黄体,从而对第二次注射产生反应。本法的优点是方便,缺点一是对卵巢上无黄体的母羊不起作用,二是在非发情季节无效,三是妊娠母羊误用后可引起流产。

(二)孕酮处理法

1. 阴道栓处理法

羊实用型阴道栓是以孕酮为主的羊同期发情制剂,使用方法易行,效果可靠,同期化程度高,是目前国内较为理想的实用型制剂。

在海绵栓上涂抹专用的润滑药膏,用海绵栓放置器将其放入母羊阴道深部,海绵栓上的尼龙牵引线在阴道外留 5~6 厘米长,剪去多余的部分。牵引线不可留得过短,以防缩入阴道,造成去栓困难。并应注意使牵引线断端弯曲向下,以防断端刺激母羊尾部内侧,引起母羊不适。在放置海绵栓的同时,皮下注射苯甲酸雌二醇 2 毫克,可提高发情效果。海绵栓在阴道内放置 9～12 天后,用止血钳夹住阴道外的牵引线轻轻夹出。如果牵引线拉断或牵引线缩入阴道内,要用开腟器打开阴道后取出。撤出海绵栓后 2～3 天内即可发情,有效率达 90％以上。但此法在发情季节初期效果稍差。如果在撤除海绵栓的同时,配合注射 PMSG 200～300 国际单位,可提高同期发情效果和双羔率。泌乳羊由于血中促乳素水平较高,抑制促性腺激素的分泌,在使用海绵栓诱导发情时可配合注射溴隐停 2 毫克(分 2 次注射,间隔 12 小时),以抑制促乳素分泌,促进促性腺激素的分泌。

2. 药管埋植法

在繁殖季节,给羊耳皮下埋植孕激素药管 9～12 天,再注射孕马血清促性腺激素 10 国际单位/千克,72 小时内母羊的同期发情率达 80％以上,并可提高产羔率。

3. 口服法

每天将一定数量的激素药物均匀地拌入饲料内,连续饲喂 12～14 天。口服法的药物用量为阴道海绵栓法的 1/10～1/5。最后一次口服药的当天,肌肉注射孕马血清促性腺激素 200～300 国际单位。

二、诱导发情

羊属于季节性发情动物,这使羊产品供应不均,严重地影响了羊的经济价值。随着生产条件的改善和饲养管理水平的提高,为了提高羊的繁殖效率,常常需要对乏情期羊进行诱导发情处理。应用诱导发情技术可以缩短繁殖周期,提高产羔率,从而提高经济效益;集中诱导发情,集中配种,集中产羔,便于集约化管理。近年来利用外源生殖激素或采取一定的管理措施等方法诱导乏情期羊发情技术的研究和应用越来越多,归纳起来可分为激素诱导发情和光照控制诱导发情。

阴道栓埋置 10～12 天,撤栓同时注射 PMSG 300 国际单位左右,一般 80％左右的母羊能发情。

光照控制诱导发情是针对季节性乏情的羊群,在非繁殖季节人为控制光照时间,模拟繁殖季节光照,诱导羊群发情。光照控制可采用先长光照(15~16 小时/天)一定时间,再进入短光照(8~9 小时/天),经一定时间羊群可发情。

三、冷冻精液的应用

(一)冻精的制作

1.采精

用假阴道(以稀释液代替凡士林)严格按常规人工授精操作规程采精。采精频度一般可连采 2 天,休息 1 天。在采精当日可连采 2 次,间隔 10~15 分钟。采得的新鲜精液应符合下述标准,不具备其中任何一项,都不得用于制作冻精:①色泽乳白稍带黄色;②呈直线运动的精子在 60% 以上;③精子密度每毫升 20 亿以上;④精子畸形率 15% 以下。

2.稀释

稀释保护剂应使用二级以上的化学试剂、新鲜卵黄和双蒸馏水。所用器具应保证清洁、干燥和无菌。标准配方如下:

第一液:10 克乳糖加双蒸馏水 80 毫升、新鲜脱脂牛奶(用离心法取得)20 毫升。取该溶液 80 毫升,再加卵黄 20 毫升、青霉素 10 万单位、链霉素 10 万单位。

第二液:取第一液 45 毫升,加葡萄糖 3 克、甘油 5 毫升。

所用的稀释溶液(卵黄除外)需过滤并在水浴中煮沸消毒(甘油单独水浴加热消毒),冷却至 30℃ 左右,再加卵黄和抗生素等。

稀释比例:最终稀释比例(精液与稀释液之比)为 1:1 或 1:2。

采用两次稀释,即先以不含甘油的第一液将精液稀释至最终稀释浓度的一半,然后裹以 8 层纱布,置于 3~4℃冰箱或广口保温冰瓶内预冷 1~2 小时,用与第一液等量的第二液作再次稀释。

精液采出后应尽快稀释。如采精时间较长,应对先采得的精液进行预稀释,即以少量第一液稀释。每次稀释都应在等温(稀释液与精

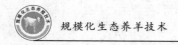

液)下完成。

3.冷冻

冷冻方法有干冰法和液氮法两种,可任选一种。

(1)干冰埋藏法 是以干冰为冷源制作颗粒冻精的方法。在盛满干冰的容器中,用模板在干冰表面上压孔,孔径为0.5厘米,深2～3厘米。用滴管把平衡好的精液按0.1或0.2毫升的量滴入干冰孔窝内,再用干冰封埋2～4分钟后移入液氮或干冰内贮存。

(2)液氮熏蒸法 滴冻颗粒时,在装液氮的容器上放一铜纱网,距液氮面1～3厘米预冷几分钟后,把经平衡处理的精液按定量均匀地滴在纱网上过2～4分钟,冻精颗粒变白时,再收集到贮精瓶内,移入液氮罐中保存。滴冻过程中,可用消毒铝饭盒盖替代铜纱网。细管、安瓿分装的精液可采用颗粒滴冻的相同方法处理。

上述两种方法都应始终防止冷冻过程中精液的温度回升。操作人员必须穿白色工作服,戴白帽和口罩,严格进行无菌操作。每冻完一批都应先将冻精浸泡在液氮内,然后计数、取样检查和包装。

4.包装

包装材料可用各种灭菌布袋或无毒塑料瓶(盒)等。每批以装100粒为一个包装单位。

5.标记

不同公羊的冻精应按个体、批次分别包装,做好标记,注明品种、编号、冷冻日期、批号和数量。不同品种和不同个体公羊的冻精,应分别装在不同颜色的布袋或其他容器中,贴以不同颜色的标签,以示区别。

6.贮存

用干冰贮存时,要及时补充干冰。注意包装的冻精切勿外露,取用后用干冰扎孔器埋好贮存。用液氮罐贮存时,罐内液氮应浸没冻精。如液氮不足容器的1/3,应及时补充液氮。取存冻精后立即盖上罐塞,防止热气流或异物进入罐体。取放冻精时,切勿将提漏或精液包装提出容器外边,只许提到罐颈部,停留时间也不得超过10～15秒。向另一容器转移时,盛冻精的提漏离开液氮面的时间不得超过

5 秒。

有关人员应经常检查贮精罐的状况,发现容器表面有水珠或白霜时,表明液氮罐已出故障,应立即将冻精转到其他液氮罐内。

贮精罐每年彻底检查和清理一次,用洗涤剂清洗罐内,水温以40～45℃为宜。

(二)检查

(1)取样方法 每批冻精随机取 3 枚颗粒,分别解冻检查,每一样品应观察 3 个以上的视野,注意不同液层内的精子运动状态,进行全面评定。

(2)检查时间 冷冻制作后即检查一次,必要时隔 24 小时再检查一次,合格的入罐贮存。如果计划长期贮存,应定期抽样检查。冻精发送前再抽样检查,不合格的不得发放使用。

(3)精子活力检查 解冻好的一个颗粒,用 2.9％二水柠檬酸钠溶液稀释 10 倍,取一小滴(0.05 毫升),用压片法立即在显微镜下检查。镜检放大倍数以 150～600 倍为宜,必要时可采用高、低倍相结合的方法进行综合评定。检查用的显微镜载物台温度应保持在 38～40℃。有条件的也可用闭路电视的连接装置,在荧光屏上检查。

(4)精子密度检查 检查用具首选血细胞计数器,以此计数为准。用光电比色计或其他电子仪器检查,都必须用血细胞计数器做出可靠校正值。每批冻精均应进行密度检查,以确保一次输精剂量中含有足够的有效精子数。

(5)精子畸形率检查 取鲜精和解冻后的精液样品,按常规方法制成抹片,风干后在显微镜下检查畸形精子数。每个精液样品应观察精子总数 500 个,计算该样品的畸形精子率。

(6)解冻后精子顶体完整率检查 将精液样品用 2.9％二水柠檬酸钠溶液稀释 3～4 倍,混匀后做成涂片,自然风干 10 分钟,用 8％福尔马林磷酸缓冲液固定 15 分钟,经水洗、晾干后,用 20％吉姆萨染色

1.5 小时。再水洗、晾干，随机编号，用 1 000 倍生物显微镜进行检查。

每次制作 2 张涂片。每张涂片按左、中、右 3 个部位各观察 100 个精子(两张涂片共观察 600 个精子)，用血细胞计数器记录 3 个部位的精子顶体完整率。被测样品均做 2 次重复。要求样品的涂片间与每张涂片 3 个部位的精子顶体完整率的变异系数不超过 20％，否则重新测定。

(7)冻精的细菌检查　取 0.2 毫克解冻后的精液样品，放在血清琼脂平面上，置于 37℃恒温箱中培养 24 小时，统计出现的菌落数。

(三)解冻

细管、安瓿分装的冻精，可以直接在 35～40℃的温水中解冻。细管或安瓿内的精液融化一半时，便可以从温水中取出来以备使用。

解冻颗粒冻精有干、湿两种方法：

(1)干法解冻　直接将颗粒冻精置于灭菌试管内，然后水浴加热至 35～40℃解冻。

(2)湿法解冻　在灭菌试管内注入 1 毫升 2.9％二水柠檬酸钠解冻液，将试管水浴加热至 35～40℃，取出颗粒冻精投进试管内，摇动融化。

冷冻精液解冻后立即进行镜检，活力达到 0.3 以上的就可以用于输精。要提高冻精受胎率，一般采用 1：1 的低倍稀释，40℃干法快速解冻，1 亿左右有效精子数的大量输精和一个情期 2 次重复输精等方法。

四、超数排卵

在母羊发情周期的适当时间，注射促性腺激素、促卵泡素(FSH)能促使卵泡发育，注射促黄体素(LH)能引起排卵，使用有这些功能的促性腺激素类似物处理繁殖母羊，使卵巢比正常情况下有较多的卵泡发育并排卵,这种方法即为超数排卵(简称超排)。经过超排处理的母羊一次可排出数个甚至十几个卵子,这对充分发挥优良母羊的遗传潜力具有重要意义。

超数排卵的目的:①提高母羊的产羔数,在超排处理后,经过配种,使母羊正常妊娠。②进行胚胎移植。在这种情况下,由于受精卵要分别移植到数个受体母羊,所以供体母羊排卵后无妊娠问题,排卵数量可增加至十几个或更多。

促使母羊超排的最佳时间是在母羊发情到来前4天,即发情周期的第12~13天,在羊颈静脉注射促卵泡素(FSH)200~300国际单位,静脉注射促黄体素(LH)100~150国际单位可获得超排效果。还可以使用促卵泡素(FSH)的类似替代物孕马血清(PMSG)和促黄体素(LH)的类似替代物绒毛膜促性腺激素(HCG),同样在母羊发情周期的第12~13天,根据体重大小皮下注射孕马血清(PMSG)600~1 100国际单位,出现发情表现后再注射绒毛膜促性腺激素(HCG)500~700国际单位。如果没有孕马血清的制成品,可采妊娠50~90天的孕马全血注射,一般每毫升孕马全血含有50~200国际单位,由此可以推算全血用量。

五、胚胎移植

羊的胚胎移植主要包括以下几个环节。

(一)供体和受体母羊的同期发情

供体羊要选择具有较高生产性能和遗传育种价值,体格健壮,无遗传性及传染性疾病,繁殖机能正常的经产羊,没有空胎史。并选择一定数量的健康母羊作受体,每只供体需准备6~8只受体,二者发情时间差不宜超过1天。但在一般情况下,欲找到若干只与供体发情时间相同者非常困难,所以在胚胎移植时往往要对供体和受体进行同期发情处理。具体方法前面已述及。

(二)供体母羊的超数排卵处理和配种

绵羊胚胎移植的超数排卵,应在每年绵羊最佳繁殖季节进行。超数排卵处理技术方案如下。

1.促卵泡素(FSH)减量处理法

①60毫克孕酮海绵栓埋植12天,于埋栓的同时肌肉注射复合孕酮制剂1毫升。

②于埋栓的第10天肌肉注射FSH,总剂量300毫克,按以下时间、剂量安排进行处理:第10天,早、晚各75毫克;第11天,早、晚各50毫克;第12天,早、晚各25毫克。用生理盐水稀释,每次注射溶剂量2毫升,每次间隔12小时。

③撤栓后放入公羊试情,发情配种。

④用精子获能稀释液按1∶1稀释精液。

⑤配种时静脉注射HCG 1 000国际单位,或LH 150国际单位。

⑥配种后2～3天或6～8天胚胎移植。

2.FSH+PMSG处理法

①60毫克孕酮海绵栓阴道埋植12天,埋植的同时肌肉注射复合孕酮制剂1毫升。

②于埋植的第10天肌肉注射FSH。时间、剂量如下:第10天,早50毫克,晚50毫克,同时肌肉注射PMSG 500国际单位;第11天,早30毫克,晚30毫克;第12天,早20毫克,晚20毫克。

③撤栓后试情,发情配种,同时静脉注射HCG 1 000国际单位。

④精液处理同上。

⑤配种后采胚移植。

3.PMSG一次处理法

①60毫克孕酮海绵栓埋植12天,于埋栓的同时肌肉注射复合孕酮制剂1毫升。

②埋栓第11天肌肉注射PMSG 1 500国际单位,18小时后肌肉注射APMSG(抗孕马血清)1 500国际单位。

③第 12 天撤栓。

④撤栓后试情,发情配种,同时静脉注射 HCG 1 000 国际单位。

⑤精液处理同上。

⑥配种后采胚移植。

(三)胚胎移植前的实验室准备

1. 主要器械、设备、药品、试剂

回收卵的器械包括冲卵管,回收管、肠钳套乳胶管、注射器(20 毫升或 30 毫升)、集卵杯。

检卵与分割设备包括体视显微镜、培养皿、表面皿、巴氏玻璃管、培养箱、二氧化碳培养罐及二氧化碳气体、显微操作仪及附件。

移植器械包括微量注射器、12 号针头、移植管。

手术器械包括毛剪、外科剪(圆头、尖头)、活动刀柄、刀片、外科刀、止血钳(弯头、直头)、创巾夹、持针器、手术镊(带齿、不带齿)、缝合针(圆刃针、三棱针)、缝合线(丝线、肠线)、创巾、手术保定架、活动手术器械车。

其他器械包括干燥箱 1 台,高压消毒锅 1 台,滤器若干,0.22 微米、0.45 微米滤膜,塑料细管 0.25 毫升,pH 计 1 台。

药品及试剂包括配制冲卵液(PBS)所需试剂,FSH 和 LH、PMSG 及 APMSG 等超排激素,2% 静松灵,0.5% 普鲁卡因、利多卡因,肾上腺素及止血药品,抗生素及其他消毒液,纱布,药棉等。

2. 器具的灭菌

器具使用前应彻底清洗。先将污垢或斑点洗刷掉,然后再用洗涤液清洗。洗净后的器具放入干燥箱烘干,再用白纸或牛皮纸包装待消毒。

高压灭菌:适用于玻璃器具、金属制品、耐压耐热的塑料制品以及可用高压蒸气灭菌的培养液、无机盐溶液、液状石蜡油等。上述器具经包装后放入高压灭菌器内,在 121℃ 1 千克/厘米^2(约 9.8×10^4 帕)处理 20～30 分钟,PBS 等培养液为 15 分钟。

气体灭菌:对于不能用高压蒸气灭菌处理的塑料器具可用环氧乙烯等气体灭菌,灭菌方法与要求应根据不同设备说明进行操作。气体灭菌过的器具需放置一定时间才能使用。

干热灭菌:对耐高温的玻璃及金属器具,包装好以后放入干热灭菌器(干燥箱),160℃处理1～1.5小时,或者使温度升至180℃以后关闭开关,待降至室温时取出。在烘烤过程中或刚结束时,不可打开干燥箱门,以防着火。

紫外线灭菌:塑料制品可放置在无菌间距紫外线灯50～80厘米处,器皿内侧向上,塑料细管需垂直置于紫外线灯下照射30分钟以上。

用70%酒精浸泡消毒:聚乙烯冲卵管以及乳胶管等,洗净后可在70%酒精液中浸泡消毒。

3.冲卵液、保存液等的配制和消毒灭菌

(1)绵羊胚胎移植过程中用的冲卵液和保存液的配制 改进的冲卵液(PBS)的配方如下:

氯化钠(NaCl)	136.87毫摩尔	8.00克/升
氯化钾(KCl)	2.68毫摩尔	0.20克/升
氯化钙(CaCl$_2$)	0.90毫摩尔	0.10克/升
磷酸二氢钾(KH$_2$PO$_4$)	1.47毫摩尔	0.20克/升
氯化镁(MgCl$_2$·6H$_2$O)	0.49毫摩尔	0.10克/升
磷酸氢二钠(Na$_2$HPO$_4$)	8.09毫摩尔	1.15克/升
丙酮酸钠	0.33毫摩尔	0.036克/升
葡萄糖	5.56毫摩尔	1.00克/升
牛血清蛋白		3.00克/升
(或羊血清		10毫升/升)
青霉素		100单位/毫升
链霉素		100单位/毫升
双蒸水加至		1 000毫升

为了便于保存,PBS液可用双蒸水分别配制成A液和B液,以便高压灭菌,也可配制成浓缩10倍的原液,配方见表4-1。配好的A、B

原液和双蒸水分别高压灭菌,低温保存待用。

表 4-1　PBS 原液的配制配方

试　　　剂		原液配制量		
		100 毫升	500 毫升	1 000 毫升
A 液	氯化钠(NaCl)	8.0 克	40.0 克	80.0 克
	氯化钾(KCl)	0.2 克	1.0 克	2.0 克
	氯化钙(CaCl$_2$)	100 毫克	500 毫克	1.0 克
	六水氯化镁(MgCl$_2$·6H$_2$O)	100 毫克	500 毫克	1.0 克
B 液	七水磷酸氢二钠(Na$_2$HPO$_4$·7H$_2$O)	2.16 克	10.8 克	21.6 克
	磷酸氢二钠(Na$_2$HPO$_4$)	1.144 克	5.72 克	11.44 克
	磷酸二氢钾(KH$_2$PO$_4$)	200 毫克	1.0 克	2.0 克

冲卵液的配制:浓缩 A、B 原液各取 100 毫升,缓慢加入灭菌双蒸水 800 毫升充分混合。取其中 20 毫升,加入丙酮酸钠 36 毫克、葡萄糖 1.0 克、牛血清白蛋白 3.0 克(或羊血清 10 毫升)和抗生素,充分混合后用 0.22 微米滤膜过滤灭菌,倒入大瓶混合均匀待用。冲卵液 pH 值为 7.2～7.4,渗透压为 270～300 毫摩尔/升。A、B 液混合后,如长时间置于高温(>40℃)下,会形成沉淀,影响使用,应注意避光。

保存液的配制:2 毫升供体羊血清+8 毫升 PBS,青霉素、链霉素各 100 单位/毫升,0.22 微米滤膜过滤灭菌。

(2)羊血清的制作　对超数排卵反应好的供体羊于冲卵后采血。

血清制作程序:用灭菌的针头和离心管从颈静脉采血,30 分钟内用 3 500 转/分离心 10 分钟取血清。用同样转速将分离出的血清再离心 10 分钟,弃去沉淀。

血清灭活:将上述血清集中在瓶内,用 56℃ 水浴(血清温度达 56℃)灭活 30 分钟,或在 52℃ 温水中灭活 40 分钟。灭活后用 3 500 转/分离心 10 分钟,再用 0.45 微米滤膜过滤灭菌,然后分装为小瓶,于 -20℃ 保存待用。

血清使用前要做胚胎培养试验,只有经培养后确认无污染、胚胎发育好的血清才能使用。

（3）消毒灭菌　过滤灭菌法：装有滤膜的滤器经高压灭菌后使用。保存液用 0.22 微米滤膜，血清用 0.45 微米滤膜过滤。过滤时应弃去开始的 2～3 滴。

抗生素灭菌：在配制培养液时，同时加入青霉素 100 单位/毫升，链霉素 100 单位/毫升。

(四)采卵

1.采卵时间

以发情日为第 0 天，在第 6～7.5 天或第 2～3 天用手术法分别从子宫和输卵管回收卵。

2.手术室设置及要求

采卵及胚胎移植需在专门的手术室内进行，手术室要求洁净明亮，光线充足，无尘，地面用水泥或砖铺成，配备照明用电。室内温度应保持在 20～25℃。在手术室内设专门套间，作为胚胎操作室。手术室定期用 3%～5% 来苏儿或石炭酸溶液喷洒消毒，于术前用紫外灯照射 1～2 小时，在手术过程中不应随意开启门窗。

3.器械、冲卵液等的准备

手术用的金属器械应在加 0.5% 亚硫酸钠（作为防锈剂）的 0.1% 新洁尔灭溶液中浸泡 30 分钟，或在来苏儿溶液中浸泡 1 小时，使用前用灭菌盐水冲洗，以除去化学试剂的毒性、腐蚀性和气味。玻璃器皿、敷料和创巾等物品按规程要求进行消毒。经灭菌的冲卵液置于 37℃ 水浴加温，玻璃器皿置于 38℃ 培养箱内待用。

麻醉药、消毒药和抗生素等药物、酒精棉、碘酒棉等物品备齐。

4.供体羊准备

供体羊手术前应停食 24～48 小时，可供给适量饮水。

（1）供体羊的保定和麻醉　供体羊仰放在手术保定架上，四肢固定。肌肉注射 2% 静松灵 0.5 毫升，局部用 0.5% 盐酸普鲁卡因麻醉，或用 2% 普鲁卡因 2～3 毫升，或注射利多卡因 2 毫升，在第 1、第 2 尾椎间作硬膜外鞘麻醉。

（2）手术部位及其消毒　手术部位一般选择乳房前腹中线部（在两条乳静脉之间）或后肢股内侧鼠蹊部。用电剪或毛剪在术部剪毛，应剪净毛茬，分别用清水和消毒液清洗局部，然后涂以 2%～4% 的碘酒，待干后再用 70%～75% 的酒精棉脱碘。先盖大创布，再将灭菌巾盖于手术部位，使预定的切口暴露在创巾开口的中部。

5. 术者准备

术者应将指甲剪短，并锉光滑，用指刷、肥皂清洗，特别注意刷洗指缝，再进行消毒。术者需穿清洁手术服、戴工作帽和口罩。

手臂消毒时，在两个盆内各盛温热的洁净水（已煮沸过）3 000～4 000 毫升，加入氨水 5～7 毫升，配成 0.5% 的氨水，术者将手指尖到肘部先后在两盆氨水中各浸泡 2 分钟，洗后用消毒毛巾或纱布擦干，按手向肘的顺序擦。然后再将手臂置于 0.1% 的新洁尔灭溶液中浸洗约 5 分钟，或用 70%～75% 酒精棉球擦拭两次。双手消毒后，要保持拱手姿势，避免与未消毒过的物品接触，一旦接触，即应重新消毒。

6. 手术操作

手术操作要求细心、谨慎、熟练，否则直接影响冲卵效果和创口愈合及供体羊繁殖机能的恢复。

（1）组织分离

①做切口。切口常用直线形，做切口时注意以下几点：避开较大血管和神经；切口边缘与切面整齐；切口方向与组织走向尽量一致；按组织层次分层切开；便于暴露子宫和卵巢，切口长约为 5 厘米；避开第一次手术瘢痕。

②切开皮肤。用左手的食指和拇指在预定切口的两侧将皮肤撑紧固定，右手用餐刀式执刀，由预定切口起点至终点一次切开，使切口深度一致，边缘平直。

③切开皮下组织。皮下组织用执笔式执刀法切开，也可先切一小口，再用外科剪剪开。

④切开肌肉。用钝性分离法，按肌肉纤维方向用刀柄或止血钳刺开一小切口，然后将刀柄末端或用手指伸入切口，沿纤维方向整齐分离

105

开,避免损伤肌肉的血管和神经。

⑤切开腹膜。切开腹膜应避免损伤腹内脏器,先用镊子提起腹膜,在提起部位做一切口,然后将另一只手的手指伸入腹膜,引导刀(向外切口)或用外科剪将腹膜剪开。

术者将食指及中指由切口伸入腹腔,在与骨盆腔交界的前后位置触摸子宫角,摸到后用二指夹持,牵引至创口表面,循一侧子宫角至该侧输卵管,在输卵管末端转弯处找到该侧卵巢。不可用力牵拉卵巢,不能直接用手捏卵巢,更不能触摸排卵点和充血的卵泡。观察卵巢表面排卵点和卵泡发育,详细记录。如果排卵点少于 3 个,可不冲洗。

(2)采卵

①输卵管法。供体羊发情后 2～3 天采卵用输卵管法。将冲卵管一端由输卵管伞部喇叭口插入 2～3 厘米深(打活结或用钝圆的夹子固定),另一端接集卵杯。用注射器吸取 37℃的冲卵液 5～10 毫升,在子宫角靠近输卵管的部位,将针头朝输卵管方向扎入,一只手的手指在针头后方捏紧子宫角,另一只手推注射器,冲卵液由宫管结合部流入输卵管,经输卵管流至集卵杯。

输卵管法的优点是卵的回收率高,冲卵液用量少,检卵省时间。缺点是容易造成输卵管特别是伞部的粘连。

②子宫法。供体羊发情后 6～7.5 天采卵用这种方法。术者将子宫暴露于创口表面后,用套有胶管的肠钳夹在子宫角分叉处,注射器吸入预热的冲卵液 20～30 毫升(一侧用液 50～60 毫升),冲卵针头(钝形)从子宫角尖端插入,当确认针头在管腔内进退通畅时,将硅胶管连接于注射器上,推注冲卵液,当子宫角膨胀时,将回收卵针头从肠钳夹基部的上方迅速扎入,冲卵液经硅胶管收集于烧杯内,最后用两手拇指和食指将子宫角捋一遍。另一侧子宫角用同样方法冲洗。进针时避免损伤血管,推注冲卵液时力量和速度应适中。

子宫法对输卵管损伤甚微,尤其不涉及伞部,但卵回收率较输卵管法低,用液较多,检卵较费时。

③冲卵管法。用手术法取出子宫,在子宫体扎孔,将冲卵管插入,

使气球在子宫角分叉处,冲卵管尖端靠近子宫角前端,用注射器注入气体 4～6 毫升,然后进行灌流,分次冲洗子宫角,每次灌注 10～20 毫升,一侧用液 50～60 毫升,冲完后气球放气,冲卵管插入另一侧,用同样方法冲卵。

(3)术后处理　采卵完毕后,用 37℃灭菌生理盐水湿润母羊子宫,冲去凝血块,再涂少许灭菌液状石蜡,将器官复位。腹膜、肌肉缝合后,撒一些碘胺粉等消炎防腐药。皮肤缝合后,在伤口周围涂碘酒,再用酒精作最后消毒。供体羊肌肉注射青霉素 80 万单位和链霉素 100 万单位。

(4)缝合　缝合前创口必须彻底止血,用加抗生素的灭菌生理盐水冲洗,清除手术过程中形成的血凝块等。缝合时要求按组织层次分层缝合,对合严密,创缘不内卷、外翻,缝线结扎松紧适当,缝合进针和出针要距创缘 0.5 厘米左右,针间距要均匀,所有结要打在同一侧。缝合方法大致分为间断缝合和连续缝合两种。

①间断缝合。用于张力较大、渗出物较多的伤口。在创口处每隔 1 厘米缝一针,针针打结。这种缝合常用于肌肉和皮肤的缝合。

②连续缝合。只在缝线的头、尾打结。螺旋形缝合是最简单的一种连续缝合,适于子宫、腹膜和黏膜的缝合;锁扣缝合如同做衣服锁扣眼的方法,可用于直线形的肌肉和皮肤缝合。

(五)检卵

1.检卵操作要求

检卵者应熟悉体视显微镜的结构,做到熟练使用。找卵的顺序应从低倍到高倍,一般在 10 倍左右已能发现卵子。对胚胎鉴定分级时再转向高倍(或加上大物镜)。改变放大率时,需再次调整焦距至看清物像为止。

2.找卵要点

根据卵子的比重、大小、形态和透明带折光性等特点找卵。卵子的比重比冲卵液大,因此一般位于集卵杯的底部;卵子直径为 150～200

微米,肉眼观察只有针尖大小;卵子是一球形体,在镜下呈圆形,其外层是透明带,它在冲卵液内的折光性比其他不规则组织碎片折光性强,色调为灰色;当疑似卵子时晃动集卵杯,卵子滚动。用玻璃针拨动,针尖尚未触及卵子即已移动;镜检找到的卵子数应和卵巢上排卵点的数量大致相当。

3.检卵前的准备

①待检的卵应保存在37℃条件下,尽量减少体外环境、温度、灰尘等因素的不良影响。检卵时将集卵杯倾斜,轻轻倒弃上层液,留杯底约10毫升冲卵液,再用少量PBS冲洗集卵杯,倒入表面皿(用记号笔事先划几个区,便于镜检时视野的更换)镜检。

②在酒精灯上拉制内径为300~400微米的玻璃吸管和玻璃针。将10%或20%羊血清PBS保存液用0.22微米滤膜过滤到培养皿内。每个冲卵供体羊需备3~4个培养皿,写好编号,放入培养箱待用。

4.检卵方法及要求

用玻璃棒清除卵外围的黏液、杂质。将胚胎吸至第一个培养皿内,吸管先吸入少许PBS再吸入卵,在培养皿的不同位置冲洗卵3~5次。依次在第二个培养皿内重复冲洗,然后把全部卵移至另一个培养皿。每换一个培养皿时应换新的玻璃吸管,一个供体的卵放在同一个皿内。操作室温为20~25℃。检卵及胚胎鉴定需2人进行。

(六)胚胎的鉴定和分级

1.胚胎的鉴定

①在20~40倍体视显微镜下观察受精卵的形态、色调,分裂球的大小、均匀度,细胞的密度、与透明带的间隙以及变性情况等。

②凡卵子的卵黄未形成分裂球及细胞团的,均列为未受精卵。

③观察胚胎的发育阶段。发情(授精)后2~3天用输卵管法回收的卵,发育阶段为2~8细胞期,可清楚地观察到卵裂球,卵黄腔间空隙较大。6~8天回收的正常受精卵发育情况如下:

桑葚胚:发情后第 5～6 天回收的卵,只能观察到球状的细胞团,分不清分裂球,细胞团占据卵黄腔的大部分。

致密桑葚胚:发情后第 6～7 天回收的卵,细胞团变小,占卵黄腔 60％～70％。

早期囊胚:发情后第 7～8 天回收的卵,细胞团的一部分出现发亮的胚泡腔。细胞团占卵黄腔 70％～80％,难以分清内细胞团和滋养层。

囊胚:发情后第 7～8 天回收的卵,内细胞团和滋养层界限清晰,胚泡腔明显,细胞充满卵黄腔。

扩大囊胚:发情后第 8～9 天回收的卵,囊腔明显扩大,体积增大到原来的 1.2～1.5 倍,与透明带之间无空隙,透明带变薄,相当于正常厚度的 1/3。

孵育胚:一般在发情后第 9～10 天,由于胚泡腔继续扩张,致使透明带破裂,卵细胞脱出。

凡在发情后第 6～8 天回收的 16 细胞以下的受精卵均应列为非正常发育卵,不能用于移植或冷冻保存。

2. 胚胎的分级

胚胎分为 A、B、C 三个等级。

A 级:胚胎形态完整,轮廓清晰,呈球形,分裂球大小均匀,结构紧凑,色调和透明度适中,无附着的细胞和液泡。

B 级:轮廓清晰,色调及细胞密度良好,可见到少量附着的细胞和液泡,变性细胞占 10％～30％。

C 级:轮廓不清晰,色调发暗,结构较松散,游离的细胞或液泡较多,变性细胞达 30％～50％。

胚胎的等级划分还应考虑到受精卵的发育程度。发情后第 7 天回收的受精卵在正常发育时处于致密桑葚胚至囊胚阶段。凡在 16 细胞以下的受精卵及变性细胞超过一半的胚胎均属等外,其中部分胚胎仍有发育的能力,但受胎率很低。

(七)胚胎移植

1. 移植液

①0.03 克牛血清白蛋白溶于 10 毫升 PBS。

②1 毫升血清＋9 毫升 PBS。

以上两种移植液均含青霉素(100 单位/毫升)、链霉素（100 单位/毫升）。配好后用 0.22 微米滤膜过滤，置 38℃培养箱待用。

2. 受体羊准备

受体羊术前需空腹 12～24 小时,仰卧或侧卧于手术保定架上,肌肉注射 0.3～0.5 毫升 2％静松灵。手术部位及手术要求与供体羊相同。

3. 手术移植胚胎

对受体羊可用简易手术法移植胚胎。术部消毒后,拉紧皮肤,在后肢内侧鼠蹊部做 1.5～2 厘米切口,用一个手指伸进腹腔,摸到子宫角引导至切口外,确认排卵侧黄体发育状况,用钝形针头在黄体侧子宫角扎孔,将移植管顺子宫角方向插入宫腔,推出胚胎,随即子宫复位。皮肤复位后即将腹壁切口覆盖,皮肤切口用碘酒、酒精消毒,一般不需缝合。若切口增大或覆盖不严密,应进行缝合。

受体羊术后在小圈内观察 1～2 天。圈舍应干燥、清洁,防止感染。

4. 移植胚胎注意要点

①观察受体卵巢,胚胎移至黄体侧子宫角,无黄体不移植。一般移 2 枚胚胎。

②在子宫角扎孔时应避开血管,防止出血。

③不可用力牵拉卵巢,不能触摸黄体。

④胚胎发育阶段与移植部位相符。

⑤受体羊黄体发育按突出卵巢的直径分为优、中、差,优:0.6～1 厘米,中:0.5 厘米,差:小于 0.5 厘米。

受体羊术后 1～2 情期内要注意观察返情情况,若返情则应进行配种或移植。对没有返情的羊应加强饲养管理,妊娠前期应满足母羊对热量的摄取,防止胚胎因营养不良而引起早期死亡。在妊娠后期应保证母羊营养的全面需要,尤其是对蛋白质的需要,以保证胎儿的充分发育。受体羊产羔期需精心管理,做好助产、双羔羊哺乳及保姆羊代乳工作,并要保证母羊哺乳期营养需要。产羔记录应详细、认真。

六、早期妊娠诊断

早期妊娠诊断对于保胎、减少空怀和提高繁殖率都具有重要的意义。早期妊娠诊断方法的研究和应用历史悠久,方法也多,但如何达到相当高的准确性,并且在生产实践中应用方便,这是直到现在一直在探索研究和待解决的问题。

(一)超声波探测法

利用超声波的反射对羊进行妊娠检查。根据多普勒效应设计的仪器,探听血液在脐带、胎儿血管和心脏等中的流动情况,能成功地测出妊娠 26 天的母羊,到妊娠 6 周时,其诊断的准确性可提高到 98%～99%;若在直肠内用超声波进行探测,当探杆触到子宫中动脉时,可测出母体心率(90～110 次/分钟)和胎盘血流声,从而准确地肯定妊娠。

(二)激素测定法

羊怀孕后,血液中孕酮含量较未孕母羊显著增加,利用这个特点对母羊可作早期妊娠诊断。在羊配种后 20～25 天,用放射免疫法测定绵羊每毫升血浆中孕酮含量,孕酮含量大于 1.5 纳克,妊娠准确率为 93%;奶山羊每毫升血浆中孕酮含量在 3 纳克以上,妊娠准确率为 98.6%,每毫升乳汁中孕酮含量在 8.3 纳克以上,妊娠准确率为 90%。

(三)免疫学诊断法

羊怀孕后,胚胎、胎盘及母体组织分别能产生一些化学物质,如某些激素或某些酶类等,其含量在妊娠的一定时期显著增高,其中某些物质具有很强的抗原性,能刺激动物机体产生免疫反应。而抗原与抗体的结合,可在两个不同水平上被测定出来:一是荧光染料或同位素标记,然后在显微镜下定位;另一是抗原抗体结合,产生某些物理性状,如凝集反应、沉淀反应,利用这些反应的有无来判断家畜是否妊娠。早期怀孕的绵羊含有特异性抗原,这种抗原在受精后第二天就能从一些孕羊的血液里检查出来,从第八天起可以从所有试验母羊的胚胎、子宫及黄体中鉴定出来。这种抗原是和红细胞结合在一起的,用它制备的抗怀孕血清,与怀孕 10~15 天期间母羊的红细胞混合出现红细胞凝集作用,如果没有怀孕则不发生凝集现象。

七、诱发分娩

诱发分娩是指在妊娠末期的一定时间内,注射某种激素制剂,诱发孕畜在比较确定的时间内提前分娩。它是控制分娩过程和时间的一项繁殖管理措施。使用的激素有皮质激素或其合成制剂,前列腺素 $F_{2\alpha}$ 及其类似物、雌激素、催产素等。绵羊在妊娠 144 天时,注射地塞米松(或贝塔米松)12~16 毫克,多数在 40~60 小时内产羔;山羊在妊娠 144 天时,肌肉注射 PGF 220 毫克或地塞米松 16 毫克,多数在 32~120 小时产羔,而不注射上述药物的孕羊,197 小时后才产羔。

第五节　提高繁殖力的途径

羊群的繁殖特性和羔羊成活率是高效肉羊生产的基础。现代化的肉羊业追求肉羊具有早熟、多胎多产、生长发育快、肉质好等优良特性。因此,在肉羊生产中,提高繁殖力、培育多胎多产的肉羊品种备受重视。国内外畜牧工作者采用各种方法和途径来提高羊的繁殖力。通过育种、激素、营养等方面的研究，在提高肉羊繁殖力方面，已取得了重大进展。

一、利用多胎品种改良羊群

不同品种繁殖力有很大差异。如我国的湖羊、小尾寒羊和芬兰的兰德瑞斯羊的双羔率要比其他品种羊高很多，产羔率可达到 200%～300%。山东济宁地区的青山羊多胎性很强，每胎有时可产 3～5 只羔。关中奶山羊产羔率为 210%。母羊的繁殖力是有遗传性的，一般产双羔的母羊，其后代也会具有这种高的繁殖力。研究表明：初产单羔的母羊，随后 3 胎平均产羔为 1.33 只、1.31 只、1.04 只；而初产双羔的母羊，随后 3 胎的产羔数分别为 1.73 只、1.71 只、1.88 只。因此引进高产的品种进行杂交改良，并且对自己现有的羊群进行选育，长期坚持会提高整个羊群的繁殖力。

引进多胎品种，用多胎品种与繁殖力低的品种羊杂交，是提高繁殖力的最快、最有效和最简便的方法。近年来国内外在这方面做了大量富有成效的工作，通过引进多胎品种杂交，在提高母羊繁殖力和培育多胎高产新品种上起到了积极作用。国外利用芬兰的兰德瑞斯羊、俄罗斯的罗曼诺夫羊、澳大利亚的布鲁拉羊，国内利用小尾寒羊、湖羊等多胎品种做父系进行杂交，以增加产羔数，均收到了良好的效果。

由此可见，导入多胎基因，是提高繁殖力的一个切实可行的方法，能从根本上提高羊的繁殖力。

二、改善繁殖公、母羊的饲养水平

营养条件对公、母羊的繁殖能力有很大的影响。充足而完全的营养，可以提高种公羊的性欲，提高精液的品质。配种前膘肥体壮的母羊，发情正常、整齐，排卵数增多，能够提高产羔率。因此，配种前的短期优饲可使双羔率增加，即在母羊配种前，每只每天补给精料 0.4～

0.5千克,可使第一个情期内发情率达95%以上,双羔率增加40%左右。

配种季节应加强公、母羊的放牧补饲,配种前两个月即应满足羊的营养需求。一方面延长放牧时间,早出晚归,尽量使羊有较多的采食时间;另一方面还应适当补饲草料。在配种前及配种期,应给予公、母羊足够的蛋白质、维生素和微量元素等营养。营养状况直接影响公羊精子生成,对母羊的胚胎早期存活也有很大影响。当体况差时,母羊为胎盘提供葡萄糖的能力差,会长期使胚胎发育不良,甚至造成胚胎着床前死亡。某些微量元素的缺乏也会影响到繁殖性能的各种基本功能。如有人试验,于配种前15天开始,每日补喂混合精料(玉米75%),连续补喂2个月,母羊的发情期受胎率可提高29.92%;用含锌、硒和铜等复合添加剂饲喂,母羊的受胎率提高10%,繁育率提高10%。在配种前2~3周,适当提高母羊的营养水平,能有效地提高母羊的排卵率和发情率。

维生素对繁殖性能也有重要影响。母羊体内维生素A不足时,会使性成熟延迟,卵细胞生长发育困难。即使卵细胞可发育到成熟阶段,并有受精能力,也会出现流产多、产下的羔羊体质虚弱等情况。公羊体内维生素A不足,影响精子形成,也可使已形成的精子死亡。

机体缺乏维生素D时,除肠道吸收钙、磷减少,血钙、血磷低于正常水平及成骨过程发生障碍外,还抑制母畜发情,推迟发情日期。

机体缺乏维生素E时,体内氧化过程加速,氧化产物积累明显增加,对繁殖机能产生不良影响。公羊缺乏维生素E,则出现睾丸萎缩,曲细精管不产生精子;母畜缺乏维生素E,则受胎率下降,胚胎和胎盘萎缩,常发生流产。

在抓膘催情的同时,也要注意不要使繁殖种羊过度肥胖。繁殖母羊如果过度肥胖,可使体内积蓄大量脂肪,导致脂肪阻塞输卵管口,形成生理性不孕。公羊过度肥胖,引起睾丸生殖细胞变性,产生较多的畸形精子和死精子,没有受精能力。防止繁殖公、母羊过肥的措施是注意合理的日粮搭配,特别注意让公、母羊有适当的运动。

三、羔羊早期断奶

羔羊早期断奶实质上是控制母羊的哺乳期,缩短母羊的产羔间隔,以控制繁殖周期,使母羊早日恢复性周期的活动,提早发情。早期断奶的时间可根据不同的生产需要与断奶后羔羊的管理水平来决定。一年两胎的,羔羊出生后半个月至 1 个月断奶;三年五胎的,产后 1.5～2 个月断奶;对于两年三胎的,产后 2.5～3 个月断奶。进行早期断奶必须解决人工哺乳及人工育羔等方面的技术问题。

四、利用促性腺激素药物,诱发母羊多排卵、多产羔

在营养良好的饲养条件下,一般绵羊每次可排出 2～6 个卵子,山羊排出 2～7 个,有时能排出 10 个以上的卵子,但为什么不能都受精而形成多胎呢? 这是因为卵巢上的各个卵泡发育成熟及破裂排卵的时间先后不一致,使有些卵子排出后错过和精子相遇而受精的机会,同时,子宫容积对发育胎儿个数有一定的限制,过多的受精卵不能适时着床而死亡。注射孕马血清可以诱发母羊在发情配种最佳时间同时多排卵,因为孕马血清除了和促卵泡素有着相似的功能外,同时还含有类似促黄体素的功能,能促使排卵和黄体形成。

通过注射孕马血清就能实现多排卵、多产羔。母羊发情后 13～14 天在后腿内侧皮下注射孕马血清 8～10 毫升,隔日或连日再注射 8～10 毫升,经 3～4 天发情后即可输精。

五、保持羊群中能繁母羊的适宜比例

羊群结构是否合理,对羊群的繁殖力有很大的影响。母羊的双羔率随年龄的增长而增长,经过 1～3 年达到最高水平,至 6～7 胎后开始下降。老龄母羊繁殖力下降的原因主要是性机能衰退,卵子质量不好,

子宫机能减弱,致使受胎率降低和胚胎死亡现象增多等。因此,增加适龄母羊在羊群中的比例,是提高羊繁殖力的重要措施。在种羊场,适龄可繁母羊的比例可提高到 60%～70%,在广大农区一般应控制在 40%～50%及以上为宜。

六、实行密集产羔

密集产羔体系是进行现代集约化肉羊及肥羔生产的高效生产体系。在饲养管理条件较好的地区实行密集产羔,打破羊季节性繁殖的特性,全年发情,均衡产羔,最大限度地发挥繁殖母羊的生产性能,均衡市场的羊肉供应,提高设备利用率,降低固定成本支出,便于进行集约化管理。密集产羔体系包括两年三产、三年五产、一年两产和连续产羔等形式。实行密集产羔的母羊,要求营养良好,年龄以 2～5 岁为宜,同时母羊的母性要好,泌乳量也应较高,满足多羔哺乳的需要。

七、利用类固醇激素蛋白免疫制剂

利用类固醇激素蛋白免疫制剂的原理就是利用卵泡发育和黄体形成过程中的某些孕酮和雌激素的抗原性,制成抗原免疫药物,让其诱发母羊产生抗体,使母羊血液中天然游离的雌激素水平降低,刺激促性腺激素分泌,加速卵巢中卵泡的成熟,使母羊同时有多个成熟卵子排出,从而使羊群中产双羔的母羊比例增多。中国农业科学院兰州畜牧研究所研制的双羔素,在配种前给每只母羊颈部皮下注射 2 毫升,隔 3 周再注射相同的剂量,发情后输精,双羔率可提高 10%～20%。

目前我国已由新疆生产出以雄烯二酮为主体的激素抗原免疫型药物,其商品名称为 XJC-A 型双羔苗。使用方法是在配种前 40 天,每只羊肌肉注射双羔苗 2 毫升,28～30 天后再注射一次,用量与第一次相同,过 10 天左右即可配种。兰州生药厂生产的油剂只需注射一次即可。

影响双羔苗应用效果的因素有以下几个方面：母羊膘情好，产双羔的增多，营养缺乏，矿物质供应不足，双羔苗应用效果不大；繁殖力较低的品种比繁殖力较高的品种应用效果好；母羊配种时体重大的比体重小的应用双羔苗的效果好。初配羊与经产羊应用双羔苗的效果无明显差异。

八、推广和利用生物技术

近年来，生物技术在许多领域内的研究取得了令人瞩目的成就，其中有些成果已逐步应用到养羊生产中，如胚胎移植、性别控制和转基因技术等，表现出遗传改良的巨大潜力。在不久的将来，即可根据人类的需要改良现有品种和创造新的品种。

第五章

营养与饲料

第一节　生态养羊对饲料的要求

　　饲料是发展生态养羊业的物质基础,饲料中各种营养物质为维持羊只的正常生命活动和最佳生产性能所必需,但是饲料中的有毒有害成分对羊只健康和生产力、羊产品的安全和卫生、公共卫生环境的影响,不仅关系到生态养羊业的发展,还关系到人类自身的健康和生存环境。

　　在集约化养殖和饲料工业化不断发展的今天,生态养羊应该十分重视饲料安全。所谓饲料安全,通常是指饲料产品(包括饲料和饲料添加剂)中不含有对饲养动物的健康造成实际危害,而且不会在畜产品中残留、蓄积和转移的有毒有害物质或因素;饲料产品以及利用饲料产品生产的畜产品,不会危害人体健康或对人类的生存环境产生负面影响。

一、羊饲草料中常见有毒有害物质

（一）天然有毒有害物质

饲料中的有毒有害物质并非都来自污染，有些是天然存在的，这些天然成分物质对羊生产的有害作用同样影响羊的生产力发挥和产生毒害作用。根据植物（作物）中有毒成分的分布情况和毒性特点，可将它们分为三类。

第一类：在新鲜、青绿及干燥状态均有毒的植物，如聚合草、猪屎豆属植物等。

第二类：在新鲜状态下有毒、经干燥或煮沸后毒性减少或消失的作物，如草木樨。

第三类：具有有毒种子的植物，青绿茎叶均无毒或毒物少，如毒麦、蓖麻子、羽扇豆等。

这些饲料作物所含毒素种类很多，但归纳起来主要有五类：生物碱类、双香豆素类、有毒氨基酸、皂角苷、毒蛋白。

（二）次生有毒有害物质

这类物质在饲料原料中或配合饲料中并不存在，而是由于贮存不当、发霉变质后产生的。次生有毒有害物质主要来源于真菌的代谢产物，统称为真菌毒素。

目前，世界上已经被肯定的真菌毒素有150多种，其中毒性最强的是黄曲霉毒素、麦角毒素、甘薯黑斑霉毒素等。

（三）外源性污染引入的有毒有害物质

这类有毒有害物质，其毒害成分、性状虽然和有些天然有毒有害物质完全一样，但是从含量上看往往比天然饲料原料中的含量要高出许多。如由工业"三废"中排放出去的汞、氟污染的饲料，农药污染以及沙

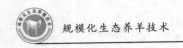

门氏菌感染的饲料等,均属于这一类。

二、生态养羊对饲料的要求

(一)饲料原料

饲料原料应该来源于天然草地或种植基地,因为这里的牧草和饲料作物在种植的过程中不用农药和少用化肥,尽可能采用自然肥料来减少污染的可能性。天然草地改良采用避免污染的措施,病虫害的防治走生态和生物防治的道路,为羊提供无污染的饲料。

同时,原料具有该品种应有的颜色、气味和形态特征,无发霉变质、结块及异臭,青绿饲料、干粗饲料不应发霉变质。所使用的饲料其有毒有害物质及微生物容许限量应符合《饲料卫生标准》(GB 13078)的规定。优先使用绿色食品生产资料的饲料类产品,至少90%的饲料原料来源于已认定的绿色食品产品及其副产品,其他饲料原料可以来源于达到绿色食品标准的产品。

羊的饲料中不得使用的原料有:

①转基因方法生产的饲料原料;

②以哺乳类动物为原料的动物性饲料产品(除乳及乳制品外);

③工业合成的油脂;

④畜禽粪便;

⑤各种抗生素滤渣。

(二)饲料添加剂

具有该品种应该有的颜色、气味和形态特征,无结块、发霉、变质。优先使用符合绿色食品生产资料的饲料添加剂类产品。所选的饲料添加剂应该是农业部容许使用的饲料添加剂品种目录中所规定的品种和取得批准文号的新饲料添加剂品种,是取得饲料添加剂产品生产许可证企业生产的、具有产品批准文号的产品。有毒有害物质限量应该符合《饲料卫生标准》的规定。禁止使用任何药物性饲料添加剂以及激素类、安眠药类药品。生产 A 级绿色食品禁止使用的饲料添加剂见表5-1。

表 5-1　生产 A 级绿色食品禁止使用的饲料添加剂

种　类	品　种
调味剂、香料	各种人工合成的调味剂和香料
着色剂	各种人工合成的着色剂
抗氧化剂	乙氧基喹啉、二丁基羟基甲苯、丁基羟基茴香醚
黏结剂、抗结块剂和稳定剂	羧甲基纤维素钠、聚氧乙烯 20 山梨醇酐单油酸酯、聚丙烯酸钠
防腐剂	苯甲酸、苯甲酸钠

（三）配合饲料、浓缩饲料、精料补充料和添加剂混合饲料

感官要求色泽一致，无霉变、结块及异臭、异味。有毒有害物质及微生物容许限量应符合《饲料卫生标准》的规定。配合饲料、浓缩饲料、精料补充料和添加剂预混料中的饲料药物添加剂使用应遵守《饲料添加剂安全使用规范》。饲料中不得添加《禁止在饲料和动物饮水中使用的药物品种目录》中规定的违禁药物。

第二节　羊的营养需要

羊所需要的营养物质包括能量、蛋白质、矿物质、维生素和水等。羊对这些营养物质的需要可以分为维持需要和生产需要。维持需要是指羊为了维持正常的生理活动，体重不增不减，也不进行生产时所需要的营养物质的需要量。生产需要指羊在进行生长、繁殖、泌乳和产毛时对营养物质的需要量。

一、能量需要

饲粮的能量水平是影响生产力的重要因素之一。能量不足,会导致幼龄羊生长缓慢,母羊繁殖率下降,泌乳期缩短,羊毛生长缓慢、毛纤维直径变细等;能量过高,对生产和健康同样不利。因此,合理的能量水平,对保证羊体健康,提高生产力,降低饲料消耗具有重要作用。目前表示能量需要的常用指标有代谢能和净能两大类。由于不同饲料在不同生产目的的情况下代谢能转化为净能的效率差异很大,因此采用净能指标较为准确。羊的维持、生长、繁殖、产奶和产毛所需净能应分别进行测定和计算。羊的能量需要就是维持能量需要和生产能量需要的总和。

(一)维持能量需要

一般认为,在一定的活体重范围内羊的维持能量需要与代谢体重($W^{0.75}$)呈线性相关关系。美国国家研究委员会(NRC)(1985)认为,其关系可表示为

$$维持能量需要(NEm)=234.19\times W^{0.75}$$

式中:NEm 为维持净能,千焦;W 为活体重,千克。

(二)生长能量需要

NRC(1985)认为,不同体形的绵羊(成年公羊体重 110 千克为中等体形,大于 110 千克为大型体形,小于 110 千克为小型体形)在空腹体重 10~50 千克的范围内用于组织生长的能量需要量为

$$小型体形 \quad NEg=1.33\times W^{0.75}\times LWG$$
$$中型体形 \quad NEg=1.15\times W^{0.75}\times LWG$$
$$大型体形 \quad NEg=0.98\times W^{0.75}\times LWG$$

式中:NEg 为生长净能,千焦;LWG 为活体增重,克;W 为活体重,千克。
具体数值如表 5-2 所示。

表5-2 小型、中型和大型绵羊羔羊净能需要量

千焦/天

活体重/千克	10	20	25	30	35	40	45	50
维持净能需要	1 317.33	2 216.4	2 617.9	3 002.6	3 370.6	3 726.1	4 069.0	4 403.6

生长净能需要

类型	日增重（克/天）	10	20	25	30	35	40	45	50
小型绵羊	100	747.4	1 254.6	1 480.4	1 697.8	1 906.9	2 107.7	2 304.2	2 492.4
	150	1 116.5	1 881.9	2 224.8	2 551.0	2 860.4	3 161.5	3 454.3	3 738.7
	200	1 492.9	2 509.2	2 960.8	3 395.7	3 813.9	4 215.4	4 608.5	4 984.9
	250	1 865.1	3 136.5	3 705.2	4 248.9	4 767.4	5 273.5	5 758.6	6 231.1
	300	2 237.3	3 763.8	4 449.6	5 097.8	5 720.9	6 327.3	6 908.6	7 477.4
中型绵羊	100	648.2	1 091.5	1 292.2	1 480.4	1 660.2	1 835.9	2 007.3	2 170.4
	150	974.4	1 639.3	1 936.2	2 220.6	2 492.4	2 751.7	3 006.8	3 253.6
	200	1 296.4	2 183.0	2 584.4	2 960.8	3 320.5	3 671.8	4 014.7	4 340.9
	250	1 622.6	2 730.8	3 224.3	3 696.4	4 152.7	4 587.6	5 014.2	5 424.0
	300	1 948.8	3 278.6	3 872.5	4 441.2	4 980.7	5 503.5	6 013.7	6 511.3
	350	2 270.8	3 822.3	4 516.5	5 177.3	5 812.9	6 423.5	7 017.4	7 594.5
	400	2 597.0	4 366.0	5 160.5	5 917.5	6 645.2	7 343.5	8 021.0	8 681.8
大型绵羊	100	552.0	924.2	1 095.6	1 254.6	1 409.3	1 555.7	1 702.0	1 835.9
	150	823.8	1 388.4	1 639.3	1 881.9	2 111.9	2 333.5	2 551.0	2 760.1
	200	1 099.8	1 848.4	2 191.3	2 509.2	2 818.6	3 111.4	3 399.9	3 680.1
	250	1 375.8	2 312.6	2 735.0	3 136.5	3 521.2	3 889.2	4 248.9	4 596.0
	300	1 647.7	2 772.6	3 282.8	3 763.8	4 223.8	4 667.1	5 102.0	5 520.2
	350	1 927.9	3 241.0	3 830.7	4 391.1	4 930.5	5 449.1	5 950.9	6 440.2
	400	2 199.7	3 701.0	4 374.3	5 018.4	5 633.1	6 227.0	6 799.9	7 360.3
	450	2 475.7	4 165.2	4 922.2	5 645.7	6 335.7	7 004.8	7 653.0	8 280.3

有人认为同品种公羊每千克增重所需要的能量是母羊的 0.82,但 NRC 考虑到目前仍没有足够的研究资料能证实此数据,因此公羊和母羊仍采取相同的能量需要量。

(三)妊娠能量需要

NRC(1985)认为羊妊娠前 15 周,由于胎儿的绝对生长很小,所以能量需要较少。给予维持能量加少量的母体增重需要,即可满足妊娠前期的能量需要。在妊娠后期由于胎儿的生长较快,因此需要额外补充能量,以满足胎儿生长的需要。妊娠后期每天需增加的能量见表 5-3。

表 5-3　母羊妊娠怀不同个数羔羊时在妊娠后期净能需要量的增加量

千焦/天

羔羊数/只	妊娠天数		
	100	120	140
1	292.74	606.39	1 087.32
2	522.75	1 108.29	1 840.08
3	710.94	1 442.79	2 383.74

(四)泌乳能量需要

羔羊哺乳期增重与对母乳的需要量之比为 1∶5。绵羊在产后 12 周泌乳期内,代谢能转化为泌乳净能的效率为 65%～83%,带双羔母羊比带单羔母羊的转化率高,但该值因饲料不同差异很大。

奶山羊每产 1 千克乳脂率为 4% 的标准奶时需要 2.9 兆焦的净能,产 1 千克乳脂率为 3% 的奶时需要 2.85 兆焦的净能。

(五)产毛能量需要

NRC(1985)认为产毛只需要很少的能量,因此产毛的能量需要没有列入饲养标准中。

绒山羊需要的能量与其活动程度有密切关系。舍饲羊的热能消耗较少；在牧场上放牧的山羊维持需要量可增加 15%～25%；在草原上放牧的山羊，可根据放牧的距离及地形的复杂程度，增加维持需要量的 30%～60%；在山区的陡坡上放牧，需增加维持需要量的 50%～100%。另外，天气寒冷地区往往比温暖气候地区需增加维持需要量的 70%～100%。体重为 40、50、60 和 70 千克的成年绒山羊每天的维持净能需要量分别为 4.44、5.16、5.89 和 6.61 兆焦。绒山羊在妊娠后期，热能代谢水平比空怀期提高 60%～80%，40、50、60 和 70 千克体重的绒山羊在妊娠后期每天的净能需要量分别为 7.19、8.63、9.35 和 10.80 兆焦。

二、蛋白质需要

蛋白质具有极为重要的营养作用，是动物建造组织和体细胞的基本原料，是修补组织的必需物质，还可以代替碳水化合物和脂肪的产热作用，以供给机体热能的需要。羊日粮中蛋白质不足，会影响瘤胃的作用效果，羊只生长发育缓慢，繁殖率、产毛量、产乳量下降；严重缺乏时，会导致羊只消化紊乱，体重下降，贫血，水肿，抗病力减弱。但是饲喂蛋白质过量，多余的蛋白质变成低效的能量，很不经济。过量的非蛋白氮和高水平的可溶性蛋白可以造成氨中毒。所以，合理的蛋白质水平很重要。

蛋白质需要量目前主要使用的指标有粗蛋白和可消化蛋白，两者的关系式可表达为

$$可消化蛋白 = 0.87 \times 粗蛋白 - 2.64$$

由于以上两种蛋白质指标不能真实反映反刍动物蛋白质消化代谢的实质，从 20 世纪 80 年代以来，提出了以小肠蛋白为基础的反刍动物新蛋白体系，但目前因缺少基础数据，所以还没有在羊饲养实践中应用。现在按照 NRC(1985) 的计算公式说明羊的蛋白质需要量。

$$粗蛋白质需要量(克/天) = \frac{PD + MFP + EUP + DL + Wool}{NPV}$$

式中:PD 为羊每天的蛋白质沉积量;MFP 为粪中代谢蛋白质的日排出量;EUP 为尿内源蛋白质的日排出量;DL 为每天皮肤脱落的蛋白质量;Wool 为羊毛生长每天沉积的蛋白质量;NPV 为蛋白质的净效率。

其中 PD 可由下式推得:

$$PD(克/天)=日增重(千克)×(268-29.2×ECGO)$$

ECGO 即日增重的能量含量,可由下式推出:

$$ECGO=\frac{NEg}{4.182DG}$$

式中:DG 为日增重;NEg 为生长净能需要量。

说明:羊每天的蛋白质沉积量,怀单羔母羊在妊娠初期设定为2.95克/天,妊娠后期 4 周为 16.75 克/天;多胎母羊按比例增加。对于哺乳母羊,按产单羔时泌乳 1.74 千克/天,产双羔时 2.60 千克/天,乳中粗蛋白质含量为 47.875 克/升计算。青年哺乳母羊的泌乳量按上述数据的 70% 计算。

$$MFP(克/天)=33.44×进食干物质(千克/天)(NRC,1984)$$
$$EUP(克/天)=0.146\,75×活体重(千克)+3.375(ARC,1980)$$
$$DL(克/天)=0.112\,5×W^{0.75}(千克)$$

Wool(克/天):成年母羊和公羊每天羊毛中沉积的粗蛋白质量为 6.8 克(成年羊每年污毛产量以 4.0 千克计)。

NPV 根据粗蛋白质消化率为 0.85、以其生物学效价 0.66 计算而得,其值为 0.561。

三、矿物质营养需要

羊需要多种矿物质,矿物质是组成羊体不可缺少的营养成分,它参与形成羊的神经及肌肉系统,营养的消化、运输及代谢,体内酸碱平衡等活动,也是体内多种酶的重要组成部分和激活因子。矿物质营养缺乏或过量都会影响羊正常的生长、繁殖和生产。

现已证明,至少有 15 种矿物质元素是羊体所必需的,其中常量元素 7 种,包括钠、钾、钙、镁、氯、磷和硫;微量元素 8 种,包括碘、铁、钼、铜、钴、锰、锌和硒。

(一)钠和氯

钠可以促进神经和肌肉兴奋性,参与神经冲动的传导;氯为胃液盐酸的成分,能激活胃蛋白酶,有助于消化。钠和氯的主要作用是维持细胞外液渗透压和调节酸碱平衡。

植物性饲料中钠和氯的含量较少,而羊是以植物性饲料为主的,故而常感钠和氯不足。补饲食盐是对羊补充钠和氯最普通最有效的方法。食盐对羊很有吸引力,在自由采食的情况下常常超过羊的实际需要量。一般认为在日粮干物质中添加 0.5% 的食盐即可满足羊对钠和氯的需要,每天每只羊需要食盐 5～15 克。

(二)钾

钾约占机体干物质的 0.3%,主要功能是维持机体的渗透压和酸碱平衡。此外,钾还参与蛋白质和糖代谢,促进神经和肌肉的兴奋性。

在一般情况下,饲料中的钾可以满足羊的需要。羊对钾的需要量为饲料干物质的 0.5%～0.8%。绵羊对钾的最大耐受量为日粮干物质的 3%。

(三)钙和磷

机体中的钙约为 99% 构成牙齿和骨骼,少量钙存在于血清和软组织中,血液中的钙有抑制神经和肌肉兴奋、促进血液凝固和保持细胞膜完整性等作用;机体中的磷约 80% 构成骨骼和牙齿,磷参与糖、脂类、氨基酸的代谢和保持血液 pH 正常。

饲料中的钙和无机磷可以被直接吸收,而有机磷则需水解为无机磷才能被吸收。钙和磷的吸收需要在溶解状态下进行,因此,凡是能促进钙、磷溶解的因素就能促进钙、磷的吸收。钙和磷的吸收有密切的关系。饲料中钙磷比例在(1~2):1的范围内吸收率高,幼龄羊的钙磷比例应该为2:1。高钙和高镁不利于磷吸收。大量研究表明,在放牧条件下,羊很少发生钙、磷缺乏,这可能与羊喜欢采食含钙和磷较多的植物有关。在舍饲条件下,饲粮以粗饲料为主,应注意补充磷,以精料为主则应该补充钙。奶山羊由于奶中钙和磷含量较高,产奶量相对于体重的比例较大,所以特别应该注意补充钙和磷,如长期供应不足,将造成体内钙和磷贮存严重降低,最终导致溶骨症。

绵羊食用钙化物一般不会出现钙中毒。但是若日粮中钙过量,会加剧其他元素如磷、镁、铁、碘、锌和锰的缺乏。

(四)镁

镁参与细胞增殖、分化和凋亡过程的调控。这种调控主要通过动员细胞内镁池中的镁离子来实现的。镁缺乏的动物对体内氧化应激的敏感性升高,且机体组织对外界的过敏化反应也较为敏感。结果导致细胞内脂质、蛋白质和核酸氧化损伤,这些物质的氧化损伤将引起细胞膜功能改变,细胞内钙代谢紊乱,心血管疾病发生,加速衰老和致癌。有学者研究了日粮中镁对钙、磷吸收的影响,试验结果显示,高镁降低了钙、磷的表观吸收率和钙、磷在体内的滞留率;也有学者认为,血清钙和磷的浓度不随日粮镁浓度的升高而增加,而血清镁的浓度随日粮镁浓度的升高而显著增加。

缺镁将影响酶的代谢,改变细胞膜的通透性,加速钠、钾、钙依赖泵能量消耗,加快细胞内钙的贮存;增加儿茶酚胺与前列腺素样物的合成,减少血流,导致细胞坏死等。羊缺镁引起代谢失调。缺镁的主要症状为"痉挛",土壤中缺镁地区的羔羊容易发生"缺镁痉挛症"。此外,早春放牧的羊,由于采食含镁量低(低于干物质的0.2%)、吸收率又低(平均17%)的青牧草而发生"草痉挛"。主要表现为神经过敏、肌肉痉挛、抽搐、走路蹒跚、呼吸弱,甚至死亡。

通过测定血清含量可以鉴定羊是否缺镁。正常情况下,血清中镁的含量为 1.8~3.2 毫克/毫升。

(五)硫

硫以含硫氨基酸形式参与被毛、蹄爪等角蛋白合成;硫是硫胺素、生物素和胰岛素的组成成分,参与碳水化合物代谢;硫以黏多糖的成分参与胶原蛋白和结缔组织代谢。瘤胃微生物能有效利用无机硫化合物,合成含硫氨基酸和维生素 B_{12}。硫是黏蛋白和羊毛的重要成分,净毛含硫量为 2.7%~5.4%,羊毛(绒)越细,含硫量越高。硫在常见牧草中和一般饲料中的含量较低,仅为毛纤维含硫量的 1/10 左右。在放牧和舍饲情况下,天然饲料含硫量均不能满足羊毛(绒)最大生长的需要。因此,硫成为了绵、山羊毛纤维生长的主要限制因素。大量研究表明,补充含硫氨基酸可以显著提高羊毛产量和毛的含硫量,产毛量高的群体对硫元素更敏感。

在瘤胃代谢过程中,硫是微生物活动所必不可少的元素,特别是对瘤胃微生物蛋白质的合成,进而对纤维消化产生相当大的作用。食物和唾液中的含硫化合物在瘤胃中被细菌吸收用于合成氨基酸,未被吸收的经瘤胃壁迅速吸收,并被氧化成硫酸盐而分布于血浆和体液中。血液中的硫酸盐可以经唾液分泌重新返回瘤胃或经循环到达大肠。有学者报道,在绵羊体内,硫酸盐返回瘤胃的数量与血液中硫酸盐水平有关。硫通过胃壁的数量十分有限,主要通过唾液返回瘤胃。硫缺乏与蛋白质缺乏症状相似,出现食欲减退、增重减少、毛生长速度降低,此外还表现出唾液分泌过多、流泪和脱毛。

反刍动物硫的代谢与氮的代谢密切相关,通常以氮硫比的形式表示。肉牛、羔羊、奶牛适宜的饲料氮硫比为 15:1。NRC(1988)推荐反刍动物为 10:1,但各国学者在绵山羊的研究中结果各异。

(六)硒和碘

硒是反刍动物必需的微量元素之一。由于硒在全球的天然分布极不均匀,我国大面积地区不同程度地缺硒。在我国北纬 21°～53°,东经97°～135°之间,由东北到西南走向的狭长地带,如黑龙江、辽宁、河北、山东和四川等地的部分地区为缺硒和严重缺硒的地带。

硒具有抗氧化作用,它是谷胱甘肽过氧化物酶的成分。脂类和维生素 E 的吸收受硒的影响。硒对羊的生长有刺激作用。此外,硒还与动物的生长、繁殖密切相关。硒是体内脱碘酶的重要组成部分,脱碘酶与甲状腺素的生产直接相关,甲状腺素是影响动物生长发育的一种很重要的激素。因此,若处于硒、碘双重缺乏状态时,单纯补碘可能收效甚微,还必须保证硒的供给。

缺硒有明显的地域性,常和土壤中硒的含量有关,当土壤含硒量在0.1 毫克/千克以下时,羊即表现硒缺乏。以日粮干物质计算,每千克日粮中硒含量超过 4 毫克时即会引起羊硒中毒,表现为脱毛、蹄溃烂、繁殖力下降等。

在缺硒地区,给母羊注射 1‰亚硒酸钠 1 毫升,羔羊出生后再注射0.5 毫升,即可预防白肌病的发生。

碘是甲状腺素的成分。正常成年羊血清中碘含量为每 100 毫升3～4 毫克,低于此值即表明缺碘。碘缺乏会出现甲状腺肿大,羔羊发育缓慢,甚至出现无毛症或死亡。我国缺碘地区面积较大,缺碘地区的羊常用碘化食盐(含 0.01％～0.02％碘化钾的食盐)补饲。每千克饲料干物质中一般推荐的碘含量为 0.15 毫克。

(七)铁

铁是合成血红蛋白和肌红蛋白的原料,保证机体氧的运输。铁还作为细胞色素酶类的成分及碳水化合物代谢酶类的激活剂,催化机体内各种生化反应。

缺铁的典型症状是贫血,其临床表现为生长慢,昏睡,可视黏膜变白,呼吸频率加快。一般情况下,由于牧草中铁含量较高,因而放牧羊不易发生缺铁,哺乳羔羊和饲养在漏缝地板畜舍的舍饲羊易发生缺铁。

NRC(1985)认为每千克日粮干物质含 30 毫克铁即可满足各种羊对铁的需要。

(八)铜和钼

铜是动物体内细胞色素氧化酶、血浆铜蓝蛋白酶、赖氨酰氧化酶、过氧化物歧化酶、酪氨酸酶等一系列酶的重要成分,以酶的辅助形式广泛参与氧化磷酸化、自由基解毒、黑色素形成、儿茶酚胺代谢、结缔组织交连、铁和胺类氧化、尿酸代谢、血液凝固和毛发形成的过程。除此之外,铜还是葡萄糖代谢调节、胆固醇代谢、骨骼矿化作用、免疫功能、红细胞生成和心脏功能等机能代谢所必需的微量元素。

反刍动物对铜的耐受量比单胃动物低,牛为 100 毫克/天,绵羊 25 毫克/天,但牛、羊肝脏含铜可达 100～400 毫克/千克(干物质)。高血铜的牛、羊肝脏的含铜量 10 倍于正常,如此高含量的肝脏含铜量常可引起反刍动物溶血、死亡。

绵羊缺铜表现为:

①被毛褪色,脱毛。缺铜可影响角蛋白的合成,因此,羊毛品质异常是绵羊缺铜症最早出现的症状,牛、绵羊、骆驼、梅花鹿、兔和犬等动物都有黑毛变灰白的病例报道。缺铜的绵羊和牛出现被毛褪色,羊毛弯曲度消失变直,被毛粗糙,色素消失,尤以眼圈周围最为明显。

②贫血。各种动物长期缺铜必然会导致贫血。铜蓝蛋白可加速运铁蛋白的生成,骨髓可直接利用运铁蛋白的 Fe^{3+} 产生网织红细胞,缺铜可妨碍正常红细胞的生成,因而产生贫血。当绵羊血液铜含量低于 0.10～0.12 微克/毫升时会出现贫血症。

③地方性共济失调。本病主要发生于新生羔羊、犊牛、小鹿和小骆驼,也称"新生幼畜共济失调"、"羔羊后躯摇摆症"、"摇背病"等。主要以共济失调和后肢部分麻痹为特征,严重的病畜则倒地,持续躺卧,最后死于营养衰竭。澳大利亚、英国、前苏联等国及非洲均有报道,我国宁夏、内蒙古、青海、新疆、甘肃也有本病发生。

④牛和绵羊的泥炭泻。在沼泽地(泥炭或腐殖土)上生长的植物含铜量不足,长期在这种草地上放牧会出现持续性腹泻,因而将铜缺乏引起的腹泻称为泥炭泻。调查发现铜缺乏主要分布在淡灰钙土、灰钙土性质的荒漠草原以及沼泽草甸土上,发病动物排出黄绿色至黑色水样粪便,病畜极度衰竭。

由于羊对钼的需要量很小,一般情况下不易缺乏,但是当日粮中含较多铜和硫时可能导致钼缺乏,当日粮铜和硫含量太低时又容易出现钼中毒。

预防羊缺铜可以补饲硫酸铜或对草地施含铜的肥料。羊饲料中铜和钼的适宜比例应为(6~10):1。

(九)钴

钴是维生素 B_{12} 的成分,维生素 B_{12} 促进血红素的形成。羊瘤胃微生物能利用钴合成维生素 B_{12}。

血液及肝脏中钴的含量可作为羊体是否缺钴的指标,血清中钴含量 0.25~0.30 微克/升为缺钴界限,若低于 0.20 微克/升为严重缺钴。羊缺钴时,表现为食欲下降、流泪、被毛粗硬、精神不振、消瘦、贫血、泌乳量和产毛量降低、发情次数减少、易流产。在缺钴地区,牧草可以施用硫酸钴肥,每公顷 1.5 千克,可将钴添加到食盐中,每 100 千克食盐加钴量为 2.5 克,或按钴的需要量投服钴丸。

(十)锌和锰

锌是动物体内多种酶的成分和激活剂;锌有利于胰岛素发挥作用;锌还参与胱氨酸黏多糖代谢,可维持上皮组织的健康和被毛正常生长;锌能促进性激素的活性,并与精子生成有关。

羔羊缺锌会出现"侏儒"现象。绵羊缺锌羊角和羊毛易脱落,眼和蹄上部出现皮肤不完全角化症,公羊睾丸萎缩,母羊繁殖力下降,生长羔羊的采食量下降,降低机体对营养物质的利用率,增加氮和硫的尿排出量。

一般情况下，羊可根据日粮含锌量的多少而调节锌的吸收率，当日粮含锌少时，吸收率迅速增加并减少体内锌的排出。NRC 推荐的锌需要量为每千克饲料干物质 20～33 毫克，也有人推荐绵羊日粮的最佳锌含量为每千克饲料干物质 50 毫克。

锰参与三大营养物质的代谢；锰参与骨骼的形成，并与动物的繁殖有关。在实验室条件下，早期断奶羔羊如长期饲喂日粮干物质中锰含量为 1 毫克/千克的饲料，可以观察到骨骼畸形发育现象。缺锰导致羊繁殖力下降的现象在养羊实践中常有发生，长期饲喂锰含量低于 8 毫克/千克的日粮，会导致青年母羊初情期推迟、受胎率降低，妊娠母羊流产率提高，羔羊性比例不平衡、公羔比例增大而且母羔死亡率高于公羔的现象。饲料中铁和钙的含量影响羊对锰的需求。对成年羊而言，羊毛中锰含量对饲料锰供给量很敏感，因此可以作为羊锰营养状况的指标。

NRC 认为，饲料中锰含量达到 20 毫克/千克时，即可满足各阶段羊对锰的需求。

四、维生素需要

维生素是维持动物正常生理功能所必需的低分子有机化合物，它是动物新陈代谢的必需参与者，作为生物活性物质，在代谢中起调节和控制作用。动物体必需的维生素分为脂溶性维生素（维生素 A、维生素 D、维生素 E、维生素 K）和水溶性维生素（B 族维生素和维生素 C）。

羊体内可以合成维生素 C。羊瘤胃微生物可以合成维生素 K 和 B 族维生素，一般情况下不需要补充。但是维生素 A、维生素 D、维生素 E 需要饲料提供。羔羊阶段因为瘤胃功能没有完全发挥，微生物区系未建立，无法合成维生素 B 和维生素 K，所以也需饲料提供。

（一）维生素 A

绵羊每天对维生素 A 或胡萝卜素的需要量为每千克活重 47 国际

单位维生素 A 或每千克活重 6.9 毫克 β-胡萝卜素,在妊娠后期和泌乳期可以增至每千克活重 85 国际单位维生素 A 或每千克活重 12.5 毫克 β-胡萝卜素。绵羊主要靠采食胡萝卜素满足对维生素 A 的需要。

(二)维生素 D

维生素 D 为类固醇衍生物,分为维生素 D_2 和维生素 D_3。放牧绵羊在阳光下,通过紫外线照射可合成并获得充足的维生素 D_2,但如果长时间阴天或圈养,可能出现维生素 D 缺乏症。这时应饲喂经过太阳晒制的干草,以补充维生素 D。

(三)维生素 E

新鲜牧草的维生素 E 含量较高。自然干燥的干草在贮藏过程中会损失掉大部分维生素 E。母羊每天每只需要 30~50 国际单位,羔羊为 5~10 国际单位。一般情况下放牧即可满足羊对维生素 E 的需要。

(四)B 族维生素

包括硫胺素(维生素 B_1)、核黄素(维生素 B_2)、烟酸(维生素 B_3)、生物素(维生素 B_4)、泛酸(维生素 B_5)、吡哆醇(维生素 B_6)、叶酸、胆碱和维生素 B_{12}。主要作用为细胞酶的辅酶,催化碳水化合物、脂肪和蛋白质代谢中的各种反应。

(五)维生素 K

维生素 K 的主要作用是催化肝脏对凝血酶原和凝血质的合成。青饲料富含维生素 K_1,瘤胃微生物可大量合成维生素 K_2,一般不会出现缺乏。但是,在实际生产中,由于饲料间的拮抗作用而妨碍维生素 K 的利用;霉变饲料中真菌霉素有制约维生素 K 的作用;药物添加剂,如抗生素和磺胺类药物,能抑制胃肠道微生物对维生素 K 的合成。以上情况均会造成缺乏,需要适当增加维生素 K 的喂量。

各种维生素的功能及缺乏症、来源等见表 5-4。

表 5-4　维生素的生理功能、缺乏症及其主要来源

名称	特性	生理功能	缺乏症	主要来源
维生素 A	植物含有胡萝卜素,动物可将其转化为维生素 A	维持上皮组织的健全与完整,维持正常视觉,促进生长发育	眼干燥症,夜盲症,上皮组织角化,抗病力弱,生产性能降低	青绿饲料、胡萝卜、黄玉米、鱼肝油
维生素 D	结晶的维生素 D 比较稳定,晒太阳少时易缺乏	促进钙、磷吸收与骨骼的形成	幼畜佝偻病,成年家畜骨质疏松症	日光照射,在体内合成。鱼肝油、合成的维生素 D_2、维生素 D_3
维生素 E	对酸、热稳定,对碱不稳定,易氧化	维持正常生殖机能,防止肌肉萎缩,抗氧化剂	肌肉营养不良或白肌病,生殖机能障碍	植物油、青绿饲料、小麦胚、合成的维生素 E
维生素 K	耐热,易被光、碱破坏	维持血液的正常凝固	凝血时间延长	青绿饲料、合成的维生素 K
维生素 B_1	对热和酸稳定,遇碱易分解,温度高于 100℃时被破坏	维持正常碳水化合物代谢,维持神经、血液循环、消化系统的正常功能		青绿饲料、糠麸类饲料、合成硫胺素
维生素 B_2	对热和酸稳定,遇光和碱易破坏	维持正常蛋白质和碳水化合物代谢	生长受阻,生产力下降	青绿饲料、酵母、工业合成的核黄素
维生素 B_3	对湿热及氧化剂稳定,在碱性环境中不稳定	是辅酶 A 的组成部分,参与碳水化合物、脂肪、蛋白质代谢		苜蓿草、糠麸类饲料、饼类饲料、泛酸钙

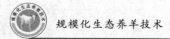

续表 5-4

名称	特性	生理功能	缺乏症	主要来源
维生素 B_6	对热稳定，对光不稳定	为氨基酸脱羧酶等辅酶的成分。参与氨基酸、蛋白质代谢	生长不良，贫血，运动失调	谷类饲料、酵母、动物性饲料
维生素 H	易被高温和氧化剂破坏	为多种酶的辅酶，参与各种有机质代谢和脂肪合成		各种饲料、酵母
叶酸	在酸性中加热分解，易被光破坏	对氨基酸合成和红细胞形成有促进作用	生长受阻	青绿饲料、小麦、豆饼
胆碱		为脂肪和神经组成成分，调节脂肪代谢和防止肝脏变形	生长减慢，脂肪肝、脾大	一般饲料脂肪中都含有胆碱、氯化胆碱
维生素 B_{12}	强酸、日光、氧化剂、还原剂均可破坏	对核酸的形成、含硫氨基酸代谢、脂肪和碳水化合物代谢有重要作用。参与红细胞的形成	生长停滞，贫血，皮炎，后肢运动失调，繁殖率降低	动物性饲料、维生素 B_{12} 制剂
维生素 C	易被氧化剂破坏	参与机体一系列代谢，有抗氧化作用	贫血、出血、抗病力降低	大多数家畜体内能合成

资料来源：郑中朝等主编《新编科学养羊手册》，郑州：中原农民出版社，2003。

五、水的需要

没有任何一种营养物质像水一样广泛参与机体的许多不同的功

能。动物体内水分的来源大致有饮水、饲料水和代谢水。

羊的需水量受机体代谢水平、生理阶段、环境温度、体重、生产方向以及饲料组成等诸多因素的影响。在自由采食的情况下,成年羊饮水量为干物质采食量的 2～3 倍。饲料中蛋白质和食盐含量增高,饮水量也随着增加;羊的生产水平高时需水量大;妊娠和泌乳母羊的需水量比空怀母羊的大;环境温度升高需水量也增加。有实验研究表明,绵羊饮 0℃的水能抑制瘤胃微生物的活性,降低营养物质的消化率。

由于水来源广泛,在生产中往往不够重视,常因饮水不足而引起生产力下降。为了达到最佳生产效果,天气暖和时,应给放牧羊每天至少饮水 2 次。

第三节　羊的饲养标准

羊的饲养标准是指羊维持生命活动和从事生产(乳、肉、毛、繁殖等)对能量和各种营养物质的需要量,故又叫羊的营养需要量。它反映的是绵羊和山羊在不同发育阶段、不同生理状况下、不同生产方向和水平对能量、蛋白质、矿物质等营养物质的需要量,所以,饲养标准是进行科学养羊的依据和重要参数,对于饲料资源的合理利用、充分发挥羊的生产潜力、降低饲养成本具有重要意义。

一、绵羊的饲养标准

(一)美国的绵羊饲养标准

NRC(1985)修订的绵羊饲养标准(表 5-5),具体规定了各类绵羊不同体重所需要的干物质、总消化养分、消化能、代谢能、粗蛋白质、钙、磷、有效维生素 A 和维生素 E 的需要量。

表 5-5 美国绵羊的饲养标准（NRC,1985）

体重/千克	日增重/克	食入干物质/千克	总消化养分/千克	消化能/兆焦	代谢能/兆焦	粗蛋白质/克	钙/克	磷/克	有效维生素A/国际单位	有效维生素E/国际单位
母羊,维持										
50	10	1.0	0.55	10.05	8.37	95	2.0	1.8	2 350	15
60	10	1.1	0.61	11.30	9.21	104	2.3	2.1	2 820	16
70	10	1.2	0.66	12.14	10.05	113	2.5	2.4	3 290	18
80	10	1.3	0.72	13.40	10.89	122	2.7	2.8	3 760	20
90	10	1.4	0.78	14.24	11.72	131	2.9	3.1	4 230	21
母羊,催情补饲（配种前2周和配种后3周）										
50	100	1.6	0.94	17.17	14.25	150	5.3	2.6	2 350	24
60	100	1.7	1.00	18.42	15.07	157	5.5	2.9	2 820	26
70	100	1.8	1.06	19.68	15.91	164	5.7	3.2	3 290	27
80	100	1.9	1.12	20.52	16.75	171	5.9	3.6	3 760	28
90	100	2.0	1.18	21.35	17.58	177	6.1	3.9	4 230	30
非泌乳期（妊娠前15周）										
50	30	1.2	0.67	12.56	10.05	112	2.9	2.1	2 350	18
60	30	1.3	0.72	13.40	10.89	121	3.2	2.5	2 820	20
70	30	1.4	0.77	14.25	11.72	130	3.5	2.9	3 290	21
80	30	1.5	0.82	15.07	12.56	139	3.8	3.3	3 760	22
90	30	1.6	0.87	15.91	13.25	148	4.1	3.6	4 230	24
母羊,妊娠最后4周（预计产羔率为130%～150%）或哺乳单羔的泌乳期后4～6周										
50	180	1.6	0.94	18.42	14.25	175	5.9	4.8	4 250	24
60	180	1.7	1.00	18.42	15.07	184	6.0	5.2	5 100	26
70	180	1.8	1.06	19.68	15.91	193	6.2	5.6	5 950	27
80	180	1.9	1.12	20.52	16.75	202	6.3	6.1	6 800	28
90	180	2.0	1.18	21.35	17.58	212	6.4	6.5	7 640	30

续表 5-5

体重/千克	日增重/克	食入干物质/千克	总消化养分/千克	消化能/兆焦	代谢能/兆焦	粗蛋白质/克	钙/克	磷/克	有效维生素 A/国际单位	有效维生素 E/国际单位
育成母羊										
30	227	1.2	0.78	14.25	11.72	185	6.4	2.6	1 410	18
40	182	1.4	0.91	16.75	13.82	176	5.9	2.6	1 880	21
50	120	1.5	0.88	16.33	13.40	136	4.8	2.4	2 350	22
60	100	1.5	0.88	16.33	13.40	134	4.5	2.5	2 820	22
70	100	1.5	0.88	16.33	13.40	132	4.6	2.8	3 290	22
育成公羊										
40	330	1.8	1.10	20.93	21.35	243	7.8	3.7	1 880	24
60	320	2.4	1.50	28.05	23.03	263	8.4	4.2	2 820	26
80	290	2.8	1.80	32.66	26.80	268	8.5	4.6	3 760	28
100	250	3.0	1.90	35.17	28.89	264	8.2	4.8	4 700	30
育肥幼羊										
30	295	1.3	0.94	17.17	14.25	191	6.6	3.2	1 410	20
40	275	1.6	1.22	22.61	18.42	185	6.6	3.3	1 880	24
50	205	1.6	1.23	22.61	18.42	160	5.6	3.0	2 350	24

(二)前苏联的绵羊饲养标准

前苏联绵羊饲养标准(表 5-6 至表 5-9)中,按性别、年龄、产品方向等单独列表。表内具体规定了各类绵羊不同体重(幼龄羊包括平均日增重)所需要的饲料单位、代谢能、干物质、粗蛋白质、可消化蛋白质、常量和微量元素、维生素 D、胡萝卜素的需要量,对种公羊还列了维生素 E 的需要量。但饲养标准是在舍饲条件下制定出来的,对放牧绵羊,由于行走增加了能量消耗,其饲养标准应提高 15％～20％;高产母羊和育成羊(净毛量 2.3 千克以上)对营养物质的需要标准应提高 12％～15％。

表5-6 前苏联毛用、毛肉兼用、肉毛兼用种公绵羊饲养标准

体重/千克	饲料单位	代谢能/兆焦	干物质/千克	粗蛋白质/克	可消化蛋白质/克	食盐/克	钙/克	磷/克	镁/克	硫/克	铁/毫克	铜/毫克	锌/毫克	钴/毫克	锰/毫克	碘/毫克	胡萝卜素/毫克	维生素D/国际单位	维生素E/国际单位
非配种期																			
70	1.5	17.0	1.70	225	145	10	9.5	6.0	0.85	5.25	65	12	49	0.6	65	0.5	17	500	51
80	1.6	18.0	1.85	242	155	11	10.0	6.4	0.90	5.55	70	13	54	0.7	70	0.5	19	540	54
90	1.7	19.0	1.95	247	160	12	11.0	6.8	0.95	5.85	74	14	57	0.7	74	0.6	21	580	57
100	1.8	20.0	2.05	252	165	13	11.5	7.2	1.00	6.15	78	14	60	0.7	78	0.6	23	615	60
110	1.9	21.0	2.20	267	175	14	11.5	7.6	1.00	6.45	84	15	64	0.8	84	0.7	25	650	63
120	2.0	22.0	2.30	277	185	15	12.3	8.0	1.10	6.75	87	16	67	0.8	87	0.7	27	680	66
130	2.1	23.0	2.40	292	195	16	12.8	8.4	1.10	7.15	91	17	70	0.8	91	0.7	29	710	69
配种期（每周配种3次以下）																			
70	2.0	22.0	2.2	340	225	15	12.1	9.0	1.00	7.05	84	15	64	0.8	84	0.7	27	780	63
80	2.1	23.0	2.3	350	235	16	12.6	9.5	1.10	7.35	87	16	67	0.8	84	0.7	32	820	66
90	2.2	24.0	2.4	360	245	17	13.2	9.9	1.20	7.75	91	17	70	0.8	91	0.7	37	860	72
100	2.3	25.0	2.5	380	255	18	13.8	10.5	1.20	8.15	95	18	73	0.9	95	0.8	42	900	75
110	2.4	26.0	2.6	385	265	19	14.4	10.8	1.30	8.45	99	19	75	0.9	99	0.8	47	940	78
120	2.5	27.0	2.7	400	275	20	15.0	11.3	1.30	8.75	105	20	80	1.0	105	0.8	52	980	81
130	2.6	28.0	2.8	410	285	21	15.6	11.7	1.40	9.05	108	21	83	1.0	108	0.9	57	1 020	84

资料来源：А.П.КаЛаЩников等.1985。每天配种3次以上时，则标准提高8%～10%。

表5-7　前苏联母绵羊饲养标准

体重/千克	饲料单位	代谢能/兆焦	干物质/千克	粗蛋白质/克	可消化蛋白质/克	食盐/克	钙/克	磷/克	镁/克	硫/克	胡萝卜素/毫克	维生素D/国际单位
毛用、毛肉兼用品种，净毛量2.0~2.3千克，空怀及妊娠前12~13周												
40*	0.90	10.0	1.40	150	85	9	6.0	4.0	0.5	3.5	10	500
50	1.05	12.5	1.75	160	95	10	6.5	4.4	0.6	4.0	12	600
60	1.25	13.5	2.00	170	105	11	7.0	4.8	0.7	4.5	15	700
70	1.25	14.5	2.00	185	115	12	7.5	5.0	0.8	4.7	15	800
毛用、毛肉兼用品种，净毛量2.0~2.3千克，妊娠最后7~8周												
40	1.15	12.5	1.6	170	115	12	7.5	5.0	0.9	4.3	12	750
50	1.35	14.5	1.9	200	135	13	8.0	5.5	1.0	4.6	14	850
60	1.45	16.5	2.1	215	145	14	9.0	5.8	1.1	5.0	17	1 000
70	1.55	17.5	2.3	220	155	15	9.5	6.2	1.2	5.3	20	1 150
毛用、毛肉兼用品种，净毛量2.0~2.3千克，泌乳最初6~8周												
40	1.65	17.0	1.7	260	175	15	11.0	7.4	1.4	6.4	20	750
50	1.90	20.0	2.0	290	200	17	11.7	7.8	1.6	6.8	22	850
60	2.05	23.0	2.3	310	215	19	12.9	8.2	1.7	7.2	23	1 000
70	2.15	24.5	2.6	330	225	21	13.5	8.6	1.8	7.5	25	1 100
毛用、毛肉兼用品种，净毛量2.0~2.3千克，泌乳后半期												
40	1.25	13.5	1.65	220	125	13	8.0	5.4	1.2	4.7	15	600
50	1.45	15.5	1.95	240	145	14	8.7	5.8	1.3	5.0	17	700

续表5-7

体重/千克	饲料单位	代谢能/兆焦	干物质/千克	粗蛋白质/克	可消化蛋白质/克	食盐/克	钙/克	磷/克	镁/克	硫/克	胡萝卜素/毫克	维生素D/国际单位
60	1.55	17.0	2.15	250	155	15	9.8	6.2	1.4	5.4	20	800
70	1.65	18.0	2.35	260	165	16	10.5	6.6	1.5	5.8	20	900
肉毛兼用品种、空怀及妊娠前12~13周												
50*	0.95	10.5	1.45	140	85	10	5.3	3.1	0.5	2.7	10	500
60	1.05	12.1	1.60	150	90	12	6.2	3.6	0.6	3.1	12	600
70	1.15	13.0	1.70	165	100	13	7.0	4.0	0.7	3.5	15	700
肉毛兼用品种、妊娠最后6周												
50	1.25	15.3	1.60	200	120	11	8.4	3.8	0.8	4.9	20	750
60	1.35	16.0	1.70	210	130	13	9.5	4.5	0.9	5.6	22	900
70	1.45	17.2	1.80	230	140	15	10.3	5.1	1.0	6.3	25	1 000
肉毛兼用品种、泌乳最初6~8周												
50	2.00	21.0	2.10	310	200	14	10.0	6.4	1.7	5.4	15	750
60	2.10	22.0	2.20	330	210	15	10.5	6.8	1.8	5.9	18	900
70	2.20	23.0	2.30	340	220	16	11.0	7.2	1.9	6.0	20	1 000
肉毛兼用品种、泌乳后半期												
50	1.45	17.2	1.80	200	135	12	7.5	4.8	1.3	4.8	12	600
60	1.55	18.4	1.90	225	145	14	8.5	5.2	1.5	5.2	16	700
70	1.65	19.2	2.10	240	155	16	9.5	5.8	1.6	5.8	18	800

资料来源:А.П.КаЈаЩников等,1985。不同类型绵羊品种的微量元素标准相同。*为空怀母羊体重。

表5-8　前苏联育成绵羊饲养标准

月龄	体重/千克	平均日增重/克	饲料单位	代谢能/兆焦	干物质/千克	粗蛋白质/克	可消化蛋白质/克	食盐/克	钙/克	磷/克	镁/克	硫/克	胡萝卜素/毫克	维生素D/国际单位
毛用、毛肉兼用品种，育成母羊（净毛量2.0~2.3千克）														
4~6	24~31	120	0.75	8.4	0.9	130	90	9	4.5	3.0	0.6	2.8	7.0	420
6~8	31~36	85	0.85	9.4	1.1	145	100	10	5.0	3.4	0.6	3.0	7.0	440
8~10	36~40	70	0.95	10.4	1.3	170	110	11	6.0	3.9	0.6	3.4	7.0	450
10~12	40~44	70	1.05	11.0	1.4	180	110	12	6.4	4.1	0.6	3.7	8.0	500
12~14	44~47	50	1.10	11.5	1.5	185	115	12	6.4	4.1	0.7	3.7	8.5	500
14~18	47~50	25	1.15	12.0	1.6	190	115	13	7.0	4.5	0.7	3.9	8.5	500
毛用、毛肉兼用品种，育成公羊（净毛量3.0~3.5千克）														
4~6	26~35	150	1.0	11.0	1.1	170	120	10	6.0	4.5	0.7	3.5	8	400
6~8	35~42	120	1.1	12.0	1.3	190	132	12	6.6	4.9	0.8	3.9	10	400
8~10	42~48	100	1.2	13.0	1.5	215	144	14	7.2	5.4	0.9	4.3	12	500
10~12	48~53	80	1.3	14.0	1.7	235	156	14	7.8	5.8	1.0	4.7	12	600
12~14	53~58	80	1.4	15.0	1.9	255	168	14	8.4	6.8	1.1	5.0	14	650
14~18	58~70	100	1.6	17.0	2.3	290	192	16	9.6	7.2	1.1	5.7	16	700
肉毛兼用品种，育成母羊														
4~6	25~33	125	0.85	8.7	0.80	145	113	4	4.2	3.2	0.6	2.8	6	300
6~8	33~39	100	0.85	10.0	0.95	166	116	5	5.0	3.3	0.6	2.8	6	450

续表 5-8

月龄	体重/千克	平均日增重/克	饲料单位	代谢能/兆焦	干物质/千克	粗蛋白质/克	可消化蛋白质/克	食盐/克	钙/克	磷/克	镁/克	硫/克	胡萝卜素/毫克	维生素D/国际单位
8~10	39~43	75	1.00	10.3	1.10	180	118	6	5.5	3.5	0.7	3.1	7	480
10~12	43~47	70	1.10	11.0	1.30	182	120	8	6.2	3.9	0.7	3.2	7	480
12~14	47~50	50	1.10	12.1	1.45	182	123	9	6.9	3.9	0.7	3.4	8	500
14~18	50~54	30	1.10	12.6	1.50	195	123	10	6.9	3.9	0.8	3.7	8	500
肉毛兼用品种、育成公羊														
4~6	27~37	170	1.00	10.3	0.9	168	130	5	5.7	3.8	0.7	3.2	9	400
6~8	37~46	150	1.05	12.0	1.1	195	140	6	6.0	4.8	0.8	3.5	9	500
8~10	46~54	130	1.20	12.6	1.2	220	150	8	6.8	4.8	0.9	3.9	9	500
10~12	54~59	90	1.45	14.9	1.55	240	160	9	7.8	5.3	1.0	4.6	10	680
12~14	59~65	90	1.60	16.0	1.75	260	175	10	8.4	5.6	1.1	4.9	11	750
14~18	65~77	100	1.75	16.6	1.95	285	190	12	8.9	5.6	1.1	5.0	12	800

资料来源:А.П.КаⅡаЩников等,1985。不同类型绵羊品种的微量元素标准相同。

144

表5-9 前苏联成年和幼龄育肥绵羊饲养标准

体重/千克	平均日增重/克	饲料单位	代谢能/兆焦	干物质/千克	粗蛋白质/克	可消化蛋白质/克	食盐/克	钙/克	磷/克	镁/克	硫/克	胡萝卜素/毫克	维生素D/国际单位
毛用和毛肉兼用品种，成年羊													
40	150	1.3	14.8	1.6	182	117	15	7.8	5.2	0.6	4.5	10	585
50	160	1.4	15.9	2.0	195	125	16	8.4	5.6	0.7	4.9	11	630
60	170	1.5	17.1	2.4	210	135	17	9.0	6.0	0.8	5.2	12	675
70	180	1.6	18.2	2.8	230	145	18	9.6	6.4	0.9	5.6	13	720
80	180	1.7	19.4	3.1	240	150	20	10.0	6.8	1.0	6.0	14	760
肉毛兼用品种，成年羊													
50	170	1.5	16.5	1.9	200	130	16	9.0	4.5	0.5	3.0	12	500
60	180	1.6	17.6	2.2	210	135	17	9.6	4.8	0.6	3.4	12	530
70	190	1.7	18.7	2.4	225	145	18	10.0	5.1	0.7	3.8	13	550
80	190	1.75	19.5	2.6	230	150	20	10.5	5.3	0.7	4.2	14	580
毛用和毛肉兼用品种，幼龄绵羊													
15	180	0.65	7.1	0.65	110	85	4.0	4.0	2.4	0.5	2.2	6	310
21	180	0.75	8.3	0.80	135	95	5.5	4.7	3.0	0.5	2.6	7	330
26	200	0.9	10.0	1.00	170	110	7.0	5.5	3.6	0.6	3.1	8	360
32	180	1.1	12.1	1.25	205	130	8.0	6.3	4.4	0.6	3.6	9	400
37	170	1.3	14.3	1.50	240	150	9.0	7.2	5.2	0.6	4.7	10	450

续表 5-9

体重/千克	平均日增重/克	饲料单位	代谢能/兆焦	干物质/千克	粗蛋白质/克	可消化蛋白质/克	食盐/克	钙/克	磷/克	镁/克	硫/克	胡萝卜素/毫克	维生素D/国际单位
42	130	1.4	15.4	1.65	245	155	9.5	8.6	5.6	0.6	4.7	10	455
45	130	1.5	16.5	1.80	250	165	10.0	10.0	6.0	0.7	5.3	10	460
肉毛兼用品种，幼龄绵羊													
20	200	0.95	10.4	0.85	140	110	5	4.8	3.1	0.6	2.7	6	300
30	200	1.25	13.7	1.1	170	120	6	6.1	3.6	0.7	3.5	7	480
40	200	1.5	16.5	1.4	200	130	9	7.0	4.2	0.8	4.2	9	500
50	200	1.75	19.2	1.65	215	140	10	8.2	4.9	0.8	4.6	9	600
30	150	1.1	12.0	0.95	155	105	6	5.7	3.3	0.6	3.3	6	450
40	150	1.4	13.5	1.25	180	120	8	6.0	3.7	0.7	3.7	7	480
50	150	1.5	16.5	1.45	200	135	9	7.2	4.1	0.7	4.1	8	500
60	150	1.8	19.0	1.6	220	145	10	8.3	4.2	0.8	4.2	8	500

资料来源：А. П. Калашников 等，1985。

（三）中国美利奴羊饲养标准

中国农业科学院兰州畜牧研究所张文远、杨诗兴等运用析因法原理，采用消化代谢试验、比较屠宰试验和呼吸面具测热法等相结合的方法，制定了中国美利奴羊不同生理阶段和生产情况下的饲养标准（表5-10至表5-14）。

表 5-10　中国美利奴羊种公羊的饲养标准

体重/千克	干物质/千克	代谢能/兆焦	粗蛋白质/克
非配种期			
70	1.7	15.91	230
80	1.9	17.58	253
90	2.0	19.26	284
100	2.2	20.93	300
110	2.4	22.61	323
120	2.5	23.86	345
配种期			
70	1.8	17.58	334
80	2.0	19.26	368
90	2.2	21.35	403
100	2.4	23.03	437
110	2.6	24.70	470
120	2.7	26.38	500

资料来源：张英杰主编《羊生产学》，中国农业大学出版社2010年出版。

表 5-11　中国美利奴羊妊娠母羊的饲养标准

体重/千克	干物质/千克	代谢能/兆焦	粗蛋白质/克	维持代谢能/兆焦
妊娠前15周				
40	1.2	8.75	122	6.87
45	1.3	9.55	134	7.49
50	1.4	10.34	145	8.08
55	1.5	11.10	156	8.71
60	1.6	11.85	166	9.29

续表 5-11

体重/千克	干物质/千克	代谢能/兆焦	粗蛋白质/克	维持代谢能/兆焦
妊娠前 15 周				
65	1.7	12.60	176	9.84
妊娠最后 6 周				
40	1.4	12.10	151	9.84
45	1.5	13.19	165	10.76
50	1.7	14.28	179	11.64
55	1.8	15.37	201	12.52
60	1.9	16.37	205	13.34
65	2.0	17.42	217	14.19

资料来源:张英杰主编《羊生产学》,中国农业大学出版社 2010 年出版。

表 5-12　中国美利奴羊泌乳母羊泌乳前期 45～50 天的饲养标准

体重/千克	泌乳量/千克	干物质/千克	代谢能/兆焦		粗蛋白质/克	
			日增重为 0	日增重为 50 克	日增重为 0	日增重为 50 克
40	0.8	1.7	13.73	15.20	214	222
	1.0		15.07	16.54	232	240
	1.2		16.42	17.88	251	259
45	0.8	1.8	14.53	15.95	226	234
	1.0		15.83	17.33	244	252
	1.2		17.17	18.63	263	271
50	0.8	1.9	15.28	16.74	234	242
	1.0		16.62	18.09	251	259
	1.2		17.92	19.43	269	277
55	0.8	2.0	16.04	17.50	242	250
	1.0		17.42	18.84	261	269
	1.2		18.67	20.14	280	288
60	0.8	2.1	16.75	18.21	250	258
	1.0		18.09	19.55	269	277
	1.2		19.38	20.89	288	296
	1.4		20.72	22.19	306	314

续表5-12

体重 /千克	泌乳量 /千克	干物质 /千克	代谢能/兆焦		粗蛋白质/克	
			日增重 为0	日增重 为50克	日增重 为0	日增重 为50克
	0.8		17.46	18.92	259	267
65	1.0	2.2	18.80	20.56	278	286
	1.2		20.10	21.56	297	301
	1.4		21.40	22.90	315	323

资料来源:张英杰主编《羊生产学》,中国农业大学出版社2010年出版。

表5-13　中国美利奴羊育成羊的饲养标准

体重/千克	日增重/克	干物质/千克	代谢能/兆焦	粗蛋白质/克
育成母羊				
20	100	0.74	7.74	79.8
	150	0.93	9.75	94.4
30	100	0.91	9.59	91.9
	150	1.12	11.79	106.4
40	100	1.08	11.35	102.9
	150	1.31	13.74	117.4
50	100	1.24	13.06	113.3
	150	1.49	15.68	127.8
育成公羊				
20	100	0.75	8.03	113.8
	150	0.95	10.01	132.2
30	100	0.95	9.56	132.2
	150	1.16	12.15	150.4
40	100	1.12	11.94	148.8
	150	1.35	14.21	167.1
50	100	1.30	13.62	164.5
	150	1.55	16.24	182.9
60	100	1.47	15.39	179.4
	150	1.74	18.26	197.8
70	100	1.63	17.14	193.8
	150	1.93	20.29	212.2

资料来源:张英杰主编《羊生产学》,中国农业大学出版社2010年出版。

表 5-14   中国美利奴羊幼龄羊育肥的饲养标准

体重/千克	日增重/克	干物质/千克	代谢能/兆焦	粗蛋白质/克
20	100	0.9	5.82	126
	150	0.9	6.32	139
	200	0.9	6.82	154
25	100	1.1	8.88	159
	150	1.1	9.38	173
	200	1.1	9.88	186
30	100	1.3	11.93	192
	150	1.3	12.43	206
	200	1.3	12.90	219
35	100	1.5	14.99	224
	150	1.5	15.45	238
	200	1.5	15.95	252

资料来源:张英杰主编《羊生产学》,中国农业大学出版社 2010 年出版。

二、山羊的饲养标准

美国和前苏联的山羊饲养标准分别如表 5-15 和表 5-16 所示。

表 5-15   美国山羊饲养标准(1981)

体重/千克	总可消化养分/克	能量/兆焦			粗蛋白质/克		矿物质/克		维生素/1 000 国际单位	
		消化能	代谢能	净能	总蛋白质	可消化蛋白质	钙	磷	维生素A	维生素D
维持(最低限度的活动和怀孕早期)										
10	159	2.93	2.38	1.34	22	15	1	0.7	0.4	0.084
20	167	4.94	4.02	2.26	38	26	1	0.7	0.7	0.144
30	362	6.65	5.44	3.05	51	35	2	1.4	0.9	0.195
40	448	8.28	6.74	3.81	63	43	2	1.4	1.2	0.243
50	530	9.79	7.99	4.52	75	51	3	2.1	1.4	0.285

续表5-15

体重/千克	总可消化养分/克	能量/兆焦			粗蛋白质/克		矿物质/克		维生素/1 000国际单位	
		消化能	代谢能	净能	总蛋白质	可消化蛋白质	钙	磷	维生素A	维生素D
维持(最低限度的活动和怀孕早期)										
60	608	11.21	9.16	5.15	86	59	3	2.1	1.6	0.327
70	682	12.59	10.25	5.77	96	66	4	2.8	1.8	0.369
80	754	13.89	11.34	6.40	106	73	4	2.8	2.0	0.408
90	824	15.19	12.38	6.99	116	80	4	2.8	2.2	0.444
100	891	16.44	13.43	7.57	126	86	5	3.5	2.4	0.480
维持和低度活动(25%增加量,集约式饲养,热带地区和怀孕早期)										
10	199	3.64	2.97	1.67	27	19	1	0.7	0.5	0.108
20	334	6.15	5.02	2.85	46	32	2	1.4	0.9	0.180
30	452	8.33	6.78	3.85	62	43	2	1.4	1.2	0.243
40	560	10.33	8.45	4.77	77	54	3	2.1	1.5	0.303
50	662	12.22	9.96	5.61	91	63	4	2.8	1.8	0.357
60	760	13.60	11.42	6.44	105	73	4	2.8	2.0	0.408
70	852	15.73	12.84	7.24	118	82	5	3.5	2.3	0.462
80	942	17.41	14.18	7.99	130	90	5	3.5	2.6	0.510
90	1 030	18.99	15.48	8.74	142	99	6	4.2	2.8	0.555
100	1 114	20.54	16.78	9.46	153	107	6	4.2	3.0	0.600
维持和中度活动(50%增加量,半干燥丘陵地牧区和怀孕早期)										
10	239	4.39	3.60	2.01	33	23	1	0.7	0.6	0.129
20	400	7.41	6.02	3.39	55	38	2	1.4	1.1	0.216
30	543	9.96	8.16	4.60	74	52	3	2.1	1.5	0.294
40	672	12.43	10.13	5.69	93	64	4	2.8	1.8	0.363
50	795	14.69	11.97	6.78	110	76	4	2.8	2.1	0.429
60	912	16.82	13.72	7.70	126	87	5	3.5	2.5	0.429
70	1 023	18.91	15.40	8.66	141	98	6	4.2	2.8	0.552
80	1 131	20.84	16.99	9.62	156	108	6	4.2	3.0	0.609
90	1 236	22.76	18.58	10.46	170	118	7	4.9	3.3	0.666
100	1 336	24.69	20.17	11.38	184	128	7	4.9	3.6	0.732
维持和高度活动(75%增加量,干燥、植物稀少的高山牧区和怀孕早期)										
10	278	5.10	4.18	2.43	38	26	2	1.4	0.8	0.150

续表 5-15

体重/千克	总可消化养分/克	能量/兆焦			粗蛋白质/克		矿物质/克		维生素/1 000 国际单位	
		消化能	代谢能	净能	总蛋白质	可消化蛋白质	钙	磷	维生素A	维生素D
20	467	8.62	7.03	3.93	64	45	2	1.4	1.3	0.252
30	634	11.63	9.54	5.36	87	60	3	2.1	1.7	0.342
40	784	14.48	11.80	6.65	108	75	4	2.8	2.1	0.423
50	928	17.15	13.97	7.91	128	89	5	3.5	2.5	0.501
60	1 064	19.62	16.02	8.99	146	102	6	4.2	2.9	0.576
70	1 194	22.04	17.95	10.13	165	114	6	4.2	3.2	0.642
80	1 320	24.31	19.83	11.21	182	126	7	4.9	3.6	0.711
90	1 442	26.57	21.17	12.22	198	138	8	5.6	3.9	0.777
100	1 559	28.79	23.51	13.26	215	150	8	5.6	4.2	0.843
怀孕末期额外的营养需要量										
	397	7.28	5.94	3.45	82	57	2	1.4	1.1	0.213
每日增重 50 克的额外营养需要量										
	100	1.84	1.51	0.84	14	10	1	0.7	0.3	0.054
每日增重 100 克的额外营养需要量										
	200	3.68	3.01	1.67	28	20	1	0.7	0.5	0.108
每日增重 150 克的额外营养需要量										
	300	5.52	4.52	2.51	42	30	2	1.4	0.8	0.162
不同乳脂率下每产 1 千克乳额外的营养需要量										
乳脂率/%										
2.5	333	6.15	5.02	2.85	59	42	2	1.4	3.8	0.760
3.0	337	6.23	5.06	2.85	64	45	2	1.4	3.8	0.760
3.5	342	6.32	5.15	2.89	68	48	2	1.4	3.8	0.760
4.0	346	3.40	5.23	2.93	72	51	3	2.1	3.8	0.760
4.5	351	6.49	5.27	2.97	77	54	3	2.1	3.8	0.760
5.0	356	6.57	5.36	3.01	82	57	3	2.1	3.8	0.760
安哥拉山羊产羊毛的额外营养需要量										
产毛量/千克										
2	16	0.29	0.25	0.13	9	6	—	—	—	—
4	34	0.63	0.50	0.29	17	12	—	—	—	—
6	50	0.92	0.75	0.42	26	18	—	—	—	—
8	66	1.21	1.00	0.59	34	24	—	—	—	—

表5-16 前苏联毛用和绒用山羊的饲养标准

体重/千克	饲料单位	代谢能/兆焦	干物质/千克	粗蛋白质/克	可消化蛋白质/克	食盐/克	钙/克	磷/克	镁/克	硫/克	铁/毫克	铜/毫克	锌/毫克	钴/毫克	锰/毫克	碘/毫克	胡萝卜素/毫克	维生素D/国际单位	维生素E/毫克
种公羊,非配种期																			
50	1.0	12	1.5	150	95	10	6.0	3.5	0.55	3.0	40	7	30	0.35	40	0.24	12	330	32
60	1.2	14	1.6	180	115	11	7.2	4.2	0.65	3.6	50	8.5	35	0.4	50	0.25	14	400	38
70	1.4	16	1.7	200	130	12	8.4	4.9	0.70	4.2	55	10	40	0.5	55	0.27	17	460	45
80	1.5	18	1.85	220	140	13	9.0	5.3	0.80	4.5	65	11	50	0.55	65	0.28	18	490	48
90	1.6	19	1.95	225	145	14	9.6	5.6	0.85	4.8	70	13	55	0.6	70	0.29	19	520	51
种公羊,配种期																			
50	1.5	16	1.6	240	160	13	9.0	5.3	0.80	4.5	45	8.5	35	0.45	45	0.25	18	495	48
60	1.6	18	1.8	270	180	14	9.6	5.6	0.85	4.8	55	10	45	0.55	55	0.25	19	525	51
70	1.7	19	1.9	285	190	15	10.2	6.0	0.90	5.1	65	12	50	0.65	65	0.26	20	560	54
80	1.8	20	2.0	295	200	16	10.8	6.3	0.90	5.4	75	14	60	0.7	75	0.3	22	590	59
90	1.9	22	2.2	325	220	17	11.4	6.7	0.95	5.7	85	15	70	0.8	85	0.3	23	620	61
母山羊,空怀及妊娠前12～13周																			
35	0.8	8.1	1.2	115	65	10	4.0	2.5	0.5	2.4	43	9.6	32	0.4	48	0.4	7	420	
40	0.85	9.5	1.4	125	70	10	5.0	2.5	0.5	2.6	43	9.6	32	0.4	48	0.4	9	490	
45	0.95	10.8	1.6	150	90	12	5.5	3.0	0.6	2.9	43	9.6	32	0.4	48	0.4	13	600	
母山羊,妊娠最后7～8周																			
35	1.0	10.0	1.35	150	100	12	6.5	3.5	0.6	3.0	55	11	43	0.52	65	0.44	13	600	
40	1.1	11.0	1.5	155	105	12	7.0	3.9	0.6	3.3	55	11	43	0.52	65	0.44	14	700	

续表 5-16

体重/千克	饲料单位	代谢能/兆焦	干物质/千克	粗蛋白质/克	可消化蛋白质/克	食盐/克	钙/克	磷/克	镁/克	硫/克	铁/毫克	铜/毫克	锌/毫克	钴/毫克	锰/毫克	碘/毫克	胡萝卜素/毫克	维生素D/国际单位	维生素E/毫克
45	1.2	12.0	1.7	165	110	13	7.5	4.2	0.6	3.6	55	11	43	0.52	65	0.44	16	800	
50	1.25	13.0	1.9	170	115	13	8.0	4.4	0.7	3.8	55	11	43	0.52	65	0.44	18	900	
母山羊、泌乳期																			
35	1.45	15.0	1.45	240	145	13	7	5.0	0.7	4.4	88	15	88	0.87	88	0.68	17	650	
40	1.55	16.0	1.6	255	155	14	8	5.5	0.8	4.7	88	15	88	0.87	88	0.68	19	700	
45	1.65	17.5	1.9	275	165	15	8	6.0	0.8	5.0	88	15	88	0.87	88	0.68	20	850	
50	1.7	18.0	2.0	280	170	16	8.5	6.0	0.9	5.1	88	15	88	0.87	88	0.68	21	900	
育成母羊																			
15~20	0.6	6.5	0.7	100	70	7	4	2	0.4	1.8	45	8	33	0.4	45	0.3	6	400	
21~22	0.7	7.2	0.8	115	80	7	4	2	0.4	1.8	47	8	36	0.41	48	0.3	6	400	
23~25	0.7	7.2	0.9	120	80	7	5	3	0.5	2.8	49	8.1	40	0.41	52	0.3	6	420	
26~27	0.8	8.0	0.95	120	80	9	5	3	0.6	2.8	52	8.2	44	0.41	54	0.3	7	450	
28~37	0.9	9.5	1.25	140	90	9	5	3	0.7	2.8	55	8.3	48	0.41	55	0.3	7	500	
育成公羊																			
20~25	0.7	7.6	0.8	120	85	8	5	3	0.5	2.5	50	10.2	40	0.46	50	0.3	7	420	
26~27	0.8	8.5	0.95	130	90	8	5	3	0.5	2.5	56	11	45	0.51	58	0.38	7	440	
28~30	0.9	9.4	1.05	140	95	9	6	4	0.6	3.5	62	11.7	49	0.55	62	0.38	8	450	
31~35	1.0	10.3	1.25	150	100	10	6	4	0.7	3.5	69	12.1	52	0.57	69	0.38	9	500	
36~40	1.2	12.3	1.5	180	100	12	6	4	0.8	3.5	75	13.4	58	0.58	76	0.38	10	550	

资料来源：А. П. КаЛаШников 等，1985。

第四节　羊常用饲料成分及营养价值

养羊的实质是将饲草料转化为畜产品,因此,要获得好的经济效益和生产成绩,饲料中营养物质的平衡和合理搭配是一个重要的影响因素。在实践中,应该根据不同饲料的特点加以合理利用,以期获得理想的饲养效果。

一、饲料的分类

(一)国际分类法

根据国际饲料的命名和分类的原则,按饲料特性分为8大类:粗饲料、青饲料、青贮饲料、能量饲料、蛋白质饲料、矿物质饲料、维生素饲料和添加剂。

(1)粗饲料　粗饲料是体积大,难消化,可利用养分少,干物质中粗纤维在18%以上的一类饲料,主要包括干草类、农副产品类、树叶类和糟渣类等。

(2)青饲料　青饲料也叫青绿饲料。水分含量在60%以上;蛋白质含量较高,按干物质计禾本科牧草蛋白质含量为13%～15%,豆科牧草为18%～24%;粗纤维含量较低,木质素含量低,无氮浸出物含量较高;钙、磷含量丰富,比例适当;维生素含量丰富。

(3)青贮饲料　青贮饲料是将新鲜的植物性饲料切碎后装入青贮容器内,在厌氧条件下经乳酸菌发酵,使青饲料的养分保存下来制成的一种营养丰富的多汁饲料。青贮饲料具有特殊气味,适口性好,营养丰富,基本上保持了青绿饲料原有的特点,故有"草罐头"之称。

(4)能量饲料　能量饲料是指在干物质中粗纤维含量小于18%、粗蛋白质含量小于20%的一类饲料。一般干物质中消化能高于12.55

兆焦/千克的饲料为高能量饲料,低于 12.55 兆焦/千克的饲料为低能量饲料。

(5)蛋白质饲料　干物质中蛋白质含量大于 20% 而粗纤维含量小于 18% 的饲料称作蛋白质饲料,主要包括植物性蛋白饲料、动物性蛋白饲料、微生物蛋白饲料及工业合成产品等。

(6)矿物质饲料　矿物质饲料包括工业合成的、天然单一的矿物质饲料,多种混合的矿物质饲料以及配合有载体的微量元素、常量元素饲料。

(7)维生素饲料　维生素饲料指工业合成或提纯的单种维生素或复合维生素,但是不包括某一种或几种维生素含量较多的天然饲料。

(8)添加剂　添加剂包括防腐剂、着色剂、抗氧化剂、香味剂、生长促进剂和各种药物添加剂以及氨基酸,但是不包括矿物质和维生素饲料。

(二)中国现行饲料分类法

随着信息技术的快速发展,我国在 20 世纪 80 年代初开始建立饲料编码分类体系,该体系根据国际惯用的分类原则将饲料分为 8 大类,然后结合我国传统饲料分类习惯分为 16 亚类,并对每类饲料冠以相应的中国饲料编码。该饲料编码共 7 位数,首位数为分类编码,2、3 位数为亚类编码,4~7 位数为各饲料属性信息的编码。例如玉米的编码为 4-07-0279,说明玉米为第 4 大类——能量饲料,07 表示属第 7 亚类谷实类,0279 为该玉米属性编码。16 个亚类如下:

01 青绿植物	02 树叶类	03 青贮饲料类
04 根茎瓜果类	05 干草类	06 农副产品类
07 谷实类	08 糠麸类	09 豆类
10 饼粕类	11 糟渣类	12 草籽树实类
13 动物性饲料类	14 矿物性饲料类	15 维生素饲料类
16 添加剂及其他		

二、生态养羊常用饲料

(一)粗饲料

粗饲料虽营养价值较其他饲料为低,但因其产量大,通常在草食家畜日粮中占有较大比重。青干草和秸秆是生态养羊中最常用的粗饲料。

(1)青干草　是将牧草等饲用植物,在其量质兼优时期刈割,再经干燥调制成能长期贮存的草。各种干草营养价值变化大,它取决于调制干草的原料种类及调制方法等多种因素。一般豆科和禾本科干草质量好,营养价值高。调制青干草的饲草要适时收割,豆科牧草在始花期到盛花期收割为好,禾本科牧草以抽穗期到开花期收割为宜,饲料玉米和大豆以籽实接近饱满时收割为宜。调制青干草的方法有地面晒制法和草架晒制法。地面晒制时应选晴朗天气,把收割的青草铺成薄层,曝晒并经常翻动,晒成半干后挑成松散的小堆,再晾晒 4～5 天,水分降到 15%～17%时即可上垛保存。干草的应用方法是切成 1.5～2 厘米的小段饲喂。铡短的干草可用水拌湿再撒些精料喂给,这样饲喂效果会更好。

(2)秸秆　是农作物收获籽实后的副产品,是养羊的主要粗饲料之一。秸秆中粗纤维含量占 30%～45%,粗蛋白仅 2%～8%,钙、磷含量低,故其营养价值低。但它体积大,吸水性强,有填充作用,可满足羊的生理要求。

(3)秕壳　是在谷物脱粒或清筛过程中收集到的谷物秕壳等,其营养成分、消化率一般高于同一作物秸秆。秕壳吸水性强,贮存不当易发霉。谷糠营养价值高,稻壳质量差,小麦壳、大麦壳、高粱壳质量稍差。

对秸秆、秕壳类饲料进行合理的加工、调制,可提高其适口性和利用率。

粗饲料的加工调制方法如下。

1.机械处理

（1）切短　切短的目的是利于动物咀嚼，减少浪费与便于拌料等。对切短的秸秆，家畜无法挑选，而且拌入糠麸适当时，适口性得以改善，可进一步提高动物采食量，从而提高生产。群众在长期实践中体会到切短的好处，有"寸草铡三刀，无料也上膘"一说。秸秆切短的适宜程度视家畜品种与年龄而异，过长作用不大，过细也不利咀嚼与反刍，一般绵羊采食秸秆长度以 1.5～2.5 厘米为宜。

（2）磨碎　多用于精料加工，用于粗料近年才比较盛行。磨细的目的原是想提高秸秆的消化率，但一般磨碎的秸秆粉与切碎相比消化率的差异不大，不过也有一些实验证明，适当磨碎的秸秆在牛日粮中占有适当比例的情况下可以提高采食量，而且采食增加的部分所含能量可以补偿秸秆本身所含能量的不足。

（3）制作颗粒饲料　颗粒饲料通常是用动物的平衡饲粮制成，目的是便于机械化饲养或自动供料系统应用，减少浪费；另一方面由于粉尘减少，质地硬脆，颗粒大小适合，利于咀嚼，改善适口性，从而诱使动物提高采食量和生产性能。

（4）秸秆碾青　我国山东省南部地区群众历来有栽培苜蓿并晒干草的习惯，由于气候原因，有时不能有充分时间晒干晾透，因此创造了秸秆碾青的方法，即将麦秸铺在打谷场上，厚度约一尺，上边再铺一尺左右的青苜蓿，苜蓿之上再铺一层同样厚度的麦秸，然后用碌碡碾，苜蓿压扁流出的汁液被麦秸吸收，这样压扁的苜蓿在热天只要半天到一天的暴晒就可干透。这种方法的好处是：可以较快制作干草，茎叶干燥速度均匀，减少叶片脱落损失，提高麦秸的适口性与营养价值。

2.化学处理

机械处理粗饲料只能改变粗料的某些物理性质，而对于粗饲料价值的提高作用不大，化学处理的方法则有一定作用。化学处理是指用氢氧化钠、石灰、氨、尿素等碱性物质处理，可以打开纤维素和半纤维素与木质素之间的酯键，使之更易为瘤胃微生物所消化，从而提高消化率。

（1）氢氧化钠处理

①湿法。此法的理论基础是：饲草中的木质素在 2% 的氢氧化钠水溶液中形成的羟基木质素 24 小时内几乎全部被溶解。秸秆的营养价值之所以低，受木质素与硅酸盐的影响很大，如用一定浓度的碱溶液除去大部分木质素与部分可溶性的硅酸盐，则一些与木质素有联系的营养物质如纤维素、半纤维素被释放出来，从而可提高秸秆的营养价值。

处理方法是：用 8 倍于秸秆重量的 1.5% 氢氧化钠溶液浸泡秸秆 12 小时，然后用水冲洗，一直洗到中性为止，这样处理的秸秆保持原有结构与气味，羊只喜爱采食，而且营养价值提高。

这种方法的缺点，一是费劳力，二是需要大量的清水，并因冲洗而流失大量有营养价值的物质，还会造成环境污染，无法普及。

②干法。每 100 千克秸秆用 30 千克 1.5% 氢氧化钠溶液，随喷随拌，堆置数天，不经冲洗而直接喂用。秸秆经干法处理，其有机物质的消化率提高，饲喂家畜并无不良后果，但因对土壤造成污染，所以现在外国已很少使用。

（2）氢氧化钙[$Ca(OH)_2$]处理 用生石灰 1% 或熟石灰 3% 的石灰乳浸泡秸秆，每 100 千克石灰乳可泡 $8\sim10$ 千克的切碎秸秆，经 12 小时或一昼夜捞出秸秆。该法效果比氢氧化钠差，且秸秆易发霉，但因石灰来源广，成本低，钙对动物有好处，所以也可使用。如再加入 1% 的氨（NH_3），可防止秸秆发霉。氨是一种防腐剂，能抑制霉菌生长。

（3）氨处理 虽然对木质素的作用效果比不上氢氧化钠，但对环境无污染，还可提供一定的氮素营养，在生产中较实用。

①无水液氨氨化处理。秸秆一捆捆地堆垛起来，上盖塑料薄膜，接触地面的薄膜应留有一定的余地，以便四周压上泥土，使之成密封状态，在堆垛的底部用一根管子与装无水液氨的罐相连接，开启罐上的压力表，按秸秆重的 3% 通入液氨，氨气扩散很快，遍及全垛。氨化速度很慢，处理时间取决于气温，如气温低于 5℃，需 8 周以上，$5\sim15\text{℃}$ 需 $4\sim8$ 周，$15\sim30\text{℃}$ 需 $1\sim4$ 周。喂前要揭开薄膜晾 $1\sim2$ 天，使残留的

氨气挥发,不开垛可长期保存。

②农用氨水氨化处理。用含氨量15％的农用氨水氨化处理,可按秸秆重10％的比例,把氨水均匀喷洒于秸秆上,逐层堆放逐层喷洒,最后将堆好的秸秆用薄膜封紧。

③尿素氨化处理。由于秸秆里存在尿素酶,加进尿素,用塑料膜覆盖,尿素在尿素酶的作用下分解出氨对秸秆进行氨化。将3千克尿素溶解于60千克水中,均匀地喷洒在100千克秸秆上,逐层堆放,用塑料薄膜盖紧。

3.微生物学处理

目前,由于缺乏经济有效的方法,秸秆微生物处理尚未在实际生产中得到较多应用,有待进一步研究。

(二)青饲料

青饲料包括野生的各种杂草,能被利用的嫩枝叶、树叶及栽培的牧草。豆科青绿饲料含蛋白质高,是供给羊体蛋白质的主要牧草。青饲料是肉羊所需多种维生素和无机盐的主要来源。饲用青饲料时应注意以下几个问题:

(1)防止亚硝酸盐中毒 青饲料如蔬菜、饲用甜菜、萝卜叶、油菜叶等中均含有硝酸盐,硝酸盐本身无毒或毒性很低,在细菌作用下硝酸盐还原为亚硝酸盐时才具有毒性。

青绿饲料堆放时间过长,发霉腐败,或者在锅里加热或煮后焖在锅里或缸里过夜,都会促使细菌将硝酸盐还原为亚硝酸盐。

(2)防止氢氰酸(HCN)和氰化物$[NaCN、KCN、Ca(CN)_2]$中毒氰化物是剧毒物质,即使在饲料中含量很低,也会造成中毒,在养羊生产中要特别注意。

(3)防止草木樨中毒 草木樨本身不含有毒物质,但含有香豆素。当草木樨发霉腐败时,在细菌的作用下,香豆素转变为双香豆素,其结构与维生素K相似,二者有拮抗作用。注意饲喂草木樨时应逐渐增加喂量,不能突然大量饲喂,不要喂发霉变质的草木樨和苜蓿。

（4）防止农药中毒　农作物刚喷过农药后,其临近的杂草不能用作饲料,等下过雨后或隔 1 个月后再刈割利用,谨防引起农药中毒。

（三）青贮饲料

青贮是调制和贮藏青饲料的有效方法,是发展畜牧业生产的有力措施,生产实践中可以根据实际需要进行青贮,规模可大可小,既适用于大型牧场,也适用于中小型养殖场,更适于畜禽饲养专业户采用。青贮饲料能保存青绿饲料的绝大部分养分,能保持原料青绿时的鲜嫩汁液,能延长青饲时间,能扩大饲草料资源。青贮饲料只要贮藏合理,就可以长期保存。

1. 青贮原理

根据青贮原理,可将青贮分为一般青贮、特殊青贮和外加剂青贮三种。

（1）一般青贮　利用乳酸菌对原料进行厌氧发酵,产生乳酸,当酸度降到 pH 4.0 左右时,包括乳酸菌在内的所有微生物停止活动,且原料养分不再继续分解或消耗,从而长期将原料保存下来。

（2）特殊青贮（低水分青贮或半干青贮）　原料刈割后,经风干水分含量达到 40%～55% 时,植物细胞的渗透压达到大气压的 55%～60%,这样的风干植物对腐生菌、酪酸菌及乳酸菌均会造成生理干燥状态,使生长繁殖受到限制,因此,在青贮过程中,微生物发酵弱,虽然另外一些微生物如霉菌等在风干物质体内仍可大量繁殖,但在切短压实的厌氧条件下,其活动很快停止,因此,这种方式的青贮仍需在高度厌氧情况下进行。

（3）外加剂青贮　主要从三个方面来影响青贮的发酵作用:一是促进乳酸发酵,如添加各种可溶性碳水化合物,接种乳酸菌,加酶制剂等,可迅速产生大量乳酸,使 pH 值很快达 4.0 左右(3.8～4.2);二是抑制不良发酵,如另加各种酸类、抑制剂等,可阻止腐生菌等不利于青贮的微生物的生长;三是提高青贮饲料的营养物质含量,如添加尿素、氨化物,可增加蛋白质的含量等。这样,也可以将一般青贮法中认为不易青贮甚至难青贮的原料加以利用,从而扩大了青贮原料的范围。

2.一般青贮的方法

(1)选好原料 主要是要选择好青贮原料的品种和选定适宜的收割时期。在适宜成熟阶段收获植物原料,才可以保证其最高产量和养分含量。

(2)清理青贮设备 包括对机械设备的清理和青贮设施的清理。

(3)适度切碎青贮原料 原料青贮前一般都须切碎,使液汁渗出,原料表面润湿有利于乳酸菌的迅速发酵,提高青贮饲料品质。原料的切碎程度按饲喂家畜的种类和原料的不同质地来确定,一般切成2～5厘米的长度,含水量多、质地细软的原料可以切得长些,含水量少、质地较粗的原料可以切得短些。

(4)控制原料的水分含量 原料的水分含量是决定青贮品质最重要的因素。大多数青贮作物原料,以含水分60％～70％的青贮效果最好,新收割的青草含水量为75％～80％,因此新收割的青草要将其水分含量降低到适宜程度后才适宜制作青贮饲料。

(5)青贮原料的填装和压实

①青贮原料的填装。为了能使切碎的原料及时送入青贮设备内,原料切碎机最好设在青贮建筑的近旁,还要尽量避免切碎原料的曝晒,应有人经常把青贮设备内的原料耙平混匀。

②青贮原料的压实。为了避免存有气隙造成腐败,任何一种切碎的植物原料在青贮设备中都要装匀和压实,而且要压得越实越好,特别要注意壁和角的地方不能留有空隙,否则会严重影响青贮的效果。

原料压实时,小型的青贮由人力踩踏压实,大型的青贮用履带式拖拉机来压实,但须注意不要让拖拉机带进泥土、油垢、金属等污染原料,在拖拉机压实完毕后仍需由人力踩踏压不到的边角等处。

(6)青贮建筑物的密封和覆盖 青贮设备中的原料装满压实以后必须密封和覆盖,目的是杜绝空气继续与原料接触,使青贮建筑物成为厌氧状态,抑制好气性微生物发酵。

密封和覆盖时,可先盖一层细软的青草,草上再盖一层塑料薄膜,并用泥土堆压靠青贮窖壁处,然后用适当的盖子将其盖严,也可在塑料膜上盖一层苇席、草类等物,然后盖上。如果不用塑料薄膜,需在压实的原料上面加盖 3～5 厘米厚的软青草一层,再在上面覆盖一层35～45 厘米厚的湿土,并很好地踏实。应每天检查盖土的状况,注意使它在下沉时与青贮原料一同下沉,并应将下沉时盖顶上所形成的裂缝和孔隙用湿土抹好,以保证高度密封。在青贮窖无棚的情况下,窖顶的泥土必须高出青贮窖的边缘,并呈圆坡形,以免雨水流入窖内。

(四)能量饲料

能量饲料主要包括谷实类,糠麸类,块根、块茎、瓜果类和其他类(油脂、糖蜜、乳清粉等)。

1.谷实类饲料

谷实类饲料富含无氮浸出物,而且其中主要是淀粉;粗纤维含量低,一般在 5% 以内;蛋白质含量低,为 10% 左右,且品质不佳;氨基酸组成不平衡,缺赖氨酸和蛋氨酸等;脂肪含量少,一般在 2%～5%,且以不饱和脂肪酸为主;矿物质中钙、磷比例极不符合畜禽需要,钙的含量在 0.2% 以下,而磷的含量在 0.31%～0.45%;维生素方面,黄色玉米维生素 A 原较为丰富,其他谷实饲料含量极微,谷实饲料富含 B 族维生素(维生素 B_{12} 除外),但含维生素 C 和维生素 D 少。

2.糠麸类饲料

一般谷实的加工分为制米和制粉两大类,制米的副产物称作糠,制粉的副产物则为麸,无论糠与麸,都是由谷物的果实、种皮、胚部分糊粉层和碎米碎麦组成的。与其对应的谷物籽实相比,糠麸类饲料的粗纤维、粗脂肪、粗蛋白质、矿物质和维生素含量高,无氮浸出物则低得多,营养价值随加工方法而异。糠麸类饲料无氮浸出物比谷实少,占40%～50%;粗纤维含量比籽实高,约占 10%;粗蛋白含量与质量介于豆科与禾本科籽实之间;矿物质中磷多钙少,磷多以植酸磷形式存在。

3.块根、块茎、瓜果类饲料

块根、块茎、瓜果类饲料包括甘薯、马铃薯、胡萝卜、甜菜、南瓜等,它们不仅种类不同,而且化学成分各异,但也有一些共同的营养特性。根茎、瓜类最大的特点是水分含量很高,达75%~90%,相对的干物质很少,但从干物质的营养价值来看,它们可以归属于能量饲料。特别在国外,这些饲料大多是制成干制品后用作饲料,就更符合能量饲料的条件。

(五)蛋白质饲料

养羊业中常用的蛋白质饲料包括植物性蛋白质饲料、动物性蛋白质饲料、单细胞蛋白质饲料及非蛋白氮饲料。

1.植物性蛋白质饲料

包括饼粕类饲料、豆科籽实及一些农副产品。饼粕类中常见的有大豆饼粕、花生饼、芝麻饼、向日葵饼、胡麻饼、棉籽饼、菜籽饼等。

大豆饼粕中存在有抗营养物质,如抗胰蛋白酶、脲酶、甲状腺肿因子、皂素、凝集素等。这些抗营养因子不耐热,适当的热处理即可灭活(110℃,3分钟),同时适口性及蛋白质消化率也得以明显改善,但加热过度会降低赖氨酸、精氨酸的活性,同时亦会使胱氨酸遭到破坏。

2.动物性蛋白质饲料

包括畜禽、水产的副产品,主要有鱼粉、肉骨粉、肉粉、蚕蛹、血粉、乳清粉、羽毛粉等。该类饲料干物质中粗蛋白质含量高,蛋白质所含必需氨基酸齐全,比例接近畜禽的需要;B族维生素含量高,特别是核黄素、维生素 B_{12} 等的含量相当高;碳水化合物特别少,粗纤维几乎为零。

3.单细胞蛋白质饲料

包括酵母、微型藻、非病原菌、真菌等。饲料酵母的粗蛋白质含量为50%~55%,氨基酸组成全面,富含赖氨酸,蛋白质含量和质量都高于植物性蛋白质饲料,消化率和利用率也较高。生产单细胞蛋白质饲料的优点在于原料丰富,能"变废为宝",保护环境,减少污染。但是这类产品中有时含有"三致"(致畸、致癌、致突变)物质,另外酵母一般具有苦味,对动物的适口性不好,一般以不超过日粮的10%为宜。

4. 非蛋白氮饲料(NPN)

它属于动、植物性蛋白饲料以外的含氮化合物,如氨基甲酸铵、谷氨酰胺、天门冬酰胺、甘氨酸以及尿素等。利用这些非蛋白氮化合物为原料,加工制成用于反刍家畜及其他养殖动物的补充蛋白饲料,可代替天然动、植物性蛋白饲料,满足其对蛋白质营养的需要,降低饲料成本。尤其在天然动、植物性蛋白饲料日益短缺、昂贵的情况下,开发利用非蛋白氮饲料更具有现实意义。

在非蛋白氮饲料中,最常用的是尿素,但是由于尿素中氨的释放速度快,易使羊只发生中毒,因此,饲料中必须含有充分的可溶性糖和淀粉等容易发酵的物质。

(1)非蛋白氮饲料的制作要领

①将非蛋白氮饲料配制成高蛋白饲料,如将其制成凝胶淀粉尿素或氨基浓缩物,用以降低氨的释放速度。

②将非蛋白氮(尿素)配制成混合料并将其制成颗粒料,其中尿素占混合料的1%~2%为宜,若超过3%,会影响到饲料的适口性,甚至还会导致中毒事故的发生。

③在饲喂尿素的过程中,应当采取由少逐步增加的方法,以使反刍动物瘤胃中的微生物群逐步适应,至这类微生物已大量增殖时,反刍动物采食较大量的尿素也就较安全了,同时,又可增强微生物的合成作用,也就是增进菌体蛋白的合成量。

④可将添加非蛋白氮饲料添加剂的混合料压制成舔砖,也可在青贮料或干草中添加尿素,还可在采用碱处理秸秆时添加尿素。

(2)使用非蛋白氮饲料添加剂的注意事项

①在给反刍动物饲喂非蛋白氮饲料的过程中,应当注意不断供给一些富含淀粉的谷物饲料(一般占10%),这是由于氨分解吸收快,会经门静脉通过肝脏进入血液,这样易引起反刍动物氨中毒。

②非蛋白氮(尿素等)饲料添加剂只是一种辅助性添加剂,其添加

剂量则以不超过日粮中总量的 1/3 为原则。另外,用来饲喂反刍动物的混合料本身要有一定的粗蛋白质,其含量一般应当控制在 10%～12%。

③当反刍动物合成菌体蛋白时,必须要先合成氨基酸,为此,在饲料中需要提供一定数量的硫、碳和其他矿物质,以促进氨基酸的合成,特别是含硫氨基酸的合成,蛋氨酸则是反刍动物最主要的限制性氨基酸。

④在反刍动物的配合饲料中,不能有含脲酶的饲料(如豆类、南瓜等),饲喂后半小时内不能饮水,更不能将非蛋白氮溶解在水里后供给反刍动物。

⑤饲喂含非蛋白氮饲料添加剂的饲料时,应将非蛋白氮(尿素)饲料添加剂在饲料中充分搅拌均匀,并分次来喂给反刍动物。

⑥用非蛋白氮饲料添加剂饲喂羊时,若发生氨中毒,应当立即用 2%～3.5% 的醋酸溶液进行灌服,或采取措施将瘤胃中的内容物迅速排空解毒。

(六)矿物质饲料

动、植物性饲料中虽含有一定的动物必需矿物质,但对舍饲条件下的动物与高产畜禽,常不能满足其生长、发育和繁殖等生命活动的需要,因此,应补以所需的矿物饲料。

①常量矿物质饲料,包括石粉、贝壳粉、蛋壳粉、石膏、骨粉、磷矿石粉等。

②微量矿物质饲料,常用的有硫酸铜、硫酸锌、亚硒酸钠、氯化钴等。

添加到饲料中后一定要搅拌均匀,防止羊只中毒。

三、羊常用饲料成分及营养

养羊生产中常用饲料及其营养成分含量见表 5-17。

表5-17 羊常用饲料及其营养成分

饲料种类	饲料名称	干物质/%	粗蛋白质/%	粗脂肪/%	粗纤维/%	无氮浸出物/%	粗灰分/%	钙/%	磷/%	总能/(兆焦/千克)	消化能/(兆焦/千克)	代谢能/(兆焦/千克)	可消化粗蛋白/(克/千克)
青绿饲料	白菜	13.6	2.0	0.8	1.6	8.0	1.2	—	0.07	2.46	1.92	1.59	14
	冰草	28.8	3.8	0.6	9.4	12.7	2.3	0.12	0.09	5.02	3.05	2.51	20
	甘蓝	5.6	1.1	0.2	0.5	3.4	0.4	0.03	0.02	0.25	0.84	0.71	9
	灰蒿	28.4	6.8	2.0	6.7	9.9	3.0	0.17	0.08	5.31	3.05	2.51	39
	胡萝卜叶	16.1	2.6	0.7	2.3	7.8	2.7	0.47	0.09	2.68	1.80	1.50	17
	马铃薯秧	12.1	2.7	0.6	2.5	4.5	1.8	0.23	0.02	2.09	1.09	0.88	14
	苜蓿	25.0	5.2	0.4	7.9	9.3	2.2	0.52	0.06	4.43	2.68	2.17	37
	三叶草	18.6	4.9	0.6	3.1	7.0	3.0	—	0.01	3.18	2.30	1.88	38
	沙打旺	31.5	3.6	0.5	10.4	14.4	2.6	—	—	5.39	2.88	2.38	25
	甜菜叶	8.7	2.0	0.3	1.0	3.5	1.9	0.11	0.04	1.38	0.96	0.79	13
	向日葵叶	20.0	3.8	1.1	2.9	8.8	3.4	0.52	0.06	3.39	2.09	1.71	24
	小叶胡枝子	41.9	4.9	1.9	12.3	20.5	2.3	0.45	0.02	7.69	4.14	3.39	34
	紫云英	13.0	2.9	0.7	2.5	5.6	1.3	0.18	0.07	2.38	1.76	1.42	21
树叶类饲料	槐叶	88.0	21.4	3.2	10.9	45.8	6.7	—	0.26	16.30	10.83	8.86	141
	柳叶	86.5	16.4	2.6	16.2	43.0	8.3	—	—	15.34	7.61	6.27	64
	梨树叶	88.0	13.0	3.9	10.9	51.0	8.6	1.41	0.10	15.59	8.69	7.15	82
	杨树叶	92.6	23.3	5.2	22.8	32.8	8.3	—	—	17.39	7.02	5.77	92
	榆树叶	88.0	15.3	2.6	9.7	49.5	10.9	2.24	0.19	15.09	8.57	7.02	96
	榛树叶	88.0	12.6	6.2	7.3	56.3	5.6	1.17	0.18	16.55	9.15	7.52	79
	紫穗槐叶	88.0	20.5	2.9	15.5	43.8	5.3	1.20	0.12	16.43	10.78	8.82	135

续表 5-17

饲料种类	饲料名称	干物质 /%	粗蛋白质 /%	粗脂肪 /%	粗纤维 /%	无氮浸出物 /%	粗灰分 /%	钙 /%	磷 /%	总能 /(兆焦/千克)	消化能 /(兆焦/千克)	代谢能 /(兆焦/千克)	可消化粗蛋白 /(克/千克)
青贮料	草木樨青贮	31.6	5.4	1.0	10.2	10.9	4.1	0.58	0.08	5.39	3.26	2.68	39
	胡萝卜青贮	23.6	2.1	0.5	4.4	10.1	6.5	0.25	0.03	3.22	2.72	2.22	10
	胡萝卜秧青贮	19.7	3.1	1.3	5.7	4.8	4.8	0.35	0.03	3.09	2.05	1.67	20
	马铃薯秧青贮	23.0	2.1	0.6	6.1	8.9	5.3	0.27	0.03	5.39	1.71	1.42	8
	苜蓿青贮	33.7	5.3	1.4	12.8	10.3	3.9	0.5	0.1	5.85	3.26	2.68	34
	甜菜叶青贮	37.5	4.6	2.4	7.4	14.6	8.5	—	—	5.89	3.80	3.09	31
	玉米青贮	22.7	1.6	0.6	6.9	11.6	2.0	0.1	0.06	—	2.26	1.88	8
块根、块茎、瓜果类饲料	甘薯(鲜)	25.0	1.0	0.3	0.9	22.0	0.8	0.13	0.05	4.39	3.68	3.01	6
	胡萝卜(红色)	8.2	0.8	0.3	1.1	5.0	1.0	0.08	0.04	1.38	1.21	1.00	6
	胡萝卜(黄色)	8.8	0.5	0.1	1.4	6.1	0.7	0.11	0.07	1.46	1.34	1.09	4
	白萝卜	7.0	1.3	0.2	1.0	3.7	0.8	0.04	0.03	1.21	1.00	0.84	9
	马铃薯	23.5	2.3	0.1	0.9	18.9	1.3	0.33	0.07	4.05	3.47	2.84	14
	蔓菁	15.3	2.2	0.1	1.4	10.4	1.2	0.03	0.03	2.63	2.30	1.88	14
	南瓜	10.9	1.5	0.6	0.9	7.2	0.7	0.03	0.03	2.01	1.71	1.42	12
	甜菜	11.8	1.6	0.1	1.4	7.0	1.7	0.05	0.05	1.88	1.71	1.38	12
干草类饲料	稗草	93.4	5.0	1.8	37.0	40.8	8.8	—	—	15.55	8.07	6.60	21
	冰草	84.7	15.9	3.0	29.6	32.6	3.6	—	—	15.88	8.23	6.73	57
	草木樨状黄芪	85.0	28.8	6.8	22.0	22.5	4.9	2.56	0.50	17.35	10.37	8.49	181
	狗尾草	93.5	7.8	1.2	34.5	43.5	6.5	—	—	16.01	7.86	6.44	44
	黑麦草	87.8	17.0	4.9	20.4	34.3	11.2	0.39	0.24	15.59	10.87	8.90	105
	混合牧草(夏季)	90.1	13.9	5.7	34.4	22.9	6.0	—	—	15.59	7.19	5.89	78

续表 5-17

饲料种类	饲料名称	干物质/%	粗蛋白质/%	粗脂肪/%	粗纤维/%	无氮浸出物/%	粗灰分/%	钙/%	磷/%	总能/(兆焦/千克)	消化能/(兆焦/千克)	代谢能/(兆焦/千克)	可消化粗蛋白/(克/千克)
干草类饲料	混合牧草(秋季)	92.2	9.6	4.7	27.2	42.8	7.9	—	—	16.43	10.20	8.36	60
	棘豆	91.5	16.3	2.7	35.6	30.0	6.9	—	—	16.47	9.78	8.03	11
	麦芽草	88.7	19.7	5.0	28.5	27.6	7.9	0.51	0.61	16.51	9.86	8.11	132
	碱草	90.1	13.4	2.6	31.5	37.4	5.2	0.34	0.43	16.34	8.65	7.06	48
	芦苇	92.9	5.1	1.9	38.2	38.8	8.9	2.56	0.34	15.47	6.98	5.73	22
	马蔺	90.0	12.4	5.7	14.0	48.0	9.9	—	—	16.09	8.36	6.86	63
	苜蓿干草(花期)	90.0	17.4	4.6	38.7	22.4	6.9	1.07	0.32	16.68	7.86	6.48	89
	雀麦草	94.3	5.7	2.2	34.1	46.1	6.2	—	—	16.30	8.49	6.94	16
	沙打旺	92.4	15.7	2.5	25.8	41.1	7.3	0.36	0.18	16.47	10.45	8.57	118
	沙蒿	88.5	15.9	6.9	26.0	31.1	8.6	3.05	0.48	16.51	9.45	7.73	91
	苏丹草	85.8	10.5	1.3	28.6	39.2	6.0	0.33	0.14	15.01	9.49	7.77	66
	羊草	88.3	3.2	1.3	32.5	46.2	5.1	0.25	0.18	15.09	6.52	5.35	16
	野干草	90.6	8.9	2.0	33.7	39.4	6.6	0.54	0.09	15.76	7.98	6.57	53
农副产品类饲料	蚕豆秸	92.3	14.2	2.4	23.2	23.5	19.0	2.17	0.48	14.30	7.57	6.19	67
	大豆荚	85.9	6.5	1.0	27.4	38.4	12.6	0.64	0.10	13.50	7.23	5.94	31
	大麦秸	95.2	5.8	1.8	33.8	43.4	10.4	0.13	0.02	15.63	7.73	6.35	10
	稻草	94.0	3.8	1.1	32.7	40.1	16.3	0.18	0.05	14.13	6.90	5.64	14
	高粱秸	95.2	3.7	1.2	33.9	48.0	8.4	—	—	15.72	7.69	6.31	14
	谷草	90.7	4.5	1.2	32.6	44.2	8.2	0.34	0.03	15.01	6.27	6.02	17
	豌豆秕壳	92.7	6.6	2.2	36.7	28.2	19.0	1.82	0.73	13.84	5.94	4.85	19
	豌豆茎叶	91.7	8.3	2.6	30.7	42.4	7.7	2.33	0.10	15.84	8.49	6.94	39

续表 5-17

饲料种类	饲料名称	干物质/%	粗蛋白质/%	粗脂肪/%	粗纤维/%	无氮浸出物/%	粗灰分/%	钙/%	磷/%	总能/(兆焦/千克)	消化能/(兆焦/千克)	代谢能/(兆焦/千克)	可消化粗蛋白/(克/千克)
农副产品类	小麦秸	91.6	2.8	1.2	40.9	41.5	5.2	0.26	0.03	15.59	5.73	4.68	8
	小麦秕壳	90.7	7.3	1.7	28.2	43.5	10.0	0.50	0.71	15.01	7.23	5.94	28
	莜麦秕壳	93.7	3.6	2.4	35.6	38.4	13.7	0.92	0.41	14.80	7.87	5.98	14
	油菜秆	94.4	3.0	1.3	55.3	31.0	3.8	0.55	0.03	16.39	6.94	5.68	2
	玉米秸	90.0	5.9	0.9	24.9	50.2	8.1	—	—	14.96	8.61	7.06	21
	玉米果穗包叶	91.5	3.8	0.7	33.7	49.9	3.4	—	—	15.88	9.24	7.57	14
谷实类饲料	大麦	91.1	12.6	2.4	4.1	69.4	2.6	—	0.30	16.85	14.55	11.91	100
	高粱	89.3	8.7	3.3	2.2	72.9	2.2	0.09	0.28	16.55	13.88	11.41	58
	青稞	87.0	9.9	2.5	2.8	69.5	2.3	—	0.42	16.05	13.96	11.45	78
	荞麦	87.1	9.9	2.3	11.5	60.7	2.7	0.09	0.30	15.93	11.12	9.11	71
	粟	91.9	9.7	2.6	7.4	67.1	5.1	0.06	0.26	20.52	16.43	9.53	70
	小麦	91.8	12.1	1.8	2.4	73.2	2.3	—	0.36	16.85	14.11	12.08	94
	燕麦	90.3	11.6	5.2	8.9	60.7	3.9	0.15	0.33	17.01	13.17	10.83	97
	玉米	88.4	8.6	3.5	2.0	72.9	1.4	0.04	0.21	16.55	15.38	12.64	65
糠麸类饲料	大豆皮	92.1	12.3	2.7	36.4	35.7	5.0	0.64	0.29	16.64	9.28	7.61	90
	大麦麸	91.2	14.5	1.9	8.2	63.6	3.0	0.04	0.40	16.80	11.58	9.57	109
	麸皮	88.8	15.6	3.5	8.4	56.3	5.0	—	0.98	16.47	11.20	9.20	117
	高粱糠	87.5	10.9	9.5	3.2	60.3	3.6	0.10	0.84	17.47	13.46	11.04	62
	谷糠	91.9	7.6	6.9	22.6	45.0	9.8	—	—	16.39	8.53	6.98	33
	黑麦麸	91.7	8.0	2.1	19.1	57.9	4.6	0.05	0.13	16.26	9.07	7.44	46
	青稞麸	90.6	12.7	4.2	12.7	58.4	2.6	0.20	0.41	17.14	11.87	9.74	100
	小麦麸	88.6	14.4	3.7	9.2	56.2	5.1	0.18	0.78	16.39	11.08	9.09	108
	玉米糠	87.5	9.9	3.6	9.5	61.5	3.0	0.08	0.48	16.22	11.37	9.32	56

续表5-17

饲料种类	饲料名称	干物质/%	粗蛋白质/%	粗脂肪/%	粗纤维/%	无氮浸出物/%	粗灰分/%	钙/%	磷/%	总能(兆焦/千克)	消化能(兆焦/千克)	代谢能(兆焦/千克)	可消化粗蛋白(克/千克)
豆类饲料	玉米皮	86.1	5.8	0.5	12.0	66.5	1.3	—	—	15.34	10.78	8.86	33
	蚕豆	88.0	24.9	1.4	7.5	50.9	3.3	0.15	0.40	16.72	14.50	11.91	217
	大豆	88.0	37.0	16.2	5.1	25.1	4.6	0.27	0.48	20.48	17.60	14.46	333
	黑豆	90.0	37.7	13.8	6.6	27.4	4.5	0.25	0.50	20.36	17.26	14.13	339
	豌豆	88.0	22.6	1.5	5.9	55.1	2.9	0.13	0.39	16.68	14.50	11.91	194
油饼类饲料	菜籽饼	92.2	36.4	7.8	10.7	29.3	8.0	0.73	0.95	18.77	14.84	12.16	313
	豆饼	90.6	43.0	5.4	5.7	30.6	5.9	0.32	0.50	18.73	15.93	13.11	366
	胡麻饼	92.0	33.1	7.5	9.8	34.0	7.6	0.58	0.77	18.52	14.17	11.7	285
	棉籽饼	92.2	33.8	6.0	15.1	31.2	6.1	0.31	0.64	18.56	13.71	11.24	267
	向日葵饼	93.3	17.1	4.1	69.2	27.8	4.8	0.40	0.94	17.51	7.02	5.77	151
	芝麻饼	92.0	39.2	10.3	7.2	24.9	10.4	2.24	1.19	19.02	14.67	12.04	357
糟渣类饲料	豆腐渣	15.0	4.6	1.5	3.3	5.0	0.6	0.08	0.05	3.14	2.55	2.09	40
	粉渣	81.5	2.3	0.6	8.0	66.6	4.0	—	—	13.88	11.08	9.07	0
	酒糟	45.1	5.8	4.1	15.8	14.9	4.5	0.14	0.26	5.77	2.51	2.05	35
	甜菜渣	10.4	1.0	0.1	2.3	6.7	0.3	0.05	0.01	1.84	1.42	1.17	6
动物性饲料	牛乳(全脂乳)	12.3	3.1	3.5	—	5.0	0.7	0.12	0.09	3.01	2.93	2.38	29
	牛乳(脱脂乳)	9.6	3.7	0.2	—	5.0	0.7	—	—	1.84	1.76	1.46	35
	牛乳粉(全脂)	98.0	26.2	30.6	—	35.5	5.7	1.03	0.88	24.49	23.95	19.65	249
	血粉(猪血)	88.9	84.7	0.4	—	—	3.2	0.01	0.22	20.44	14.42	11.83	601
	鱼粉(国产)	91.2	38.6	4.6	—	20.7	27.3	6.13	1.03	14.63	11.16	9.15	344
	鱼粉(秘鲁)	89.0	60.5	9.7	—	4.4	14.4	3.91	2.90	19.02	16.72	13.71	538

资料来源：郑中朝、白跃宇、张雄主编《新编科学养羊手册》，中原农民出版社2003年出版。

第五节　羊的饲料配制

在自然界中,无论哪一种饲料,它所含的各种营养物质都不能满足羊的营养需要。因此,要达到合理利用饲料,发挥各种饲料中营养物质的作用,就要按照饲养标准给羊配制全价的平衡日粮来满足羊不同品种、生理阶段、生产目的、生产水平等条件下对各种营养物质的需求,以保证最大限度地发挥其生产性能及得到较高的产品品质。

配合饲料是指根据羊饲养标准及饲料原料的营养特点,结合实际生产情况,按照科学的饲料配方生产出来的由多种饲料原料(包括添加剂)组成的均匀混合物。

一、日粮配合的原则

在配合羊的日粮时,应该遵循以下原则:

①必须根据羊的营养需要和饲养标准,并结合饲养实践(各地的具体经验)予以灵活运用,使其具有科学性和实用性。

②日粮配合以青粗饲料为主,适当搭配精饲料。青粗饲料不仅来源广泛,价格便宜,而且含有大量的能量、维生素和矿物质,特别是含有丰富的纤维素。粗纤维不易消化,吸水性强,进入胃肠后体积变大,给羊以饱腹感。粗纤维对羊的胃肠道黏膜有一种刺激作用,可以促进胃肠的正常活动,能保证瘤胃功能得以正常发挥。更为重要的是粗纤维在瘤胃内分解后产生大量的挥发性脂肪酸,它是合成乳脂的重要物质,因此具有重要的生产意义。另外,早期补饲青粗饲料,可以促进羔羊胃肠机能的提早发育。

③饲料种类尽可能多样,适口性要好。多样化的饲料有利于营养成分的互补和完善,从而提高整个饲料的利用率。此外,还要防止霉变

或被污染的饲料混入。

④充分利用当地饲料资源，降低饲料成本，提高养羊生产的经济效益。

⑤日粮组成保持相对稳定，当羊的日粮发生变化时，应该逐渐过渡（过渡时期一般为 7～10 天），使瘤胃有一个适应过程，否则，日粮突然变化，瘤胃微生物不适应，会影响消化功能，严重者将导致消化道疾病。

二、日粮配合的方法

羊日粮配合的方法很多，包括试差法、对角线法、公式法和计算机法等。其中试差法是手工配方设计最常用的方法。

试差法是将各种饲料原料，根据专业知识和经验，确定一个大概比例，然后计算其营养物质并与羊的饲养标准相对照，若某种营养指标不全或过量，应调整饲料配比，反复多次，直至所有营养指标都满足要求为止。其基本步骤为：

①查羊的饲养标准，根据其年龄、性别、体重等查出其营养需要量。

②查所选饲料的营养成分及营养价值表。

③根据日粮精粗比首先确定羊每日的青、粗饲料喂量，并计算出青粗饲料所提供的营养含量。

④与饲养标准比较，确定剩余部分应由精料补充料提供干物质及其他养分，配制精料补充料，并对精料原料比例进行调整，直到达到饲养标准要求。

⑤调整矿物质（主要是钙和磷）和食盐含量。

⑥确定羊的日粮配方。

下面以平均体重为 25 千克的内蒙古细毛羊育肥羔羊（日增重 180克）为例，设计一个饲料配方。

第一步：查饲养标准，给出羊每天的养分需要量（表 5-18）。

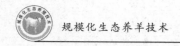

表 5-18　内蒙古细毛羊育肥羔羊养分需要量

养分	干物质/千克	消化能/兆焦	可消化粗蛋白质/克	钙/克	磷/克	食盐/克
需要量	1.2	14.64	100	2	1	5

第二步:查羊常用饲料及营养价值表,列出可供选择的饲料的养分含量(表 5-19)。

表 5-19　供选饲料及其养分含量

饲料名称	干物质/%	消化能/（兆焦/千克）	可消化粗蛋白质/克	钙/克	磷/克
玉米秸	90.0	8.61	21	——	——
野干草	90.6	8.32	53	0.54	0.09
玉米	88.4	15.38	65	0.04	0.21
小麦麸	88.6	11.08	108	0.18	0.78
棉籽饼	92.2	13.71	267	0.31	0.64
豆饼	90.6	15.93	366	0.32	0.50

第三步:按羊只体重计算粗饲料采食量。育肥羊粗饲料干物质采食量为干物质需要量的 40%~50%,选择 0.63 千克,根据实际考虑,确定玉米秸和野干草的比例为 2:1,则玉米秸需要 0.42÷0.9=0.47(千克),野干草 0.21÷0.906=0.23(千克),由此计算出粗饲料提供的养分量(表 5-20)。

表 5-20　粗饲料提供的养分量

粗饲料	干物质/千克	消化能/兆焦	可消化粗蛋白质/克	钙/克	磷/克
玉米秸	0.42	4.05	9.87		
野干草	0.21	1.91	12.19	0.12	0.02
粗饲料提供的养分量	0.63	5.96	22.06	0.12	0.02
需精料补充的养分量	0.57	8.68	77.94	1.88	0.98

第四步:草拟精料补充料配方。根据饲料资源、价格及实际经验,先初步拟定一个混合料配方,假设混合料配比为玉米 60%、麸皮 23%、

棉籽饼10.5%、豆饼5%、食盐0.877%和尿素0.877%,将所需补充精料干物质0.57千克按上述比例分配到各种精料中,再计算出精料补充料提供的养分量(表5-21)。

表5-21　草拟精料补充料提供的养分量

原料	干物质/千克	消化能/兆焦	可消化粗蛋白质/克	钙/克	磷/克
玉米	0.342	5.95	25.31	0.15	0.81
麦麸	0.131	1.58	15.98	0.27	1.15
棉籽饼	0.06	0.89	17.4	0.20	0.42
豆饼	0.029	0.51	11.69	0.10	0.16
食盐	0.005	0.0	0.0	0.0	0.0
尿素	0.005	0.0	14.0	0.0	0.0
总计	0.57	8.93	84.38	0.72	2.54

从表5-21可以看出,干物质已完全满足需要,消化能和可消化粗蛋白质有不同程度的超标,而钙和磷不平衡,因此,日粮中应增加钙的量,减少能量和蛋白质量。可以用石粉代替部分豆饼进行调整,调整后的配方如表5-22所示。

表5-22　调整后的配方提供的养分量

原料	干物质/千克	消化能/兆焦	可消化粗蛋白质/克	钙/克	磷/克
玉米秸	0.42	4.05	9.87		
野干草	0.21	1.91	12.19	0.12	0.02
玉米	0.342	5.95	25.31	0.15	0.81
麦麸	0.131	1.58	15.98	0.27	1.15
棉籽饼	0.06	0.89	17.4	0.20	0.42
豆饼	0.019	0.33	7.68	0.067	0.10
食盐	0.005	0.0	0.0	0.0	0.0
尿素	0.005	0.0	14.0	0.0	0.0
石粉	0.010	0.0	0.0	4.0	0.0
总计	1.2	14.71	102.43	4.81	2.5

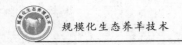

第五步：检查饲料配方。以上所配日粮中，干物质、能量和可消化粗蛋白质含量已经完全满足了内蒙古细毛羊育肥羔羊（日增重180克）的需要量，而钙和磷超标，但是日粮中钙、磷比为1.9：1，在正常范围[一般为(1.5～2)：1]内。

三、日粮配合的注意事项

羊是群饲家畜，在实际工作中，对以放牧饲养为主的羊群，应在日粮中扣除放牧采食所获得的营养数量，不足部分补给干草、青贮料和混合精料。此外，在高温季节或地区，羊采食量下降，为减轻热应激、降低日粮中的热增耗而保持净能不变，在做日粮调整时，应减少粗饲料含量，保持有较高浓度的能量、蛋白质和维生素，以平衡生理上的需要。在寒冷季节或地区，为减轻冷应激，在日粮中应该添加热能较高的饲料。从经济角度考虑，用粗饲料做热能饲料比精饲料价格低。

第六节　生态养羊饲料添加剂的应用

饲料添加剂是指添加到饲粮中能保护饲料中的营养物质、促进营养物质的消化吸收、调节机体代谢、增进动物健康，从而改善营养物质的利用效率、提高动物生产水平、改进动物产品品质的物质。饲料添加剂分为营养性饲料添加剂和非营养性饲料添加剂。

一、营养性饲料添加剂

营养性饲料添加剂是指用于补充饲料营养成分的少量或者微量物质，包括维生素添加剂、矿物质添加剂、氨基酸添加剂等。营养性饲料添加剂的使用原则是：必要、准确、避免过量。

(一)维生素添加剂

动物对维生素的需要量虽然不大,但其作用却极为显著。在放牧条件下,一般不会出现维生素缺乏。在集约化饲养条件下,因为羊的生产性能较高,对维生素的需要量较正常需要量大,因此必须向饲料中添加维生素(表5-23)。

表5-23　肉用绵羊对维生素的需要量(以干物质为基础)

国际单位/天

维生素种类	生长阶段					
	生长羔羊 4～20千克	育成母羊 25～50千克	育成公羊 20～70千克	育肥羊 20～50千克	妊娠母羊 40～70千克	泌乳母羊 40～70千克
维生素A	188～940	1 175～2 350	940～3 290	940～2 350	1 880～3 948	1 880～3 434
维生素D	26～132	137～275	111～389	111～278	222～440	222～380
维生素E	2.4～12.8	12～24	12～29	12～23	18～35	26～34

注:参考 NRC(1985)。

(二)矿物质添加剂

矿物质元素在羊体内含量虽小,但是发挥的作用却很重要。矿物质元素不可能在体内合成,只能由饮水和饲料供给。在饲料中添加矿物质元素时,不仅要考虑羊对各种元素的需要量以及各元素之间的协同和拮抗作用,还要考查各地区元素的分布特点和所用饲料中各种元素的含量。对羔羊应注意补铁,碘和钴的补充对于高产奶山羊来说也是很重要的(表5-24)。

(三)氨基酸添加剂

蛋白质的营养本质上是氨基酸的营养,而氨基酸营养的核心是氨基酸之间的平衡。氨基酸添加剂用于羔羊代乳品或开食料中,有良好的促生长效果。但是研究表明,对于成年羊或育肥羊,即使瘤胃微生物

表 5-24 绵羊矿物质元素需要量

常量元素(占日粮干物质百分比)		微量元素/[毫克/千克(日粮干物质)]		
成分	需要量	成分	需要量	最大耐受水平
钠	0.09~0.18	碘	0.10~0.80	50
氯	—	铁	30~50	500
钙	0.20~0.82	铜	7~11	25
磷	0.16~0.38	钼	0.5	10
镁	0.12~0.18	钴	0.1~0.2	10
钾	0.50~0.80	锰	20~40	1 000
硫	0.14~0.26	锌	20~33	750
		硒	0.1~0.2	2
		氟	—	60~150

注:参考 NRC(1985)。

蛋白质合成达到最大程度,进入小肠的蛋白质和氨基酸仍难以满足生长或生产强度较大时羊对必需氨基酸的需要,必须通过饲料提供一定量的过瘤胃氨基酸。这就需要对过瘤胃氨基酸采取保护措施,使其完整地通过瘤胃而直接被羊吸收。过瘤胃氨基酸大致有两类,第一类包括氨基酸类似物、衍生物及聚合物,第二类为包被氨基酸。

绵羊皱胃灌注及十二指肠灌注蛋氨酸可促进羊毛生长,提高血浆蛋氨酸水平(Munneks,1991)。Reis(1988,1990)研究表明,经瘘管向绵羊皱胃灌注蛋氨酸(2 克/天)和等摩尔的半胱氨酸时,其净毛生长为处理前的 157% 和 167%。给美利奴羊皱胃灌注 5 种(28 克/天)或 10 种 EAA(都含有 3 克 DL-蛋氨酸),可使羊毛产量分别比对照组增加 48% 和 86%。在绵羊日粮中添加包被的蛋氨酸可促进羊毛生长,提高日增重和血浆氨基酸水平,还能改善羊毛的理化性质。Sendal 指出,保护蛋氨酸可显著增加山羊体内的氮沉积量和体蛋白的合成量。

二、非营养性饲料添加剂

非营养性饲料添加剂是指为保证或改善饲料品质、改善和促进动物生产性能、保证动物健康、提高饲料利用率而使用的饲料添加剂。非营养性饲料添加剂的使用原则是:安全、实用、有效。

(一)中草药饲料添加剂

中草药饲料添加剂是指以天然中草药的药性(阴、阳、寒、凉、温、热)、药味(辛、酸、甘、咸)和物间关系的传统理论为基础,以现代动物营养学和饲养学理论为指导,并结合生产实际,利用中草药或其药渣,煎成汤或研磨成细末,生产出单方或复方制剂,添加在日粮或饮水中,以期预防动物疾病,加速生长,提高生产性能和改善畜禽产品质量。它作为绿色饲料添加剂的一种,具有毒副作用小、无残留、无耐药性的独特优势,愈来愈被畜牧工作者所重视。

中草药添加剂可以促进羔羊生长,提高绵羊产毛量。叶学中等报道,用鲜松针配合少量混合精料、矿物质添加剂及青干草饲喂南江黄羊产仔母羊,试验组羔羊平均日增重比对照组提高 17.8%。谷新利等研究还表明,给美利奴羊每只每天饲喂中草药添加剂"增长散"(由紫菀、桑白皮、蛇床子、补骨脂、黄芪、熟地、何首乌等组成)5 克,连续饲喂 30 天,结果试验组较对照组每只羊平均体重多增 2.21 千克,每只羊平均剪毛量多 1.09 千克。尹立强选取中草药数味分别炮制粉碎,按一定比例混合均匀制成添加剂,添加到小尾寒羊的精料中,添加组的饲料转化率、养分消化率均高于对照组。

(二)微生物添加剂

微生物饲料添加剂又称活菌剂、益生素、微生态制剂等,是近十几年发展起来的一类新型饲料添加剂。美国饲料管理人员协会与 NRC 将其定义为"为某种特殊需要而添加到基本饲料混合物内或部分饲料内的一种制剂或几种制剂的混合物,一般以微量使用,须小心地处理和混合"。根据我国国家标准《微生物饲料添加剂通用要求》(GB/T 23181—2008),微生物饲料添加剂指"允许在饲料中添加或直接饲喂给动物的微生物制剂,主要功能包括促进动物健康、或促进动物生长、或提高饲料转化率等。"

根据我国农业部 2008 年发布的《饲料添加剂品种目录》(农业部公告 1126 号)所规定,允许作为微生物饲料添加剂的菌有乳酸菌类、芽孢杆菌类、酵母菌类及光合细菌类等。

1.乳酸菌类

乳酸菌类用于研制饲料添加剂的历史最早、最广泛,种类繁多,效果较佳。此类菌既是营养物质,又可降低肠道 pH 值(3.0～3.5),抑制病原菌和腐败菌的生长,减少肠道疾病的发生;过氧化氢和乳酸菌素能抑制或杀灭胃肠道内的病原菌,阻碍其生长繁殖,从而减少氨、硫醇等有害物质的含量,维持有益菌的优势状态,保证肠道菌群平衡。我国允许作为饲料添加剂的乳酸菌有嗜酸乳杆菌、干酪乳杆菌、粪肠球菌(粪链球菌)、乳酸肠球菌、屎肠球菌、乳酸乳杆菌、植物乳杆菌、乳酸片球菌、戊糖片球菌及保加利亚乳杆菌;而双歧杆菌有两歧双歧杆菌。目前主要应用的是嗜酸乳杆菌和粪链球菌。

2.芽孢杆菌类

芽孢杆菌是在动物消化道微生物群落中仅零星存在的一类需氧菌,在一定条件下产生芽孢,耐高温、耐酸碱、耐高压,具有高度的稳定性。用于微生物饲料添加剂的芽孢杆菌是肠道的过路菌,不能定植于肠道中。这类菌剂可调节肠道菌群平衡、增强动物免疫力、提高生产性能,能促进动物对营养物质的消化吸收,产生多肽类抗菌物质,抑制病原菌。我国允许作为饲料添加剂的芽孢杆菌有枯草芽孢杆菌和地衣芽孢杆菌。我国目前畜禽用的微生物添加剂产品以芽孢杆菌为主。

3.酵母菌类

酵母菌是动物肠道的有益微生物,用于微生态制剂的酵母菌一种是活性酵母制剂,一种是酵母培养物。酵母细胞富含蛋白质、核酸、维生素和消化酶,其蛋白质含量高达 50%～60%,具有提供养分、增强动物免疫力、增加饲料适口性、促进动物对饲料的消化吸收等功能。酵母培养物通常指固体培养基经发酵菌发酵后含培养物和酵母菌的混合物,其营养丰富,兼具营养与保健功效,含有丰富的 B 族维生素、氨基酸、促生长因子及矿物质,具有多种水解酶活性,同时能产生促进细胞分裂的生物活性物质,可为动物提供蛋白质,促进消化,刺激有益菌的增殖,抑制病原菌的生长,提高机体免疫,起到防治畜禽消化道疾病的作用。我国允许作为饲料添加剂的酵母菌有产朊假丝酵母和酿酒酵母。

4. 光合细菌类

光合细菌类是具有光合作用的异氧微生物,可利用小分子有机物而非 CO_2 合成自身生长繁殖所需的养分,有些菌还具有固氮作用。光合细菌不仅是安全的能量来源,为机体提供丰富的维生素、蛋白质、核酸等营养物质,还可以产生辅酶 Q 等生物活性物质,提高机体免疫功能。我国允许作为饲料添加剂的光合细菌有沼泽红假单胞菌。

第六章

生态养羊饲养管理技术

第一节　羊的生物学特性

　　所谓羊的生物学特性,是指羊的内部结构、外部形态及正常的生物学行为在一定生态条件下的表现。探讨羊的生物学特性,科学地了解绵、山羊,对于正确组织养羊业生产,发挥养羊业的经济效益具有十分重要的意义。

　　从动物分类学上讲,绵羊属于动物界(Animalia)脊椎动物门(Vertebrata)哺乳纲(Mammalia)偶蹄目(Artiodactyla)反刍亚目(Ruminantia)牛科(Bovidae)羊亚科(Caprinae)绵羊属(*Ovis*)。绵羊有 26 对常染色体,母羊的性染色体为 XX,公羊的性染色体为 XY。绵羊有 3 个腺体,分别是:位于两眼内角下方的泪窝腺,前后蹄蹄叉间的趾间腺,腹部与两大腿内侧交界处的鼠蹊腺。山羊属于动物界(Animalia)脊椎动物门(Vertebrata)哺乳纲(Mammalia)偶蹄目(Artiodactyla)反刍亚目

（Ruminantia）牛科（Bovidae）羊亚科（Caprinae）山羊属（*Capra*）。山羊有 29 对常染色体,母羊的性染色体为 XX,公羊的性染色体为 XY。山羊没有绵羊所具有的 3 个腺体。

一、羊的生活习性

（一）喜群居,合群性强

羊的合群性强于其他家畜。绵羊胆小,缺乏自卫能力,遇敌不抵抗,只是窜逃或不动。在牧场放牧时,绵羊喜欢与其他羊只一起采食,即便是饲草密度较低的草地,也要保持小群一起牧食。不论是出圈、入圈、过桥、饮水和转移草场,只要有"头羊"先行,其他羊就会跟着行动。但绵羊的群居性有品种间的差异,如地方品种比培育品种的合群性强;粗毛品种合群性最强,毛用羊比肉毛兼用品种强。

山羊亦喜欢群居。山羊放牧时,只要"头羊"前进,其他羊就跟随"头羊"走,因而便于放牧管理。对于大群放牧的羊群,只要有一只训练有素的"头羊"带领,就较容易放牧。"头羊"可以根据饲养员的口令,带领羊群向指定地点移动。羊一旦掉队失群,则咩叫不断,寻找同伴,此时只要饲养员适当叫唤,便可立即归队,很快跟群。"头羊"一般由羊群中年龄大、后代多、身体强壮的母羊担任,羊群中掉队的多是病、老、弱的羊只。

合群性强不利的地方在于容易混群,当少数羊只混群后,其他羊只也随之而来,造成大规模混群现象的发生。

（二）喜干燥、清洁,怕潮湿

绵羊适宜干燥的生活环境,常常喜欢在地势较高的干燥地方站立或休息,若长期生活在潮湿低洼的环境里,往往易感染肺炎、蹄炎及寄生虫病。从不同品种看,粗毛羊耐寒,细毛羊喜欢温暖、干旱、半干旱的气候条件,而肉用和肉毛兼用绵羊则喜欢温暖、湿润、全年温差不大的气候。在南方广大的养羊地区,羊舍应建在地势高、排水畅通、背风向阳的地方,有条件的养羊户可以在羊舍内建羊床(羊床距地面 10~30厘米),供羊只休息,以防潮湿。相对而言,山羊对湿润的耐受能力要强于绵羊。

羊喜欢洁净,一般在采食前总要先用鼻子嗅一嗅,往往宁可忍饥挨饿也不愿吃被污染、践踏,霉烂变质,有异味、怪味的草料或水。因此,对于舍饲的羊群,要在羊舍内设置水槽、食槽和草料架,便于羊只采食洁净的饲草料和水,也可以减少浪费;对于放牧羊群,要根据草场面积、羊群数量,有计划地按照一定顺序轮流放牧。

(三)采食能力强,可广泛利用各种饲料

羊有长、尖而灵活的薄唇,下切齿稍向外弓而锐利,上腭平整,上唇中央有一纵沟,故能采食低矮牧草和灌木枝叶,捡食落叶、枝条,利用草场比较充分。在马、牛放牧过的牧场上,只要不过牧,还可用来放羊;马、牛不能放牧的短草草场上,羊生活自如。羊能利用多种植物性饲料,对粗纤维的利用率可达 50%~80%,适应在各种牧地上放牧。

与绵羊相比,山羊的采食更广、更杂,具有根据其身体需要采食不同种类牧草或同种牧草不同部位的能力。山羊可采食 600 余种植物,占供采食植物种类的 88%。山羊特别喜欢树叶、嫩枝,可用以代替粗饲料需要量的一半以上(表 6-1)。山羊尤其喜欢采食灌木枝叶,不适于绵羊放牧的灌木丛生的山区丘陵,可供山羊放牧。利用这一特点,能有效地防止灌木的过分生长,具有生物调节者的功能;有些林区,常

表 6-1　几种家畜放牧时选吃的草地植物　　　　　　　　　%

植物种类	放牧家畜			
	马	牛	绵羊	山羊
禾草	90	70	60	20
杂草	4	20	30	20
树枝叶	6	10	10	60

资料来源:Bell(1978)。

通过饲养山羊,采食林间野草,利于森林防火。另外,山羊90%的时间在采食灌木和枝叶,只有10%的时间去吃地表上的草,同时由于山羊放牧时喜欢选吃某些草或草的某些部分,不致影响草的再生和扩繁,不会严重地破坏植被。

(四)适应性强

羊对自然环境具有良好的适应能力,在极端恶劣的条件下具有顽强的生命力,尤其是山羊。在我国从南到北、由沿海到内地甚至高海拔的山区都有山羊分布,在热带、亚热带和干旱的荒漠、半荒漠地区也有山羊的存在,在这种严酷的自然环境下,山羊依然可以生存,繁殖后代;山羊对蚊蝇的自然抵抗力也优于其他反刍家畜,说明山羊调节体温、适应生态环境的能力是相当强的。但是,一些专门培育的肉用山羊品种则适合在饲养条件比较优越的农区和平川草场饲养,否则还不如饲养当地的土种山羊更合算。

(五)耐寒怕热

绵羊耐热性不及山羊,汗腺不发达,散热机能差,炎热夏季放牧时常出现"扎窝子"现象,表现为多只绵羊相互借腹庇荫,低头拥挤,驱赶不散。

(六)其他特性

绵羊母子之间主要靠嗅觉相互辨认,即使在大群中母羊也能准确找到自己的羔羊,腹股沟腺的分泌物是羔羊和母羊互相识别的主要依据。在生产中常根据这一生物学特点寄养羔羊,在被寄养的孤羔身上涂抹保姆羊的羊水,寄养多会获得成功。

绵羊胆小懦弱,易受惊,受惊后就不易上膘。突然受到惊吓时常出现"炸群"现象,羊只漫无目的地四处乱跑。

与其他家畜相比,羊的抗病力强,在较好的饲养管理条件下很少发病。山羊的寄生虫病较多且发病初期不易发现,因此,要随时留心观察,发现异常现象,及时查找原因,进行防治。

二、羊的消化生理特点

(一)羊消化系统的结构及特点

羊属于小反刍家畜,复胃可分四个室,即瘤胃、网胃、瓣胃和皱胃。瘤胃俗称"草肚",位于腹腔左侧,呈椭圆形,黏膜为棕黑色,表面具有密集的乳头状突起;网胃亦称为"蜂窝胃",大体呈球形,内壁分割为许多网格,貌似蜂窝状;瓣胃内壁有许多纵列分布的褶膜,有时也被称为"千层肚";皱胃呈圆锥形,由胃壁的胃腺分泌胃液(主要是盐酸和胃蛋白酶),食物在胃液的作用下进行化学性消化,因其功能与非反刍动物的胃相似,故称为"真胃"。反刍动物刚出生时,瘤胃体积很小,随着动物的生长发育,其瘤胃也快速发育。据 Lyford(1988)报道,16 月龄绵羊的瘤胃体积为 23.96 升,29 月龄绵羊的瘤胃体积为 24.796 升。

绵羊四个胃的总容积约为 30 升,山羊约 16 升。在四个胃中瘤胃体积最大,约占胃总容积的 80%,其功能是临时贮存采食的饲草,以便休息时再进行反刍;瘤胃也是瘤胃微生物存在的场所。由于瘤胃微生物的发酵作用以及动物自身组织的产热代谢,瘤胃内的温度一般在38～40℃之间。流入的唾液含有碳酸氢盐/磷酸盐缓冲液,能调节瘤胃内的 pH 值,使之维持在 6～7 之间,但具体值因动物的日粮类型和饲喂频率而有所变化。网胃和瓣胃,其消化生理作用与瘤胃基本相似,具有物理和生物消化作用。绵、山羊各胃容积比例见表 6-2。

表 6-2　绵、山羊各胃容积比例　　　　　%

种类	瘤胃	网胃	瓣胃	皱胃
绵羊	78.7	8.6	1.7	11
山羊	86.7	3.5	1.2	8.6

小肠是羊消化吸收营养物质的主要器官。羊的小肠细长曲折,与

羊体长之比为（25～30）：1，成年羊的小肠长 22～25 米。胃内容物——食糜进入小肠后，在各种消化液（主要有胰液、肠液、胆汁等）的化学作用下被消化分解，其分解后的营养物质在小肠内被吸收，未被消化的食物随着小肠的蠕动被推入大肠。

羊的大肠较小肠粗而短，长度在 4～13 米之间。大肠内也有微生物的存在，可对食物进一步消化吸收，但大肠的主要功能是吸收水分、盐类、低级脂肪酸和形成粪便。凡是在小肠内未被完全消化的营养物质，可在大肠微生物和小肠液带入的各种消化酶的作用下继续分解、消化和吸收，剩余的残渣成为粪便，由肛门排出体外。

（二）瘤胃微生物的分类与作用

反刍动物的瘤胃被称为天然的厌氧发酵罐，其之所以能够高效率地消化和降解粗饲料，主要与瘤胃内栖息着大量复杂、多样、非致病性的微生物有关，包括瘤胃原虫、瘤胃细菌和厌氧真菌，还有少数噬菌体。瘤胃微生物对于饲料的发酵是导致反刍动物与非反刍动物消化代谢特点不同的根本原因。

据统计，每克瘤胃内容物含有 10^9～10^{10} 个细菌、10^5～10^6 个瘤胃原虫，瘤胃中厌氧真菌的数量较少。羊出生前其消化道内并无微生物，出生后从母体和环境中接触各种微生物，但是经过适应和选择，只有少数微生物能够在消化道定植、存活和繁殖，并随着生长和发育，形成特定的微生物区系。经过长期的适应和选择，微生物和宿主之间、微生物与微生物之间处于一种相互依存、相互制约的动态平衡系统中。一方面，宿主动物为微生物提供生长环境，瘤胃中植物性饲料和代谢物为微生物提供生长所需的各种养分；另一方面，瘤胃微生物帮助消化宿主自身不能消化的植物物质，如纤维素、半纤维素等，为宿主提供能量和养分。

瘤胃微生物消化纤维是一个连续的有机过程，通过微生物与粗纤维的附着、粘连、穿透等一系列作用，然后通过分泌各种酶类将纤维的各组分进行分解。瘤胃微生物在反刍动物进食后不久就很快地和饲料颗粒连接并黏附。最近研究证实,细菌和原虫通常在反刍动物采食后5分钟即与植物组织相黏附,这种黏附主要靠物理、化学作用力如范德华作用力来完成。

1. 瘤胃细菌

在瘤胃微生物中细菌种类最多,同种细菌在瘤胃中又有多种作用。按照瘤胃细菌的功能可分为纤维素降解菌、淀粉降解菌、半纤维素降解菌、蛋白降解菌、脂肪降解菌、酸利用菌、乳酸产生菌和瘤胃产甲烷菌等。

新生羔羊主要通过与母体的直接接触获得瘤胃细菌,瘤胃细菌可存在于唾液、粪样、空气中,羔羊与上述媒介直接接触后可从中获得瘤胃细菌。但是,至今尚未发现瘤胃细菌可通过空气、水和载体(如饲养员的衣服)进行远距离传播。

细菌是最早出现在瘤胃中的微生物。Fonty 等(1987)发现,出生后 2 天的群饲羔羊的瘤胃中已有严格厌氧微生物区系,且数量与成年动物类似,但是与成年动物相比,幼龄反刍动物瘤胃内的菌群种类单一,而且优势菌群的种类也不同。

瘤胃微生物可分泌一系列的纤维素降解酶,在这些酶的共同作用下,秸秆、稻草等劣质纤维素被逐步降解为能被宿主动物所利用的单糖,为宿主动物提供能量和挥发性脂肪酸(VFA)等物质。

产甲烷菌过去一直被误认为是细菌,但是通过 16 SrRNA 序列分析发现产甲烷菌是完全不同于细菌系统进化独特的一类微生物——古菌或古细菌。产甲烷菌是严格厌氧型菌,能将二氧化碳、氢气、甲酸、甲醇、乙酸、甲胺及其他化合物转化成甲烷或甲烷和二氧化碳,从中获得能量。几乎所有产甲烷菌都可以将氢气和二氧化碳转化成甲烷。氢气、二氧化碳和甲酸是甲烷产生的主要底物。产甲烷菌通过还原二氧化碳将氢气和二氧化碳、甲酸生成甲烷。

2. 瘤胃原虫

瘤胃中个体最大、数量最多、最重要的原虫是纤毛虫。纤毛虫不仅栖息在反刍动物的瘤胃内,而且还栖息在马、驴、兔、大象等草食动物的消化道内。在健康的绵羊体内,每毫升瘤胃液内容物含有 $10^5 \sim 10^6$ 个纤毛虫。不过纤毛虫的种类和种群数量依据宿主的饲喂条件、生理等因素的变化而变化,因此,这种变化可以作为瘤胃环境状况的一个指标。

瘤胃纤毛虫总的功能,除直接利用植物纤维素和淀粉,使其转变成挥发性脂肪酸之外,还有的瘤胃纤毛虫吞噬瘤胃细菌,这就降低了瘤胃细菌消化淀粉的速率。此外,瘤胃纤毛虫的繁殖速度非常快,在正常的反刍动物瘤胃内,每天能增加 2 倍,并以相同的数量流到后面的真胃和小肠,作为蛋白质的营养源被宿主消化吸收。

3.瘤胃真菌

瘤胃真菌能产生一系列的植物降解酶,这些酶包括植物细胞壁降解酶、淀粉酶和蛋白酶,既有胞外酶,又有胞内酶或细胞结合酶。其中植物细胞壁降解酶包括纤维素酶和半纤维素酶,主要为木聚糖酶和酯酶以及果胶酶等。这些酶为粗纤维在瘤胃内的发酵和降解提供了物质基础。

(三)反刍规律及特点

反刍是指反刍动物在食物消化前把食团经瘤胃逆呕到口中,经再咀嚼后再咽下的过程。反刍包括逆呕、再咀嚼、再混合唾液和再吞咽 4 个过程。反刍活动对于粗饲料的消化发挥了重要作用,也是临床上诊断反刍动物消化机能正常与否的常用指标。

不同动物采食和反刍特点有一定差异。Domingue 等(1991)比较研究了自由采食苜蓿干草的绵羊和山羊的咀嚼和反刍的特点,发现绵羊和山羊每天的采食时间分别为 3.7 和 6.8 小时,反刍时间分别为 8.3 和 6.1 小时,山羊的采食时间显著长于绵羊的采食时间,而绵羊的反刍时间又显著长于山羊。将绵羊和山羊的采食和反刍时间相加,分别为 12.0 和 12.9 小时,两种动物之间差异不显著,可见绵、山羊每天都有一半的时间用于采食和反刍。表 6-3 列出了不同反刍动物对饲料的采食和反刍时间。

反刍可对饲料进一步磨碎,同时使瘤胃内环境有利于瘤胃微生物的繁殖和进行消化活动。反刍次数及持续时间与草料种类、品质、调制方法及羊的体况有关,饲料中粗纤维含量越高反刍时间越长。

表 6-3   不同反刍动物的采食与反刍时间

动物种类	采食时间/（分钟/天）	反刍时间/（分钟/天）	每千克中性洗涤纤维反刍时间/分钟	每天的咀嚼次数	每个食团的咀嚼次数
牛	330	465	84	49 912	52
绵羊	240	491	850	35 482	71
山羊	254	446	830	40 094	78

资料来源:Welch 和 Hooper,1988。

(四)羔羊的消化特点

在哺乳期间,羔羊的前三个胃作用很小,起主要作用的是皱胃。羔羊吮吸的母乳不通过瘤胃,而是经瘤胃食管沟直接进入皱胃由其中的凝乳酶进行消化。此时羔羊瘤胃微生物区系尚未形成,没有消化粗纤维的能力,不能采食和利用草料。在羔羊饲养初期,应尽早选择营养价值高、纤维素少、体积小、能量和蛋白质含量丰富、容易消化的饲料进行饲喂,单一吃奶的羔羊瘤胃和网胃处于不完全发育的状态,随着日龄的增加,羔羊逐步开始采食粗饲料,此时,前胃体积随之增大,真胃凝乳酶逐渐减少,其他酶逐渐增多,在 40 日龄左右出现反刍行为。根据该特点,在羔羊出生后 15 日龄左右即可补饲优质干草和饲料,以刺激微生物区系的形成和瘤胃体积的增大,增强对植物性饲料的消化能力,为后期发挥生产性能奠定良好的基础。

三、羊的生长发育特点

(一)羔羊的生长发育

羔羊在哺乳期和断奶前后的生长发育有很多明显的特点,充分了解这些特点,可以做到科学饲养管理。

（1）生长发育　羔羊出生后 2 天内体重变化不大，此后的 1 个月内生长速度较快。从出生到 4 月龄断奶的哺乳期内，羔羊生长发育迅速，所需要的营养物质相应较多，特别是质好量多的蛋白质。肉用品种羔羊日增重在 300 克以上。

（2）适应能力　在哺乳期羔羊的一些调节机能尚不健全，如出生 1～2 周内羔羊调节体温的机能发育不完善，神经反射迟钝，皮肤保护机能差，特别是消化道容易受到细菌侵袭而发生消化道疾病。羔羊在哺乳期可塑性强，外界条件的影响能引起机体相应的变化，这对羔羊的定向培育具有重要的意义。

（二）羊生长发育的阶段性

在养羊业中，一般按照羊的生理阶段划分为哺乳期、幼年期、青年期和成年期。

（1）哺乳期　哺乳期结束时体重为成年羊体重的 27.1% 左右，这是羊一生中生长发育的重要阶段，也是定向培育的关键时期。这一阶段增重的顺序是内脏→肌肉→骨骼→脂肪。在整个哺乳期，体重随年龄而迅速增长，从 3.1 千克左右的出生重增长到 19.6 千克左右，相对生长率为 532.3%。

（2）幼年期　一般指羊从断奶到配种这一阶段，具体时期为 4～12 月龄。有些人则将幼年期并入到青年期。幼年期结束时体重为成年期体重的 72% 左右。这一阶段由于性发育已经成熟，发情影响了食欲和增重，所以相对增重仅占 44% 左右。增重的顺序是生殖系统→内脏→肌肉→骨骼→脂肪。

（3）青年期　一般指 12～24 月龄的羊。青年羊体重为成年体重的 84% 左右，在这个时期，羊的生长发育接近于生理成熟，体形基本定型，生殖器官发育成熟，绝对增重达最高峰，即这时出现生长发育的"拐点"，以后则增重不大，相应增重的次序是肌肉→脂肪→骨骼→生殖器官→内脏。在这一阶段，若母羊配种后怀孕，则随着怀孕时间和怀羔数的变化，母羊体重还会有大的增加，一般而言，怀羔数越多，体重增加越大。

(4)成年期　一般指 24 月龄以后。在这一阶段的前期,体重还会有缓慢的上升,48 月龄以后则有下降。

(三)不同组织的生长发育特点

在生长期内,肌肉、骨骼和脂肪这三种主要组织的比例有相对大的变化。肌肉生长强度与不同部位的功能有关。腿部肌肉的生长强度大于其他部位的肌肉;胃肌在羔羊采食后才有较快的生长速度;头部、颈部肌肉比背腰部肌肉生长要早。总体来看,羔羊体重达到出生重 4 倍时,主要肌肉的生长过程已超过 30%,断奶时羔羊各部位的肌肉体重分布也近似于成年羊,所不同的只是绝对量小,肌肉占躯体重的比例约为 30%。在羔羊生长时期,肌肉生长速度最快,大胴体的肌肉比小胴体的比例要高。

脂肪分布于机体的不同部位,包括皮下、肌肉间、肌肉内和脏器脂肪等。皮下脂肪紧贴皮肤、覆盖胴体,含水少而不利于细菌生长,起到保护和防止水分遗失的作用。肌肉间脂肪分布在肌纤维束层之间,占肉重的 10%~15%。肌肉内脂肪一般分布在血管和神经周围,起到保护和缓冲作用。脏器脂肪分布在肾、乳房等脏器周围。脂肪沉积的顺序大致为出生后先形成肾、肠脂肪,而后生成肌肉脂肪,最后生成皮下脂肪。一般来说,肉用品种的脂肪生成于肌肉之间,皮下脂肪生成于腰部。肥臀羊的脂肪主要集聚在臀部。瘦尾粗毛羊的脂肪以胃肠脂肪为主。在羔羊阶段,脂肪重量的增长呈平稳上升趋势,但胴体重超过10 千克时,脂肪沉积速度明显加快。

骨骼是个体发育最早的部分。羔羊出生时,骨骼系统的性状及比例大小基本与成年羊相似,出生后的生长只是长度和宽度上的增加。头骨发育较早,肋骨发育相对较晚。骨重占活重的比例,出生时为17%~18%,10 月龄时为 5%~6%。骨骼重量基础在出生前已经形成,出生后的增长率小于肌肉。

第二节 生态养羊的饲养方式及特点

我国是世界草地资源大国。据统计,我国草地面积(草原、草山、草坡)为 39 829 万公顷,占全国总土地面积的 42.05%,为耕地面积的 3.7 倍,林地面积的 3.1 倍。广阔的草地资源为我国养羊业的发展提供了坚实的物质基础。羊合群性好,放牧采食能力强,加之具有强大的消化系统,适于放牧饲养。放牧饲养符合羊的生物学特性,又可节约粮食,降低饲料成本和管理费用,增加养羊业的生产效益。但是,近年来一些急功近利的思想充斥在养羊业,无节制地扩大饲养规模、过度放牧、超载饲养现象屡见不鲜,造成的直接后果就是草场严重退化,生态环境恶化,草场载畜量和生产力降低,土地沙化。因此,充分、合理、科学、持续、经济地利用我国宝贵的草地资源,提高草地的生产水平,增加养羊业的经济效益,是广大畜牧科技工作者面临的重大研究课题。

一、原生态饲养

原生态饲养的核心是接近自然,羊群在自然生态环境中采食,按照自身的生长发育规律自然地生长,其物质基础是天然草场,即牧场。在我国大部分的养羊地区,尤其是以草地畜牧业为主的牧区,必须根据气候的季节性变化和牧草的生长规律,草地的地形、地势及水源等具体情况规划牧场,才能确保羊只"季季有牧场,日日有草吃"。

(一)放牧羊群的组织

合理组织羊群,有利于羊的放牧和管理,是保证羊吃饱草、快上膘和提高草场利用率的一个重要技术环节。在我国北方牧区和西南高寒山区,草场面积大,人口稀少,羊群规模一般较大;而在南方丘陵和低山区,草场面积小而分散,农业生产较发达,羊的放牧条件较差,羊群规模较小,在放牧时必须加强对羊群的引导和管理,才能避免羊啃食庄稼。

饲养羊只数量大时,同一品种可分为种公羊群、试情公羊群、成年母羊群、育成公羊群、育成母羊群、羯羊群和育种母羊核心群。羊只数量较少时,不易组成太多的羊群,应将种公羊单独组群(非种用公羊应去势),母羊可分为繁殖母羊群和淘汰母羊群。在羊的育种工作中,若采用自然交配,配种前1个月左右将公羊按照1∶(25～30)的比例放入母羊群中饲养。在冬季来临时,应根据草料情况确定羊只的数量,做到以草定畜,对老龄和瘦弱的羊只应淘汰处理。冬、春季节养羊一般采用放牧和补饲相结合的方式,除组织羊群放牧外还要考虑羊舍面积、补饲和饮水条件、牧工的劳动强度等因素,羊群的大小要有利于放牧和日常管理。

(二)原生态饲养放牧方式

1. 固定放牧

即羊群一年四季在一个特定区域内自由放牧采食。这种放牧方式不利于草场的合理利用与保护,载畜量低,单位草场面积提供的产品数量少,羊的数量与草地生产力之间自求平衡。这是现代养羊业应该摒弃的一种放牧方式。

2. 围栏放牧

围栏放牧是根据地形把牧场围起来,在一个围栏内,根据牧草所提供的营养物质数量并结合羊的营养需要量,安排放牧一定数量的羊。修建围栏是草原保护和合理利用的最好办法,是提高草原生产能力的最有效途径。根据国内、外先进经验,围栏建设能够提高草原生产能力和畜牧业生产率达25%以上;据内蒙古试验,围栏内产草量可提高17%～65%,牧草的质量也有所提高。

3. 季节轮牧

季节轮牧是根据四季牧场的划分,按照季节交替轮流交换牧场进行放牧。这是我国牧区目前普遍采用的放牧方式,能比较合理地利用草场,提高放牧效果。为了防止草场退化,可安排休闲牧场,以利于牧草的恢复。

4.划区轮牧

划区轮牧是有计划利用草场的一种放牧方式,是以草定畜原则的体现。把草场划分为若干个季节草场,在每个季节草场内,根据牧草的生长、草地生产力、羊群对营养的需要和寄生虫的侵袭动态等,把各个放牧地段划分为若干轮牧小区,把一定数量的牲畜限制在轮牧小区内,有计划地定期依次轮回放牧。

划区轮牧与自由放牧相比有诸多优点。一是能合理利用和保护草场,提高草场载畜量,比自由放牧方式可提高牧草利用率25%。二是羊群被控制在小范围内,减少了游走所消耗的热能而增重加快,与自由放牧相比,春、夏、秋、冬四季的平均日增重可分别高13.42%、16.45%、52.53%和100.00%。三是能控制内寄生虫感染。因为随粪便排出的羊体内寄生虫卵经7~10天发育成幼虫即可感染羊群,所以羊群在某一小区的放牧时间限制在6天以内,即可减少内寄生虫的感染。四是可以防止羊只自由乱跑践踏破坏植被,让羊吃上新鲜的再生牧草。

实施划区轮牧需做好以下工作。

(1)确定载畜量　根据草场类型、面积及产草量划定草场,结合羊的日采食量和放牧时间,确定载畜量。

(2)羊群在季节草场内放牧地段的配置　在同一季节草场内,不同羊群配置在哪些地段放牧,所需面积多大,应有一个大体的分配。分配各种羊群放牧地段,先根据羊的性别、年龄、用途、生产性能以及组织管理水平等因素,确定羊群的规模。要考虑草场的水源条件、放牧方式、轮牧小区的大小以及轮牧的天数等条件。比如,细毛羊不善跋涉,对粗硬牧草采食率低,山羊和粗毛羊喜爬坡,食草种类多,分配地段时,细毛羊要选择比山羊、粗毛羊好一点的放牧地段。

(3)确定放牧频率　放牧频率是指在一个放牧季节内每个小区轮回放牧的次数。它取决于草原类型和牧草再生速度,一般当牧草长到8~20厘米高时便可再次放牧。牧草在生长季节内并不是无限地天天生长,当能量等积累到一定程度时,其生长速度则逐渐减慢,直到停滞,这就是牧草的生长周期,一般为 35 天。为了有效利用牧草的营养物质和提高牧草的再生力,应在牧草拔节后和抽穗前进行放牧。

(4)确定放牧天数 在一个轮牧小区的放牧天数,是以牧草采食后的再生草不被牲畜吃掉和减少牲畜疫病传染为原则。牧草再生长到 5~6 厘米,就容易被牲畜吃掉。牧草一般每天可长 1~1.5 厘米,5~6 天就可以长到 5~6 厘米。牲畜常见的蛔虫病寄生虫卵在粪便中要 7~10 天才能变成可传染的幼虫。因此,在一个轮牧小区的放牧天数应为 5~6 天为宜。

(三)放牧羊群的队形

为了控制羊群游走、休息和采食时间,使其多采食、少走路而有利于抓膘,在放牧实践中,应通过一定的队形来控制羊群。羊群的放牧队形名称甚多,但基本队形主要有"一条龙"、"一条鞭"和"满天星"3 种。放牧队形主要根据牧地的地形地势、植被覆盖情况、放牧季节和羊群的饥饱情况而进行变化和调整。

(1)一条龙 放牧时,让羊排成一条纵队,放牧员走在最前面,如有助手则跟在羊群后面。这种队形适宜在田埂、渠边、道路两旁等较窄的牧地放牧。放牧员应走在上坡地边,观察羊的采食状况,控制好羊群,不让羊采食庄稼。

(2)一条鞭 是指羊群放牧时排列成"一"字形的横队。横队一般有 1~3 层。放牧员在羊群前面控制羊群前进的速度,使羊群缓缓前进,并随时命令离队的羊只归队,如有助手可在羊群后面防止少数羊只掉队。出牧初期是羊采食高峰期,应控制住领头羊,放慢前进速度;当放牧一段时间,羊快吃饱时,前进的速度可适当快一点;待到大部分羊只吃饱后,羊群出现站立不采食或躺卧休息时,放牧员在羊群左右走动,不让羊群前进;羊群休息、反刍结束,再继续前进放牧。此种放牧队形,适用于牧地比较平坦、植被比较均匀的中等牧场。春季采用这种队形,可防止羊群"跑青"。

（3）满天星　是指放牧员将羊群控制在牧地的一定范围内让羊只自由散开采食,当羊群采食一定时间后,再移动更换牧地。散开面积的大小主要取决于牧草的密度。牧草密度大、产量高的牧地,羊群散开面积小,反之则大。此种队形适用于任何地形和草原类型的放牧地,对牧草优良、产草量高的优良牧场或牧草稀疏、覆盖不均匀的牧场均可采用。

不管采用何种放牧队形,放牧员都应做到"三勤"（腿勤、眼勤、嘴勤）、"四稳"（出入圈稳、放牧稳、走路稳、饮水稳）、"四看"（看地形、看草场、看水源、看天气）,宁为羊群多磨嘴,不让羊群多跑腿,保证羊一日三饱。否则,羊走路多,采食少,不利于抓膘。

（四）原生态饲养注意事项

（1）饮水　给羊只饮水是每天必须要做的工作。要注意饮井水、河水和泉水等活水,不饮死水,以防寄生虫病的发生;饮水前羊要慢走,以防奔跑喝呛水而引起异物性肺炎;喝水时不要呼喊、打鞭子;顶水走能喝到清水,慢走能喝足。

（2）喂盐　盐除了供给羊所需的钠和氯外,还能刺激食欲,增加饮水量,促进代谢,利于抓膘和保膘。成年羊每日供盐 10～15 克,羔羊 5 克左右。简便的方法是把盐压成末,有条件的加点骨粉,混合均匀撒在石板上,任其自由舔食;舍饲和补饲的可拌在饲料中饲喂,也可以在制作青贮饲料时按比例加盐。

（3）做好"三防"　即要防野兽、防毒蛇、防毒草。在山地放牧防野兽的经验是:早防前,晚防后,中午要防洼沟沟;防毒蛇危害,牧民的经验是:冬季挖土找群蛇、放火烧死蛇,其他季节是"打草惊蛇";防毒草危害,牧民的经验是"迟牧,饱牧",即让羊只吃饱草后再放入毒草混生区域放牧,可免受毒草危害。

（4）要注意数羊　每天出牧前和归牧后,要仔细清点羊只数量和观察羊只体况,遇有羊只缺失,应尽快寻回;若有羊只精神不佳或行动困难,应留圈治疗。

(5)定期驱虫和药浴　放牧饲养的羊只接触环境复杂,易感染各种寄生虫病。内、外寄生虫是羊抓膘保膘的大敌,春、秋两季驱虫防治绦虫、蛔虫、结节虫、鼻蝇幼虫、肝片吸虫等内寄生虫,剪毛后药浴防治疥癣、虱等外寄生虫。

二、仿生态饲养

粗放经营使畜牧业生产在很大程度上受自然条件和气候条件的制约,生产周期长,成本高,商品度低。按照羊的生物学特点建设标准化棚圈,走舍饲、半舍饲和全舍饲畜牧业道路是发展现代化畜牧业的基础条件,能有效避免传统畜牧业粗放的生产方式,其特点是资金和物质投入多、技术含量高、生产水平高、生产效益好。

(一)发展仿生态养羊的意义

①通过把羊圈养,对草原生态起到保护作用,使得大部分草原能得到有效保护和利用,解决了草原生态和牧业发展相矛盾的问题。

②使畜牧业能够稳定、持续地发展。仿生态养羊对养羊业的贡献主要表现在五个方面,即快速增加羊只头数、加快周转、提高单产、产业化经营、克服自然灾害的威胁。

③增加了养羊收入,提高了经济效益。

(二)仿生态养羊的饲养方式

1.全舍饲养羊

畜牧业生产方式的转变,其标志就是舍饲圈养,即不进行放牧,在圈舍内采用人工配制的饲料喂羊。要从规模上改变我国养羊业生产的落后状况,必须改变传统落后的饲养方式,尤其是农区和半农半牧区发展养羊业产业化生产,舍饲规模饲养是根本出路之一。

饲料供应是舍饲养羊的基础,必须有足够的饲草料作为支撑,并做到饲料多样化。饲料分粗饲料和精饲料,粗饲料主要为各种青、干牧草,农作物秸秆和多汁块根饲料等;精饲料主要为玉米、麸皮、饼类和矿物质、维生素添加剂。

另外,建立科学合理的饲草供应体系,要按照先种草后养羊的发展思路,抓好优质牧草的种植和科学的田间管理、田间收获及草产品调制技术。同时要充分利用农作物秸秆,大搞青贮、氨化、微贮饲草,为舍饲羊准备好充足的饲草饲料,并且按照合理的日粮配比科学地提供饲料。

舍饲养羊要根据羊不同生长阶段、性别、年龄、用途等分类分圈饲养,并根据羊营养需要科学搭配饲草饲料,尽量供给全价饲料,严防草料单一,加强运动,供给充足清洁的饮水。同时要做好圈舍卫生消毒,定期做好传染病的预防免疫、驱除寄生虫,确保羊群健康发展。

2. 半舍饲养羊

是把全年划分为 3 个饲养时期,不同的时期采用不同的饲养方法,即放牧、补饲、舍饲相结合的饲养方式。

(1)舍饲期(牧草萌发期) 5～7 月份,牧草刚刚萌发返青,羊易"跑青",必须实行圈养舍饲,才能保证羊正常的生长发育,也保护了草地。饲草以农作物秸秆、牧草、野草为主,另加 15% 的配合颗粒饲料,加入 10～15 克盐或在圈内放置盐砖任其自由舔食。每天分 3 次饲喂,并保证足量饮水。

(2)放牧期(盛草期) 8～11 月份,牧草长势旺,绝大部分牧草处于现蕾或初花期至结实枯草期之间,营养丰富,产草量大,可充分利用天然草地的饲草资源放牧抓膘,全天放牧,一般不需补饲。

(3)补饲期(枯草期) 12 月至第二年 4 月份,天气寒冷,风雪频繁。此时大地封冻,羊对林草地破坏较小。白天可放牧充分采食枯草和林间落叶。但牧草凋萎枯干,营养价值很低,需在晚间适当补饲。如有条件补些精料效果更好。

第三节　羔羊饲养

羔羊是指从出生到断奶的羊羔。羔羊阶段饲养的好坏关系到其终身发育的优劣和生产水平的高低,如饲养管理不当,则生长发育不良,羔羊病多,死亡率高,只有根据羔羊在哺乳期的特点进行合理的饲养管理,才能保证羔羊健康生长发育。有的国家对羔羊采取早期断奶,然后用代乳品进行人工哺乳。目前,我国羔羊多采用2～3月龄断奶,但采用代乳品早期断奶,已成为规模化羔羊饲养的大势所趋。

一、羔羊的生理特点

初生时期的羔羊,最大的生理特点是前3个胃没有充分发育,最初起作用的是第4个胃,前3个胃的作用很小。由于此时瘤胃微生物的区系尚未形成,没有消化粗纤维的能力,所以不能采食和利用草料。对淀粉的耐受能力也很低。所吮母乳直接进入真胃,由真胃分泌的凝乳蛋白酶进行消化。随着日龄的增长和采食植物性饲料的增加,真胃凝乳酶的分泌逐渐减少,其他消化酶逐渐增多,从而对草料的消化分解能力开始加强。

二、常见羔羊死亡的原因

羔羊死亡最常出现于出生至生后40天这段时间里。羔羊死亡最常见的原因有:①初生羔羊体温调节机能不完善,抗寒能力差,如果管理不善,羔羊容易被冻死,这是牧场放牧环境下畜舍环境差、保温措施不得力导致冬羔死亡率高的主要原因。②新生羔羊由于血液中缺乏免疫抗体,抗病能力差,容易感染各种疾病,造成羔羊死亡。③羔羊早期的消化器官尚未完全发育,消化系统功能不健全,由于饲喂不当,容易引发各种消化道疾病,造成营养物质消化障碍,营养不良,最终导致过度消瘦而死亡。④母羊在妊娠期营养状况不好,产后无乳,羔羊先天性发育不良,弱羔。⑤初产母羊或护子性不强的母羊所产羔羊,在没有人工精心护理的情况下,也容易造成羔羊死亡。

三、提高羔羊成活率的技术措施

1. 正确选择受配母羊

(1)体型和膘情　体型和膘情中等的母羊繁殖率、受胎率高,羔羊初生重大,健康,成活率高。

(2)母羊年龄　最好选择繁殖率高的经产母羊。初次发情的母羊,各方面条件好的,在适当推迟初配时间的前提下也可选用。

2. 加强妊娠母羊管理

(1)妊娠母羊合理放牧　冬天,放牧要在山谷背风处、半山腰或向阳坡。要晚出早归,不吃霜草、冰碴草,不饮冷水。上下坡、出入圈门要控制速度,避免母羊流产、死胎。妊娠后期最好舍饲。

(2)妊娠母羊及时补饲　母羊膘情不好,势必会影响胎儿发育,致使羔羊体重小,体弱多病,对外界适应能力差,易死亡。母羊膘情不好,哺乳阶段缺奶,直接影响到羔羊的成活。因此,在母羊妊娠阶段进行补饲是十分必要和重要的。

3. 产羔前准备和羔羊护理

(1)产羔前准备　在产羔开始前 3～5 天要彻底清扫和消毒产羔棚舍内的墙壁、地面以及饲草架、饲槽、分娩栏、运动场等。要控制接产房的温度,一般以不低于 5～10℃ 为宜,温度不达标,要及时添购取暖设备。夏、秋季节,应在产羔羊圈不远的地方留出一片草场,专供产羔母羊放牧使用。同时要为产羔母羊及羔羊准备充足的青干草、优质的农作物秸秆、多汁饲料和适当的精饲料。要做好接羔人员的准备,昼夜值班,勤观察;要配备好兽医人员,同时准备好兽医产科器械,以备随时使用。

(2)助产　在母羊产羔过程中,非必要时一般不应干扰,最好让其自行娩出。但有的初产母羊因骨盆和阴道较为狭小,或双胎母羊在分娩第二头羔羊并已感疲乏的情况下,要助产。助产时用手握住羊羔两前肢,随着母羊的努责,轻轻向下方拉出。遇有胎位不正时,要把母羊后躯垫高,将胎儿露出部分送回,手入产道,纠正胎位。羔羊产出后,应及时把口腔、鼻腔里的黏液掏出擦净,以免因呼吸困难、吞咽羊水而引起窒息或异物性肺炎。羔羊身上的黏液应让母羊舔干,既可促进新生羔羊的血液循环,又有助于母羊认羔。顺产的羔羊一般自己会扯断脐带,人工助产下娩出的羔羊,可由助产者断脐带。

(3)救假死　羔羊产出后,身体发育正常、心脏仍有跳动但不呼吸的情况称为假死。其原因是羔羊过早吸入羊水,或子宫内缺氧、分娩时间过长,受凉等。假死的处理方法有两种:一是提起羔羊双后肢,使羔羊悬空并拍击其背部、胸部;二是让羔羊平卧,用双手有节律地推压胸部两侧。短时间假死的羔羊经处理后一般可以复苏。因受凉而造成假死的羔羊,应立即移入暖室进行温水浴,水温由 38℃ 开始,逐渐升到45℃,持续时间为 20～30 分钟,水浴时头部露出水面,防止呛水,羔羊复苏后迅速擦干全身。

四、羔羊的饲养

(一)尽早吃饱、吃好初乳

羔羊产后应尽早吃上初乳。初乳是母羊产后前 3～5 天的乳汁,颜色微黄,比较浓稠,营养十分丰富,含有丰富的蛋白质(17％～23％)、脂肪(9％～16％)、矿物质等营养物质和抗体,尽早使羔羊吃上初乳能增强体质,提高抗病能力,并有利于胎粪的排出。初乳吃得越早、越多,则增重越快,体质越强,成活率越高。

一般羔羊在生后10分钟左右就能自行站立,寻找母羊乳头,自行吮乳。弱羔或初产母羊母性不强,羔羊必须进行人工辅助吃奶。母羊常嗅羔羊的尾根部来辨别是否是自己的羔羊。若产后母羊有病、死亡或多羔缺奶,应给羔羊找保姆羊,其操作方法是把保姆羊的尿液或奶汁抹在羔羊身上,使其气味与原先的气味发生混淆而无法辨别,并在人工辅助下进行几次哺乳。

(二)人工哺乳

人工哺乳的关键是代乳品的选择和饲喂。代乳品至少应具有以下特点:①消化利用率高;②营养价值接近羊奶;③配制混合容易;④添加成分悬浮良好。对于条件好的羊场或养羊户,可自行配制人工合成奶类,喂给7~45日龄的羔羊。人工合成奶的成分为脱脂奶粉60%,还含有脂肪干酪素、乳糖、玉米淀粉、面粉、磷酸钙、食盐和硫酸镁。

每千克代乳料的组成和营养成分如下:水分4.5%,粗脂肪24.0%,粗纤维0.5%,灰分8.0%,无氮浸出物39.5%,粗蛋白23.5%;维生素A 5万国际单位,维生素D 1万国际单位,维生素E 30毫克,维生素K 3毫克,维生素C 70毫克,维生素B_1 3.5毫克,维生素B_2 5毫克,维生素B_6 4毫克,维生素B_{12} 0.02毫克,泛酸60毫克,烟酸60毫克,胆碱1 200毫克;镁120毫克,锌20毫克,钴4毫克,铜24毫克,铁126毫克,碘4毫克;蛋氨酸1 100毫克,赖氨酸500毫克,杆菌肽锌80毫克。

(三)羔羊的补饲

出生后10~40天,应给羔羊补喂优质的饲草和饲料,一方面使羔羊获得更完全的营养物质;另一方面锻炼采食,促进瘤胃发育,提高采食消化能力。对弱羔可选用黑豆、麸皮、干草粉等混合料饲喂,日喂量由少到多。另外,在精饲料中拌些食盐(每天1~2克)为佳。从30天起,可用切碎的胡萝卜混合饲喂。羔羊40~80日龄时已学会吃草,但对粗硬秸秆尚不能适应,要控制其食量,使其逐渐适应。羔羊早龄补饲日粮可参考NRC推荐的羔羊早期补饲日粮配方(表6-4)。

表 6-4　NRC 推荐的羔羊早期补饲日粮配方

日粮组成	配方 A	配方 B	配方 C
饲料原料/%			
玉米	40.0	60.0	88.5
大麦	38.5	—	—
燕麦	—	28.5	—
麦麸	10.0	—	—
豆饼、葵花籽饼	10.0	10.0	10.0
石灰石粉	1.0	1.0	1.0
加硒微量元素盐	0.5	0.5	0.5
金霉素或土霉素/(毫克/千克)	15.0～25.0	15.0～25.0	15.0～25.0
维生素 A/(单位/千克)	500	500	500
维生素 D/(单位/千克)	50	50	50
维生素 E/(单位/千克)	20	20	20

注:①6 周龄以内要碾碎,6 周龄以后整喂;②苜蓿干草单喂,自由采食;③石灰石粉与整粒谷物混拌不到一起,取豆饼等蛋白质饲料与 10%石灰石粉混拌加在整粒谷物的上面喂;④大麦、燕麦可以用玉米替代;⑤预防尿结石病可以另加 0.25%～0.50%氯化铵。

(四)细心管理

羔羊的管理一般分两种:一是母子分群,定时哺乳,圈舍内培育,即白天母子分群,羔羊留在舍内饲养,每天定时哺乳,羔羊在舍内养到 1 个月左右时单独放出运动;二是母子不分群,在一起养。在羔羊 20 日龄以后,母子可合群放出运动。圈舍要保持干燥、清洁、温暖,勤铺垫草,舍温要保持在 5℃以上。

(五)适时断奶

羔羊生长到一定阶段即应断奶。羔羊断奶不仅可以防止母羊乳房炎的发生,有利于母羊恢复体况,准备配种,也能锻炼羔羊的独立生活能力。养羊业发达的国家多采取早期断奶,即在羔羊出生后 1 周左右断奶,然后用代乳品进行人工哺乳,还有的出生后 45～50 天在人工草地上放牧。我国羔羊多采用 2～3 月龄断奶。

断奶多采用一次性断奶法,即将母子分开,不再合群。若发育有强有弱,可采用分次断奶法,即强壮的羔羊先断奶,弱瘦的羔羊仍继续哺乳,断奶时间可适当延长。断奶后将母羊移走,羔羊继续留在原羊舍饲养,尽量给羔羊保持原来的环境。断奶后,羔羊根据性别、体质强弱、体格大小等因素,加强饲养,力求不因断奶影响羔羊的生长发育。

第四节 育成羊的饲养

育成羊是指断奶后到第一次配种前这一阶段的幼龄羊,即4～18月龄的羊。在生产中一般将羊的育成期分为两个阶段,即育成前期(4～8月龄)和育成后期(8～18月龄)。

一、育成前期的饲养管理

在这个时期,尤其是刚断奶的羔羊,生长发育快,瘤胃容积有限且机能不完善,对粗饲料的利用能力较差。羔羊断奶后3～4个月生长发育快,增重强度大,营养物质需要较多,只有满足营养物质的需要,才能保证其正常生长发育。如果育成羊营养不良,就会影响一生的生产性能,甚至使性成熟推迟,不能按时配种,从而降低种用价值。因此,该阶段要重视饲养管理,备好草料,加强补饲,避免造成不必要的损失。

育成前期羊的日粮应以精料为主,并补给优质干草和青绿多汁饲料,日粮的粗纤维不超过15%～20%。每天需要风干饲料0.7～1千克。营养条件良好时,日增重可达到150克以上。

二、育成后期的饲养管理

育成后期是育成羊发育期,维持体能消耗大,但羊的瘤胃机能基本完善,可以采食大量牧草和青贮、微贮秸秆。有专家建议育成后期绵羊每天每只补饲野干草 1 千克、青贮料 1 千克、胡萝卜 0.5 千克、混合精料 0.4~0.7 千克(玉米 50％、豆饼 20％、糠麸 20％,食盐、石粉、骨粉、小苏打、预混料各 2％),对后备公、母羊要适当多一些;10 月龄育成羊可按照表 6-5 所给范例配方进行饲喂。

表 6-5 10 月龄育成羊日粮范例

组成及营养成分	母羊 (40 千克)	公羊 (50 千克)	组成及营养成分	母羊 (40 千克)	公羊 (50 千克)
荒地禾本科干草/千克	0.7	1.0	粗蛋白质/克	195	244
玉米青贮料/千克	2.50	2.00	可消化蛋白质/克	114	156
大麦碎粒/千克	0.15	0.23	钙/克	7.6	10.1
豌豆/千克	0.09	0.1	磷/克	4.5	6.0
向日葵粕/千克	0.06	0.12	镁/克	1.9	2.1
食盐/克	12	14	硫/克	4.2	4.7
二钠磷酸盐/克	—	5	铁/毫克	1 154	1 345
元素硫/克	—	0.7	铜/毫克	9.2	12.4
硫酸铵/毫克	2	3	锌/毫克	45	52
硫酸锌/毫克	20	23	钴/毫克	0.43	0.63
硫酸铜/毫克	8	10	锰/毫克	56	65
饲料单位	1.15	1.35	碘/毫克	0.35	0.41
代谢能/兆焦	12.5	16.0	胡萝卜素/毫克	39	40
干物质/千克	1.5	1.8	维生素 D/国际单位	465	510

育成期的饲养管理直接影响到羊的繁殖性能。饲养管理越好,羊只增重越快,母羊可提前达到第一次配种要求的最低体重,提早发情和配种。母羔羊 6 月龄体重能达到 40 千克,8 月龄就可以配种。公羊的优良遗传特性可以得到充分的体现,为提高选种的准确性和提早利用打下基础。体重是检查育成羊发育情况的重要指标。按月定时测量体重,以掌握羊育成期的平均日增,日增重以 150~200 克为好,要根据增重情况及时调整饲料配方。

育成期间,公、母羊分开放牧和饲养。断奶时不要同时断料和突然更换饲料,待羔羊安全度过应激期以后,再逐渐改变饲料。无论是放牧或舍饲,都要补喂精料,冬季要做好草料的贮备。

第五节 繁殖母羊的饲养

繁殖母羊是羊群正常发展的基础,对于繁殖场内的能繁母羊群,要求一直保持较好的饲养管理条件,以完成配种、妊娠、哺乳和提高生产性能等任务。根据繁殖母羊所处生理时期(如空怀、妊娠、哺乳)的不同,以及不同生理时期母羊对营养需要的不同及日常管理侧重点不同,可将繁殖母羊的饲养管理分为空怀期、妊娠期和哺乳期3个阶段。按照繁殖周期,母羊的空怀期为3个月,怀孕期为5个月,哺乳期为4个月。

一、空怀期

空怀期即恢复期,是指羔羊断奶到配种受胎时期。我国各地由于产羔季节不同,空怀期的时间也有所不同,产冬羔的母羊空怀期一般在5～7月份,产春羔的母羊空怀期在8～10月份。空怀期营养的好坏直接影响配种及妊娠状况。此期饲养的重点是抓膘扶壮,使体况恢复到中等以上,为准备配种妊娠储备营养。研究表明,体况好的母羊第一情期受胎率可达到80%～85%及以上,而体况差的只有60%～75%。因此羔羊要适时断乳,在配种前1.0～1.5个月实行短期优饲,提高母羊配种时的体况,以达到发情整齐,受胎率高,产羔整齐,产羔数多。在日粮配合上,以维持正常的新陈代谢为基础,对断奶后较瘦弱的母羊,还要适当增加营养,以达到复膘。为此,应在配种前1个月按饲养标准配制日粮进行短期优饲,而且优饲日粮应逐渐减少,如果受精卵着床期间营养水平骤然下降,会导致胚胎死亡。此时期每天每只另补饲约0.4

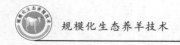

千克的混合精料。

空怀期建议日粮配方(每只每天量):禾本科干草 0.8 千克,微贮或热喷、氨化秸秆 0.4 千克,玉米青贮料 2.6 千克,玉米或大麦碎粒 0.1 千克,食盐 10 克,饲用磷 8 克。日粮营养水平:干物质 1.7 千克,代谢能 14 兆焦,粗蛋白质 174 克,钙 12 克,磷 4.5 克。

二、妊娠期

母羊的妊娠期平均为 150 天,分为妊娠前期和妊娠后期。

1. 妊娠前期

指母羊妊娠的前 3 个月,此期胎儿发育较慢,所需营养与母羊空怀期大体一致,但必须注意保证母羊所需营养物质的全价性,主要是保证此期母羊对维生素及矿物质元素的需要,以提高母羊的妊娠率。羊的消化机能正常时,羊瘤胃微生物能合成机体所需要的 B 族维生素和维生素 K,一般不需日粮提供;羊体内也能合成一定数量的维生素 C;但羊体所需的维生素 A、维生素 D、维生素 E 等则必须由日粮供给。

保证母羊所需营养物质全价性的主要方法是对日粮进行多样搭配。在青草季节,一般放牧即可满足,不用补饲。在枯草期,羊放牧吃不饱时,除补喂野干草或秸秆外,还应饲喂一些胡萝卜、青贮饲料等富含维生素及矿物质的饲料。舍饲则必须保证饲料的多样搭配,切忌饲料过于单一,并且应保证青绿多汁饲料或青贮饲料、胡萝卜等饲料的常年持续平衡供应。

2. 妊娠后期

约 2 个月的时间,是胎儿迅速生长的时期,胎儿初生重的约 90% 是在母羊妊娠后期增加的,故此期怀孕母羊对营养物质的需要量明显增加。此期母羊粗饲料饲喂量基本同妊娠前期,只是须增加精饲料的饲喂量,每只母羊日饲喂精饲料 0.5～0.8 千克,要求日粮中粗蛋白质含量为 150～160 克,代谢水平应提高 15%～20%,钙、磷含量应增加 40%～50%,并要有足量的维生素 A 和维生素 D。在妊娠后期母羊每天可沉积 20 克蛋白质,加上维持所需,每天必须由饲料中供给可消化粗蛋白质 40 克。整个妊娠期蛋白质的蓄积量为 1.8～2.3 千克,其中 80% 是在妊娠后期蓄积的。妊娠后期每天沉积钙、磷量为 3.8 克和 1.5 克。因此妊娠后期的饲养标准应比前期每天增加饲料单位 30%～40%,增加可消化蛋白质 40%～60%,增加钙、磷 1～2 倍。

若此期母羊的营养供应不足,会导致一系列不良后果,如所生羔羊体小(有的仅为 1.4 千克)、毛少(有的刚露毛尖);胎龄虽然是 150 天,但生理成熟仅相当于 120～140 日龄的发育程度,等于早产;体温调节机能不完善;吮吸反射推迟;抵抗力弱,极易发病死亡等。为此,在妊娠的最后 5～6 周,怀单羔母羊可在维持饲粮基础上增加 12%,怀双羔则增加 25%,这样可提高羔羊初生重和母羊泌乳量。

但值得注意的是,此期母羊如果养得过肥,也易出现食欲缺乏,反而使胎儿营养不良。妊娠后期,每天每只补饲混合精料 0.5～0.8 千克,并每天补饲骨粉 3～5 克。产前约 10 天还应多喂些多汁饲料。怀孕母羊应加强管理,防止拥挤、跳沟、惊群、滑倒,日常活动要以"慢、稳"为主,不能饲喂霉变饲料和冰冻饲料,以防流产。

妊娠期建议日粮配方(每只每天量):混合干草 1.0 千克,氨化秸秆 0.3 千克,玉米青贮料 2.5 千克,玉米碎粒 0.3 千克,食盐 13 克,磷酸二氢钠 8 克。日粮营养水平:干物质 1.9 千克,代谢能 16.5 兆焦,粗蛋白质 183 克,钙 14 克,磷 6 克。

三、哺乳期

产后 2～3 个月为哺乳期,哺乳期大约 90 天,一般划分为哺乳前期和哺乳后期。

1. 哺乳前期

指羔羊生后前 2 个月。此时,母乳是羔羊的重要营养物质,尤其是出生后 15～20 天内,几乎是唯一的营养物质,所以应保证母羊全价饲养。研究表明,羔羊每增重 1 千克需消耗母乳 5～6 千克,为满足羔羊快速生长发育的需要,必须提高母羊的营养水平,提高泌乳量。饲料应尽可能多提供优质干草、青贮料及多汁饲料,饮水要充足。刚生产的母羊腹部空虚,体质弱,体力和水分消耗很大,消化机能稍差,应供给易消化的优质干草,饮盐水、麸皮水等,青贮饲料和多汁饲料不宜给得过早、过多。产后3天内,如果膘情好,可以少喂精料,以防引起消化不良和乳房炎,1周后逐渐过渡到正常标准,恢复体况和哺乳两不误。母羊泌乳量一般在产后30～40天达到最高峰,50～60天后开始下降,同时羔羊采食能力增强,对母乳的依赖性降低。因此,应逐渐减少母羊的日粮供给量,逐步过渡到空怀母羊时期的日粮标准。

2.哺乳后期

在哺乳后期,母羊泌乳量逐渐下降,羔羊也能采食草料,依赖母乳程度减小,可降低补饲标准,逐渐恢复正常饲喂,有条件的养殖单位(户)可实施早期断乳,使用代乳料饲喂羔羊,羔羊断乳前应减少多汁饲料、青贮饲料和精料的喂量,防止母羊发生乳房炎。

哺乳期建议日粮配方(%):玉米10.44,麦麸1.8,棉籽饼5.4,苜蓿草粉22,杂草粉22,棉籽壳38,骨粉0.36。营养水平:消化能16.5兆焦/千克,粗蛋白质11.6%,钙0.98%,磷0.42%。

第六节　育肥羊的饲养

羊肉是养羊业中的主要产品,凡不留作种用的成、幼年公羊和羯羊以及失去繁殖能力的母羊都应先经育肥再行宰杀。经过育肥的羊屠宰率高,肉质鲜嫩,同时产肉多,可增加养羊收入。

一、育肥原理

育肥是为了在短期内迅速增加肉量、改善肉质,生产品质优良的毛皮。育肥的原理就是一方面增加营养的储积,另一方面减少营养的消耗,使同化作用在短期内大量地超过异化作用,这就使摄入的养分除了维持生命之外,还有大量的营养蓄积体内,形成肉与脂肪。由于形成肉与脂肪的主要饲料原料是蛋白质、脂肪和淀粉,因此在育肥饲养时必须投入较多的精料,在育肥羊能够消化吸收的限度内充分供给精料。

二、育肥羊的来源

（1）早期断奶的羔羊　一般是指 1.5 月龄左右的羔羊,育肥 50～60 天,4 月龄前出售,这是目前世界上羔羊肉生产的主流趋势。该育肥胴体质量好,价格高。

（2）断奶后的羔羊　3～4 月龄羔羊断奶后育肥是当前肉羊生产的主要方式,因为断奶羔羊除小部分选留到后备羊群外,大部分要进行育肥处理。

（3）成年淘汰羊　主要是指秋季选择淘汰的老母羊和瘦弱羊为育肥羊,这是目前我国牧区及半农半牧区羊肉生产的主要方式。

三、羔羊育肥

绵羊肥羔生长发育快,饲料报酬高,产品成本低。随着市场对羊肉需要量的增长及优质肥羔肉价格的不断提高,肉羊肥羔生产也越来越受到养羊生产者的重视。育肥羔羊包括生长过程和育肥过程（脂肪蓄积）,羔羊的增重来源于生长部分和育肥部分,生长是肌肉组织和骨骼的增加,育肥是脂肪的增加,肌肉组织主要是蛋白质,骨骼则由钙、磷所构成。

（一）断奶羔羊育肥的注意事项

在预饲期,每天喂料 2 次,每次投料量以 30～45 分钟吃净为佳,不够再添,量多则要清扫;加大喂量和变换饲料配方都应在 3 天内完成。

断奶后羔羊运出之前应先集中,空腹一夜后次日早晨称重运出;入舍羊应保持安静,供足饮水,第1~2天只喂一般易消化的干草;全面驱虫和预防注射。要根据羔羊的体格强弱及采食行为差异调整日粮类型。

(二)预饲期

预饲期大约为15天,可分为3个阶段。第一阶段为第1~6天,其中第1~3天只喂干草,让羔羊适应新的环境。从第3天起逐步用第二阶段日粮更换干草,第6天换完。第二阶段为第7~10天,日粮配方为:玉米粒25%、干草65%、糖蜜5%、油饼0.78%、磷0.24%,精饲料和粗饲料比为36:64。第三阶段为第11~15天,日粮配方为:玉米粒39%、干草50%、糖蜜5%、油饼0.62%,精饲料和粗饲料比为50:50。预饲期于第15天结束后,转入正式育肥期。

(三)正式育肥期日粮配制

1.精饲料型日粮

精饲料型日粮仅适于体重较大的健壮羔羊育肥用,如初期重35千克左右,经40~55天的强度育肥,出栏体重达到48~50千克。日粮配方为:玉米粒96%,蛋白质平衡剂4%,矿物质自由采食。其中,蛋白质平衡剂的成分为上等苜蓿62%、尿素31%、黏固剂4%、磷酸氢钙3%,经粉碎均匀后制成直径0.6厘米的颗粒;矿物质成分为石灰石50%、氯化钾15%、硫酸钾5%,微量元素和盐成分是在日常喂盐、钙、磷之外,再加入双倍食盐量的骨粉,具体比例为食盐32%,骨粉65%,多种微量元素3%。本日粮配方中,1千克风干饲料含蛋白质12.5%,总消化养分85%。

管理上要保证羔羊每只每天食入粗饲料45~90克,可以单独喂给少量秸秆,也可用秸秆当垫草来满足。进圈羊活重较大,绵羊为35千克左右,山羊20千克左右。进圈羊休息3~5天注射三联疫苗,预防肠毒血症,隔14~15天再注射1次。保证饮水,从外地购来的羊要在水中加抗生素,连服5天。在用自动饲槽时,要保持槽内饲料不出现间断,每只羔羊应占有 7～8 厘米的槽位。羔羊对饲料的适应期一般不低于 10 天。

2. 粗饲料型日粮

粗饲料型日粮可按投料方式分为两种,一种作为普通饲槽用,将精饲料和粗饲料分开喂给;另一种作为自动饲槽用,将精饲料和粗饲料合在一起喂给。为减少饲料浪费,对有一定规模的肉羊饲养场,采用自动饲槽用粗饲料型日粮。自动饲槽日粮中干草以豆科牧草为主,其蛋白质含量不低于 14%。按照渐加慢换原则逐步转到育肥日粮的全喂量。每只羔羊每天喂量按 1.5 千克计算,自动饲槽内装足 1 天用量,每天投料 1 次。要注意不能让槽内饲料流空。配制出来的日粮在质量上要一致。带穗玉米要碾碎,以羔羊难以从中挑出玉米粒为宜。

3. 青贮饲料型日粮

以玉米青贮饲料为主,可占到日粮的 67.5%～87.5%,不宜应用于育肥初期的羔羊和短期强度育肥羔羊,可用于育肥期在 80 天以上的体小羔羊。育肥羔羊开始应喂预饲期日粮 10～14 天,再转用青贮饲料型日粮。严格按日粮配方比例混合均匀,尤其是石灰石粉不可缺少。要达到预期日增重 110～160 克,羔羊每天进食量不能低于 2.30 千克。

配方可以使用:①碎玉米粒 27%、青贮玉米 67.5%、黄豆饼 0.5%、石灰石粉 0.5%,每千克饲料含维生素 A 1 100 国际单位、维生素 D 110 国际单位、抗生素 11 毫克。此配方中,风干饲料含蛋白质 11.31%、总消化养分 70.9%、钙 0.47%、磷 0.29%。②碎玉米粒 8.75%、青贮玉米 87.5%、蛋白质补充料 3.5%、石灰石 0.25%,每千克饲料中含维生素 A 825 国际单位、维生素 D 83 国际单位、抗生素 11 毫克。此配方风干饲料中含蛋白质 11.31%、总消化养分 63.0%、钙 0.45%、磷 0.21%。

四、成年羊育肥

成年羊育肥在我国较普遍采用,主要利用淘汰的公羊和母羊,加料催肥,适时宰杀,供应市场。这种方法成本低、简单易行。成年羊骨架发育已经完成,如育肥得当,也可得到较好的育肥效果。需要注意的是,供育肥的公羊应去势,去势后可以做到更好的育肥,改善肉的品质。

产区群众对于成年羊的育肥有着丰富的经验。成年公羊育肥以利用农副产品和精料为主,比如将大豆、豌豆、大麦或饼类煮熟,强力饲喂,并补以鲜、干青草,育肥效果很好。有的则采用夏、秋季节放牧抓膘,或在秋茬补精料,春节前膘壮时屠宰,这样可使市场上得到物美价廉的羊肉。

总之,不论是育肥羔羊还是成年羊,供给羊的营养物质必须超过它本身的维持营养需要量才有可能在体内蓄积肌肉和脂肪。成年羊体重的增加主要是脂肪的增加,羔羊生长的主要是肌肉,因此,育肥羔羊比育肥成年羊需要更多的蛋白质。就育肥效果来说,育肥羔羊比育肥成年羊更有利,因为羔羊增重较成年羊要快。

五、育肥羊的管理

肉羊在育肥前要驱虫,搞好日常清洁卫生和防疫工作,减少疾病和寄生虫对育肥羊的损害。每出栏一批育肥羊,都要对羊舍彻底清扫、冲洗和消毒,防止疾病传播和寄生虫滋生。育肥期间保持圈舍和场地安静,通风良好,减少育肥羊的活动,减少维持消耗,以提高日增重。气温低于0℃时要注意防寒,气温高于27℃时要做好防暑工作,炎热的夏天一般不宜进行强度育肥。

六、影响羊育肥的因素

(1)品种　品种因素是影响羊育肥的内在遗传因素。充分利用国外培育的专门化肉羊品种,是追求母羊性成熟早、全年发情、产羔率高、泌乳力强,以及羔羊生长发育快、成熟早、饲料报酬高、肉用性能好等理想目标的捷径。

（2）品种间的杂交　品种间的杂交直接影响羊的育肥效果,利用杂种优势生产羔羊肉在国外羊肉生产国普遍采用。他们把高繁殖率与优良肉用品质相结合,采用 3 个或 4 个品种杂交,保持高度的杂种优势。据测定,2 个品种杂交的羔羊肉产量比纯种亲本提高约 12％,在杂交中每增加一个品种,产量提高 8％～12％。

（3）育肥羊的年龄　年龄因素对育肥效果的影响很大。年龄越小,生长发育速度越快,育肥效果越好。羔羊在生后几个月内生长快、饲料报酬高、周转快、成本低、收益大。同时,由于肥羔具有瘦肉多、脂肪少、肉品鲜嫩多汁、易消化、膻味少等优点,深受市场欢迎。

（4）日粮的营养水平　同一品种在不同的营养条件下,育肥增重效果差异很大。

第七节　生态养羊管理技术

一、分群管理

（1）种羊场羊群　一般分为繁殖母羊群、育成母羊群、育成公羊群、羔羊群及成年公羊群。一般不留羯羊群。

（2）商品羊场羊群　一般分为繁殖母羊群、育成母羊群、羔羊群、公羊群及羯羊群,一般不专门组织育成公羊群。

（3）肉羊场羊群　一般分为繁殖母羊群、后备羊群及商品育肥羊群。

（4）羊群大小　一般细毛羊母羊为 200～300 只,粗毛羊 400～500只,羯羊 800～1 000 只,育成母羊 200～300 只,育成公羊 200 只。

二、编号

为了便于辨认个体与记录,应对每只羊进行编号。编号的方法有耳标法、刺字法、剪耳法及烙字法 4 种,当前采用较多的是耳标法。

(1)耳标法　耳标由塑料制成,有圆形和长方形两种。长方形的耳标在多灌木的地区放牧时容易被挂掉,圆形的比较牢靠。舍饲羊群多采用长方形耳标。耳标编号上应反映出羊的品种、出生年份、性别、单双羔及个体顺序号,通常插于左耳基部。编号采用 6 位数,即 ABCDDD。A 为年号的尾数,B 为品种代号,C 为种公羊代号,DDD 为羊个体顺序号,单号为公羔,双号为母羔。如 2009 年出生的德肉美(代号设为 1)公、母羔羊各 1 只,其父代号为 3 号,其编号为:公羔 913001,母羔 913002。

(2)剪耳法　是用专门的剪刀钳在羊的耳朵上打缺口或圆孔来代表羊号。

三、捕羊和导羊前进

捕羊和导羊前进是羊群管理上经常遇到的工作。正确的捕捉方法是:趁羊不备时,迅速抓住羊的左后肢或右后肢飞节以上部位。当羊群鉴定或分群时,必须把羊引导到指定的地点。羊的性情很倔犟,不能扳住羊头或犄角使劲牵拉,人越使劲,羊越往后退。正确的方法是:用一只手扶在羊的颈下,以便左右其方向,另一只手放羊尾根处,为羊搔痒,羊即前进。

四、羔羊去势

为了提高羊群品质,每年对不做种用的公羊都应该去势,以防杂交乱配。去势俗称阉割,去势的羔羊被称为羯羊。去势后公羊性情温顺,便于管理,易于育肥,肉无膻味,且肉质细嫩。性成熟前屠宰上市的肥羔一般不用去势。公羔去势的时间为生后 2～3 周,天气寒冷亦可适当推迟,不可过早或过晚,过早则睾丸小,去势困难;过晚则睾丸大,切口大,出血多,易感染。

去势方法通常有4种,即刀切法、结扎法、去势钳法及化学去势法,常用的是刀切法和结扎法。

(1)刀切法 由一个人固定羔羊的四肢,用手抓住四蹄,使羊腹部向外,另一个人将阴囊上的毛剪掉,再在阴囊下1/3处涂以碘酒消毒,左手握住阴囊根部,将睾丸挤向底部,用消毒过的手术刀将阴囊割破,把睾丸挤出,慢慢拉断血管与精索。用同样方法取出另一侧睾丸。阴囊切口内撒消炎粉,阴囊切口处用碘酒消毒。去势羔羊要放在干净圈舍内,保持干燥清洁,不要急于放牧,以防感染或过量运动引起出血。过1~2天须检查一次,如发现阴囊肿胀,可挤出其中血水,再涂抹碘酒和消炎粉。在破伤风疫区,在去势前对羔羊注射破伤风抗毒素。

(2)结扎法 结扎法常在羔羊出生1周后进行,操作时将睾丸挤于阴囊内,用橡皮筋将阴囊紧紧结扎,经半个月后,阴囊及睾丸血液供应断绝而萎缩并自行脱落;另一种方法是,将睾丸挤回腹腔,在阴囊基部结扎,使阴囊脱落,睾丸留在腹内,失去精子形成条件,达到去势的目的。

五、去角

有些奶山羊和绒山羊长角,这给管理带来很大的不便,个别性情暴躁的种公羊还会攻击饲养员,造成人身伤害。为了便于管理工作,羔羊在生后10天内需进行去角。

去角方法有以下两种。

(1)化学去角法 一般用棒状苛性钠(氢氧化钠)在角基部摩擦,破坏其皮肤及角原组织。操作方法:先把羔羊固定住,然后摸到头部长角的角基,用剪子剪掉周围的毛,并涂以凡士林,防止碱液损伤到别处的皮肤。将表皮摩擦至有血液渗出时为止,以破坏角的生长芽。去角时应防止苛性钠摩擦过度,否则易造成出血或角基部凹陷。

(2)烧烙法 将烙铁置于炭火中烧至暗红,或用功率为300瓦左右的电烙铁对羔羊的角基部进行烧烙,烧烙的次数可多一点,但是须注意烧烙时间不要超过 10 秒钟,当表层皮肤破坏并伤及角原组织后可结束,对术部进行消毒处理。

六、断尾

细毛羊与二代以上的杂种羊,尾巴细长,转动不灵,易使肛门与大腿部位很脏,也不便于交配,因此需要断尾。断尾一般在羔羊出生后 1 周内进行,将尾巴在距离尾根 4～5 厘米处断掉,所留长度以遮住肛门及阴部为宜。通常断尾方法有热断法和结扎法两种。

(1)热断法 断尾前先准备一块中间留有圆孔的木板将尾巴套进,盖住肛门,然后用烙铁断尾器在羔羊的第 3～4 节尾椎间慢慢切断。这种方法既能止血又能消毒。如断尾后仍有出血,应再烧烙止血。最后用碘酒消毒。

(2)结扎法 结扎法是用橡皮筋或专用的橡皮圈,套在羔羊尾巴的第 3～4 尾椎间,断绝血液流通,经 7～10 天后,下端尾巴因断绝血流而萎缩、干枯,从而自行脱落。这种方法不流血,无感染,操作简便,还可避免感染破伤风。

七、羊年龄鉴定

羊年龄的鉴定可根据门齿状况、耳标号和烙角号来确定。

(一)根据门齿状况鉴定年龄

绵羊的门齿依其发育阶段分作乳齿和永久齿。

幼年羊乳齿计 20 枚,随着绵羊的生长发育,逐渐更换为永久齿,成年时达 32 枚。乳齿小而白,永久齿大而微带黄色。上、下腭各有白齿 12 枚(每边各 6 枚),下腭有门齿 8 枚,上腭没有门齿。

羔羊初生时下腭即有门齿(乳齿)1 对,生后不久长出第 2 对门齿,生后 2～3 周长出第 3 对门齿,第 4 对门齿于生后 3～4 周时出现。第 1

对乳齿脱落更换成永久齿时年龄为 1～1.5 岁,更换第 2 对时年龄为 1.5～2 岁,更换第 3 对时年龄为 2～3 岁,更换第 4 对时年龄为 3～4 岁。4 对乳齿完全更换为永久齿时,一般称为"齐口"或"满口"。

4 岁以上绵羊根据门齿磨损程度鉴定年龄。一般绵羊到 5 岁以上牙齿即出现磨损,称"老满口"。6～7 岁时门齿已有松动或脱落,这时称为"破口"。门齿出现齿缝、牙床上只剩点状齿时,年龄已达 8 岁以上,称为"老口"。

绵羊牙齿的更换时间及磨损程度受很多因素的影响。一般早熟品种羊换牙比其他品种早 6～9 个月完成;个体不同对换牙时间也有影响。此外,与绵羊采食的饲料亦有关系,如采食粗硬的秸秆可使牙齿磨损加快。

(二)根据耳标号、烙角号判断年龄

现在生产中最常用的年龄鉴定还是根据耳标号、烙角号(公羊)进行。一般编号的头一个数是出生年度,这个方法准确、方便。

八、剪毛和抓绒

(一)剪毛

(1)剪毛时间 细毛羊、半细毛羊只在春天剪毛一次,如果一年剪毛 2 次,则羊毛的长度达不到精纺要求,羊毛价格低,影响收入;粗毛羊可一年剪毛 2 次。剪毛的时间应根据当地的气温条件和羊群的膘情而定,最好在气温比较稳定和羊只膘情恢复后进行。我国西北牧区一般在 5 月下旬至 6 月上旬剪毛;高寒牧区在 6 月下旬至 7 月上旬剪毛;农区在 4 月中旬至 5 月上旬剪毛。过早剪毛,羊只易遭受冷冻,造成应激;剪毛过晚,一是会阻碍体热散发,羊只感到不适而影响生产性能,二是羊毛会自行脱落而造成损失。

(2)剪毛方法 剪毛应先从价值低的羊群开始,借以熟练剪毛技术。从品种讲,先剪粗毛羊,后剪半细毛羊、杂种羊,最后剪细毛羊。同品种羊剪毛的先后,可按羯羊、公羊、育成羊和带羔母羊的顺序进行。先将羊的左侧前后肢捆住,使羊左侧卧地,先由后肋向前肋直线剪开,然后按与此平行方向剪腹部及胸部毛,再剪前、后腿毛,最后剪头部毛,一直将羊的半身毛剪至背中线。再用同样方法剪另一侧毛。

(3)注意事项 剪毛前12~24小时不应饮水、补饲和过度放牧,以防剪毛时翻转羊体引起肠扭转等事故发生。剪毛时动作要轻、要快,应紧贴皮肤,留茬高度应保持在0.3~0.5厘米为宜,毛茬过高影响剪毛量和毛的长度,过低又易伤及皮肤。剪毛时,即使毛茬过高或剪毛不整齐,也不要重新修剪,因为二刀毛剪下来极短,无纺织价值,不如留下来下次再剪。剪毛时注意不要伤到母羊的奶头及公羊阴茎和睾丸;剪毛场地事先须打扫干净,以防杂物混入毛中,影响羊毛的质量和等级;剪毛时应尽量保持完整套毛,切忌随意撕成碎片,否则不利于工厂选毛;羊毛的包装须使用布包,不能使用麻包包装羊毛,以免麻丝混入毛中影响纺织和染色。

(二)抓绒

山羊抓绒的时间一般在4月份,当羊绒的毛根开始出现松动时进行。一般情况下,常通过检查山羊耳根、眼圈四周毛绒的脱落情况来判断抓绒的时间。这些部位绒毛毛根松动较早。山羊脱绒的一般规律是:体况好的羊先脱,体弱的羊后脱;成年羊先脱,育成羊后脱;母羊先脱,公羊后脱。抓绒的方法有两种:①先剪去外层长毛后抓绒;②先抓绒后剪毛。抓绒工具是特制的铁梳,有2种类型:密梳通常由12~14根钢丝组成,钢丝相距0.5~1.0厘米;稀梳通常由7~8根铁丝组成,相距2.0~2.5厘米。钢丝直径0.3厘米左右,弯曲成钩尖,尖端磨成圆秃形,以减轻对羊皮肤的损伤。抓绒时需将羊的头部及四肢固定好,先用稀梳顺毛沿颈、肩、背、腰、股等部位由上而下将毛梳顺,再用密梳作反方向梳刮。抓绒时,梳子要贴紧皮肤,用力均匀,不能用力过猛,防止抓破皮肤。第一次抓绒后,过7天左右再抓一次,尽可能将绒抓净。

九、药浴和驱虫

(一)药浴

定期药浴是羊饲养管理的重要环节。药浴的目的主要是防止羊虱子、蜱、疥癣等体外寄生虫病的发生,这些羊体外寄生虫病对养羊业危害很大,不仅造成脱毛损失,更主要是羊只感染后瘙痒不安,采食减少,逐渐消瘦,严重者造成死亡。

药浴一般在剪毛后 10～15 天进行,这时羊皮肤的创口已基本愈合,毛茬较短,药液容易浸透,防治效果好。药浴应选择晴朗、暖和、无风的上午进行。在药浴前 8 小时停止喂料,在入浴前 2～3 小时,给羊饮足水,以免羊进入药浴池后因为干渴而喝药水中毒。

常用的药浴药物有螨净、敌百虫等。药浴的方法有池浴法和喷雾法。

池浴法在药浴池中进行,药液深度可根据羊的体高而定,以能淹没羊全身为宜。入浴时羊鱼贯而行,药浴持续时间为 2～3 分钟。药浴池出口处设有滴流台,出浴后羊在滴流台上停留 20 分钟,使羊体上的药液滴下来流回药浴池。药浴的羊只较多时,中途应补充水和药物,使药液保持适宜的浓度。对羊的头部,需要人工淋洗,但是要避免将药液灌入羊的口中。药浴的原则是:健康羊先浴,有病的羊最后浴。怀孕 2 个月以上的羊一般不进行药浴。

喷雾法是将药液装在喷雾器内,对羊全身及羊舍进行喷雾。

(二)驱虫

羊的寄生虫病是养羊业中最常见的多发病之一,是影响养羊生产的重大隐患,是养羊业的大敌。羊的寄生虫病不仅影响家畜的生长发育,降低饲料的利用率,使家畜的生产性能降低,同时它比家畜急性死亡所造成的经济损失更大,是引起羊只春季死亡的主要原因之一。

1. 驱虫方法

(1)科学用药　　选购驱虫药时要遵循"高效、低毒、广谱、价廉、方便"的原则。根据不同畜禽品种,选药要正确,投药要科学,剂量要适当。当一种药使用无效或长期使用后要考虑换新的驱虫药,以免畜禽产生抗药性。

(2)选择最佳驱虫时间　　羊只体内外的寄生虫活动具有一定规律性,要依据对寄生虫生活史和流行病学的了解,制订有针对性的方案,选择最适宜的时间进行驱虫。羊的驱虫通常在早春的 2～3 月间和秋末的 9～10 月间进行,幼畜最好安排在每年的 8～10 月间进行首次驱虫。若进行冬季驱虫可将防治工作的重点由成虫转向幼虫,将虫体消灭在成熟产卵之前。由于气候寒冷,大多数的寄生虫卵和幼虫是不能发育和越冬的,所以冬季驱虫可以大大减少对牧草的污染,有利于保护环境,同时也预防和减少羊只再次感染的机会。

(3)必须做驱虫试验　　要先在小范围内小群动物体上进行驱虫试验。一般分为对照组和试验组,每组头数不能少于 3 头(只),一般每组4～5 头(只)。在确定药物安全可靠和驱虫效果后,再进行大群、大面积驱虫。

(4)驱虫前绝食　　绵羊驱虫前要绝食,但究竟绝食多长时间为宜,其说不一。有资料介绍驱虫前一天即不放牧不喂饲,或前一天的下午绝食。对此有学者专门做过多次试验,结果表明,驱虫前绝食时间不能过长,只要夜间不放不喂,于早晨空腹时投药,其治疗效果与绝食一天并无区别。驱虫前绝食时间太长,不但会影响绵羊抓膘,也易因腹内过于空虚而发生中毒甚至死亡。

(5)药物选择

①预防肠道线虫多用盐酸左旋咪唑,口服量为每千克体重 8～10毫克,肌肉注射量为每千克体重 7.5 毫克。应在首次用药后 2～3 周再用药一次。

②预防绦虫一般多用氯硝柳胺(灭绦灵),口服量为每千克体重50～70 毫克,投药前应停饲 5～8 小时。该药对羊的前后盘吸虫也

有效。

③预防肺线虫常用氰乙酰肼,口服量为每千克体重 17.5 毫克,羊体重在 30 千克以上者,总服药量不得超过 0.45 克。皮下注射量为每千克体重 15 毫克。

④驱除肝片吸虫常用硝氯酚,口服量为每千克体重 3～4 毫克,皮下注射每千克体重 1～2 毫克。预防可用双胺苯氧乙醚,此药主要对趋幼虫效果好,口服量为每千克体重 0.1 克。

⑤防治羊虱可用 0.1％～0.5％敌百虫水溶液进行喷雾或药浴。

⑥其他绵羊常见寄生虫可按照表 6-6 进行驱虫。

表 6-6　绵羊常见寄生虫病多发季节及驱虫药

寄生虫病	多发季节	常用药物
羊螨病	冬末春初	双甲脒、伊维菌素、磺硝酚酰
虱蚤病	常年寄生	溴氰菊酯、敌百虫、伊维菌素、阿维菌素、双甲脒
蜱病	春季、夏季	克虫星
羊鼻蝇病	夏季、秋季	伊维菌素、阿维菌素
伤口蛆病	夏季	敌百虫、百合油
脑包虫病	任何季节	伊维菌素、阿维菌素、吡喹酮
棘球蚴病	任何季节	吡喹酮
绦虫病	夏季、秋季	氯硝柳胺、丙硫苯咪唑、阿苯哒唑、别丁(硫氯酚)

2.使用驱虫药物的注意事项

①丙硫苯咪唑对线虫的成虫、幼虫和吸虫、绦虫都有驱杀作用,但对疥螨等体外寄生虫无效。用于驱杀吸虫、绦虫时比驱杀线虫时用量应大一些。有报道称,丙硫苯咪唑对胚胎有致畸作用,所以对妊娠母羊使用该药时要特别慎重,母羊最好在配种前先驱虫。

②有些驱虫药物,如果长期单一使用或用药不合理,寄生虫对药产生了抗药性,有时会造成驱虫效果不好。抗药性的预防可以通过减少用药次数、合理用药、交叉用药得到解决。当对某药物产生了抗药性时,可以更换药物。

第七章

羊场建筑与设备

第一节　羊场场址的选择

选择羊场场址时,应对地势、地形、土质、水源,以及居民点的配置、交通和电力等物资供应条件进行全面的考虑。场址选择除考虑饲养规模外,应符合当地土地利用规划的要求,充分考虑羊场的饲草饲料条件,还要符合羊的生活习性及当地的社会自然条件。

一、地形、地势

羊场应当地势高燥,至少高出当地历史洪水的水线以上。其地下水应在2米以下。这样的地势可以避免雨季洪水的威胁和减少因土壤毛细管水上升而造成的地面潮湿。低洼潮湿的场地,一方面不利于机体的体热调节,易于滋生病原微生物和寄生虫;另一方面也会严重影响建筑的使用寿命。

地势要向阳背风,特别是避开西北方向的山口和长形谷地,以保持场区小气候气温能够相对恒定,减少冬、春寒风的侵袭。

由于地形、地势的原因,在场区常会出现局部空气涡流现象,造成空气呆滞,因而场区空气污浊、潮湿、阴冷或闷热。在南方的山区、谷地或山坳里,羊舍排出的污浊空气有时会长时间停留和笼罩该地区,造成空气污染。这类地形都不宜作为羊场场址。

羊场的地面要平坦且稍有坡度,以便排水,防止积水和泥泞。地面坡度以 1‰～3‰ 较为理想,坡度过大,建筑施工不便,也会因雨水长年冲刷而使场区坎坷不平。

地形要开阔整齐。场地不要过于狭长或边角太多。场地狭长往往影响建筑物合理布局,拉长了生产作业线,同时也使场区的卫生防疫和生产联系不便。边角太多会增加场区防护设施的投资。

羊场的场地应充分利用天然地形地物作为天然屏障,也要尽可能把羊场设在开阔地形的中央,以有利于对环境的防护及减少对周围环境的污染。

二、土壤

羊场场地的土壤情况对机体健康影响很大。土壤透气透水性、吸湿性、毛细管特性、抗压性以及土壤中的化学成分等,都直接或间接地影响场区的空气、水质,也可影响土壤的净化作用。

透气透水性不良、吸湿性大的土壤,当受粪尿等有机物污染以后,往往在厌氧条件下有机物进行分解,产生氨、硫化氢等有害气体,使场区空气受到污染。同时粪、尿等污物及其产生的有害物质还易通过土壤孔隙或毛细管被带到浅层地下水中,从而使水质受到破坏。

潮湿的土壤是微生物得以生存的条件,也是病原微生物、寄生虫卵以及蝇蛆等存活和滋生的良好场所。潮湿的土壤可使场区和羊舍内空气湿度过高。此外,吸湿性强、含水量大的土壤,因抗压性低,常使建筑物的基础变形,从而缩短其使用年限。

土壤的化学成分可通过水和植物进入机体。土壤中某些元素缺乏或过多,就能使羊只发生某些化学性地方病。

适合建立羊场的土壤,应该是透气透水性强、毛细管作用弱、吸湿性和导热性小、质地均匀、抗压性强的土壤。其中砂壤土地区为理想的羊场场地。砂壤土透水透气性良好,持水性小,因而雨后不会泥泞,易于保持适当的干燥环境,防止病原菌、蚊蝇、寄生虫卵等生存和繁殖,同时也利于土壤本身的自净。选择砂壤土质作为羊场场地,对羊只本身的健康、卫生防疫、绿化种植等都有好处。

但是,在一定地区内,由于客观条件的限制,选择理想的土壤是不容易的,这就需要在羊舍的设计、施工、使用和其他日常管理上,设法弥补当地土壤的缺陷。

三、水源

在养羊的生产过程中,羊只的饮用水、饲料清洗与调制,设备和用具的洗涤等,都需要大量的水。所以,建立一个羊场,必须有个可靠的水源。水源应符合下列要求。

(1)水量充足 羊场的供水量要考虑羊只直接饮水、间接耗水、冲洗用水、夏季降温和生活用水等需要,全场用水量以夏季最大日耗量计算。并应考虑防火和未来发展的需要。

(2)水质良好 水源最好是不经处理即符合饮用标准。新建水井时,要调查当地是否因水质不良而出现过某些地方病,同时还要做水质化验,以利人、羊的健康。羊只饮水水质要求 pH 值在 6.5～7.5 之间,大肠杆菌每升在 10 个以下,细菌总数每升在 100 以下。毒物安全上限:砷 0.2 毫克/千克,铅 0.1 毫克/千克,锰 0.05 毫克/千克,铜 0.5 毫克/千克,锌 2.5 毫克/千克,镁 14 毫克/千克。钠正常量 6.8～7.5 毫克/千克,亚硝酸盐正常量为 0.4 毫克/千克。

(3)取用方便,便于防护 羊场用水要求取用方便,处理技术简

便易行。同时要保证水源水质经常处于良好状态,不受周围条件的
污染。

四、饲草、饲料

在建羊场时要充分考虑放牧场地与饲草、饲料条件。牧区和农牧
结合区,要有足够的四季牧场和打草场;南方草山草坡地区,要有足够
的轮牧草地;而以舍饲为主的农区,必须要有足够的饲草、饲料基地或
便利的饲草来源,饲料要尽可能就地解决。对于奶山羊来说,要特别
注意准备足够的越冬干草和青贮饲料。

五、防疫条件

羊场场地的环境及附近的兽医防疫条件的好坏是影响羊场经营成
败的关键因素之一。场址选择时要充分了解当地和四周疫情,不能在
疫区建场。羊场周围的居民和牲畜应尽量少些,以便发生疫情时进行
隔离封锁。建场前要对历史疫情做周密的调查研究,特别注意附近的
兽医站、畜牧场、集贸市场、屠宰场、化工厂等距拟建场地的距离、方位,
有无自然隔离条件等,同时要注意不要在旧养殖场上建场或扩建。羊
场与居民点之间的距离应保持在300米以上,一般来说,羊场的位置应
选在居民点的下风处,地势低于居民点;与其他养殖场应保持500米以
上;距离屠宰场、制革厂、化工厂和兽医院等污染严重的地点越远越好,
至少应在2 000米以上。做到羊场和周围环境互不污染。如有困难,
应以植树、挖沟等方式建立防护设施加以解决。

六、交通、供电

羊场要求交通便利,便于饲草运输,特别是大型集约化的商品场和
种羊场,其物资需求和产品供销量极大,对外联系密切,故应保证交通

方便。但为了防疫卫生,羊场与主要公路的距离至少要在 100～300 米及以上(如设有围墙时可缩小到 50 米)。羊舍最好建在村庄的下风头与下水头,以防污染村庄环境。

此外,选择场址时,还应重视供电条件,特别是集约化程度较高的羊场,必须具备可靠的电力供应。在建场前要了解供电电源的位置、与羊场的距离、最大供电允许量、供电是否有保证,如果需要可自备发电机,以保证场内供电的稳定可靠。

七、社会条件

新建羊场选址要符合当地城乡建设发展规划的用地要求,否则随着城镇建设发展,将被迫转产或向远郊、山区搬迁,会造成重大的经济损失。

新建羊场选址要参照当地养羊业的发展规划布局要求,综合考虑本地区的种羊场、商品羊场、养羊小区、养羊户等各种饲养方式的合理组织和搭配布局,并与饲料供应、屠宰加工、兽医防疫、市场与信息、产品营销、技术服务体系建设相互协调。

第二节　羊场的规划布局

一、羊场规划布局的原则

①应体现建场方针、任务,在满足生产要求的前提下,做到节约用地,少占或不占可耕地。

②在发展大型集约化羊场时,应当全面考虑粪便和污水的处理和利用。

③因地制宜,合理利用地形地物。比如,利用地形地势解决挡风防

1.2 米²/只;育成羊 0.7～0.8 米²/只;幼龄公、母羊 0.5～0.6 米²/只;育肥羊 0.6～0.8 米²/只。产羔室可按基础母羊数的 20%～25% 计算面积。

(二)羊舍的跨度和长度

羊舍的跨度一般不宜过宽,有窗自然通风羊舍跨度以 6～9 米为宜,这样舍内空气流通较好。羊舍的长度没有严格的限制,但考虑到设备安装和工作方便,一般以 50～80 米为宜。羊舍长度和跨度除要考虑羊只所占面积外,还要考虑生产操作所需要的空间。

(三)羊舍高度

羊舍高度根据气候条件和羊舍跨度有所不同。跨度不大、气候不太炎热的地区,羊舍不必太高,一般从地面到天棚的高位为 2.5 米左右;对于跨度大、气候炎热的地区,可增高至 3 米左右;对于寒冷地区,可适当降低到 2 米左右。羊数多时,羊舍可高些,以保证充足的空气,但过高则不利于保温,建筑费用也高。

(四)门、窗

羊舍的门应宽敞些,以免羊进出时发生拥挤。一般门宽 3 米,高 2 米左右。寒冷地区的羊舍,为防止冷空气直接进入,可在大门外设套门。门上不应有尖锐的突出物,以免刺伤羊只。不设门槛和台阶,有斜坡即可。羊舍的窗户面积一般占舍地面积的 1/15～1/10,距地面在 1.5 米以上,以防止贼风直接吹袭羊群。窗应向阳,保证舍内充足的光线,以利于羊的健康。

二、羊舍建造的基本要求

(一)地面

地面的保暖和卫生条件很重要。羊舍地面要求平整、干燥,易于除去粪便和更换垫土或垫料。舍内地面应高出运动场 15～30 厘米,呈 2‰～2.5‰ 的坡度,以利于排水。

羊舍地面有实地面和漏缝地面两种类型。地面又因建筑材料不同一般分为夯实黏土、三合土(石灰∶碎石∶黏土为 1∶2∶4)、砖地、木质地面等。

土质地面柔软,富有弹性,易于保温,造价低廉。缺点是不够坚固,容易出现小坑,不便于清扫消毒,易形成潮湿的环境。干燥地区可采用。

三合土地面较黏土地面好。如果当地土质不好,地面可铺成三合土地面。如果当地土质太黏,渗水性差,地面可铺沙土或平铺立砖。

砖地面和木质地面最佳,保温、吸水、结实。砖的空隙较多,导热性小,具有一定的保温性能。用砖砌地面时,砖宜立砌,不宜平铺。

(二) 墙

墙在羊舍保温方面起着重要的作用。可利用砖、石、水泥、钢筋、木材等修成坚固耐用的永久性羊舍,这样可以减少维修费用。选用建筑材料应就地取材,选用砖木结构和土木结构均可,但必须坚固耐用、保温性能好、易消毒。

我国多数地区建造羊舍普遍采用土墙、砖墙和石墙;国外有采用铝合金板、胶合板、玻璃纤维板建成保温隔热墙的,其效果也很好。

墙基须有防潮处理,在墙基外面要有通畅的排水设施。

(三) 屋顶和天棚

屋顶兼有防水、保温隔热、承重 3 种功能,正确处理三方面的关系对于保证羊舍环境的控制极为重要。其材料有陶瓦、石棉瓦、木板、塑料薄膜、油毡等,国外也有采用金属板的。屋顶的种类繁多,在羊舍建筑中常采用双坡式,也可以根据羊舍实际情况和当地的气候条件采用双坡式、单坡式、平顶式、联合式、半钟楼式、钟楼式等(图 7-2)。单坡式羊舍跨度小,自然采光好,适用于小规模羊群和简易羊舍;双坡式羊舍跨度大,保暖能力强,但自然采光、通风差,适用于寒冷地区,也是最常用的一种类型。在寒冷地区还可选用平顶式、联合式等类型,在炎热地区可选用钟楼式和半钟楼式。

双坡式　　单坡式　　平顶式　　联合式　　半钟楼式　　钟楼式

图 7-2　羊舍屋顶形状

在寒冷地区可加天棚,其上可贮存冬草,并能增强羊舍保温性能。

(四) 运动场

坐北朝南呈"一"字排列的羊舍,运动场一般设在羊舍的南面,南北走向的羊舍运动场可设在羊舍两边。运动场低于羊舍地面,缓缓倾斜,以砂质壤土为好,便于排水和保持干燥。运动场周围设围栏,公羊围栏高度为 1.5 米, 母羊为 1.2～1.3 米,围栏门宽 1.5～2.5 米。

三、羊舍的基本类型

由于各地的气候条件不同,羊舍的类型也有很大差异,各地在建羊舍时应根据当地自然条件及饲养品种、方式、规模大小和经济情况而定。

1. 长方形羊舍

这类羊舍建筑方便、实用,舍前的运动场可根据分群饲养需要隔成若干小圈。羊舍面积可根据羊群大小、每只羊应占面积及利用方式等确定。见图 7-3。

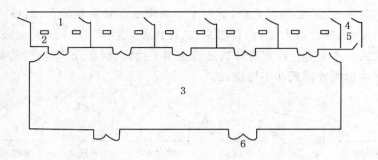

图 7-3　长方形羊舍

1.羊舍　2.通气孔　3.运动场　4.工作室　5.饲料间　6.舍门

2.棚式羊舍

棚式羊舍上有舍顶,四面均用立柱(砖垒柱、水泥混凝土柱或钢柱)支撑。棚式羊舍的舍内小环境受外界环境变化的影响较大,适于长江以南的亚热带和热带地区采用,不宜用于冬、春寒冷季节养羊。

棚式羊舍的建筑结构有多种类型,如木柱草木平顶式、水泥钢筋混凝土柱平拱式、钢柱彩钢瓦双坡式等。

3.棚、舍结合羊舍

这种羊舍大致分为两种类型。一种是利用原有羊舍的一侧墙体,修成三面有墙、前面敞开的羊棚,羊平时在棚内过夜,冬、春进入羊舍。另一种是三面有墙,向阳避风面为 1.0～1.2 米的矮墙,矮墙上部敞开,外面为运动场的羊棚,平时羊在运动场过夜,冬、春进入棚内,这种棚舍适用于冬、春天气较暖的地区。

4.楼式羊舍

楼式羊舍又称高架羊舍,适用于长江以南的多雨地区。这种羊舍通风良好,防热、防潮性能较好。楼板多以木条、竹片敷设,间隙 1～1.5 厘米,离地面 1.5～2.5 米。夏、秋季节气候炎热、多雨、潮湿,羊可住楼上,通风好、凉爽、干燥。冬、春冷季,楼下经过清理即可住羊,楼上可贮存饲草。见图 7-4。

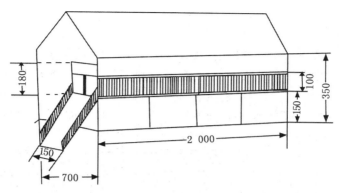

图 7-4　楼式羊舍(单位:厘米)

第四节　养羊设备

养羊的常用设备主要包括草架、饲槽、饮水槽、栅栏、药浴池、青贮设施等。

一、草架

羊爱清洁,喜吃干净饲草,利用草架喂羊,可避免羊践踏饲草,减少浪费,还可减少感染寄生虫的机会。草架的形式多种多样,有靠墙固定单面草架和"∪"形两面联合草架,还有的地区利用石块砌槽、水泥勾缝、钢筋做隔栅,修成草、料双用槽架。草架长度按成年羊每只30~50厘米、羔羊20~30厘米设置,草架隔栅间距以羊头能伸入栅内采食为宜,一般宽15~20厘米。

(一)简易草架

用砖或石头砌成一堵墙,或直接利用羊舍墙,将数根 1.5 米以上长的木棍或木条下端埋入墙根,上端向外斜 25°,木条或木棍的间隙应按羊体大小而定,一般以能使羊头部较易进出为宜。将各竖立的木棍上端固定在一根横棍上,横棍的两端分别固定在墙上即可。见图 7-5。

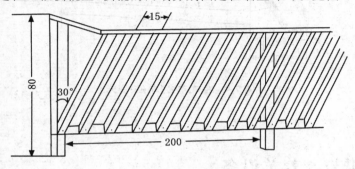

图 7-5　简易草架(单位:厘米)

(二)木制活动草架

先制作一个长方形立体框,再用 1.5 米高的木条制成间隔 15～20 厘米的"∪"形装草架,将装草架固定在立体框之间即可。见图 7-6。

一般木制草架成本低,容易移动,在放牧或半放牧饲养条件下比较实用。舍饲条件下在运动场内用砖块砌槽、水泥勾缝、钢筋做隔栅,做成饲料、饲草两用饲槽,使用效果更好。建造尺寸可根据羊群规模设计。

二、饲槽

为了节省饲料,讲究卫生,要给羊设饲槽。可用砖、石头、土坯、水泥等砌成固定饲槽,也可用木板钉成活动饲槽。

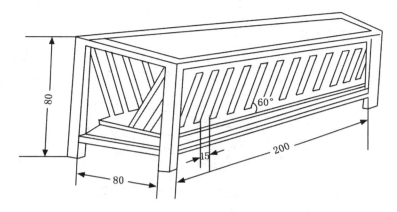

图 7-6　木制活动草架(单位:厘米)

(一)固定式饲槽

用砖、石头、水泥等砌成长方形或圆形固定饲槽。长方形饲槽(图7-7)大小一般要求为:槽体高 25～30 厘米,槽内宽 25～30 厘米,深 25 厘米左右,槽壁应用水泥抹光。槽长依据羊只数而定,一般可按每只大羊 30 厘米、羔羊 20 厘米计算。圆形食槽中央砌成圆锥体,内放饲料。圆锥体外砌成一带有采食孔、高 50～70 厘米的砖墙,羊可分散在圆锥体四周采食。

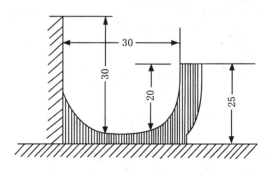

图 7-7　固定式水泥饲槽侧面示意图(单位:厘米)

（二）活动式饲槽

用厚木板或铁皮制成，长 1.5～2 米，上宽 30～35 厘米，下宽 25～30 厘米。见图 7-8 和图 7-9。其优点是使用方便、制造简单。

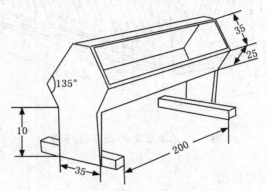

图 7-8　移动式轻便饲槽（单位：厘米）

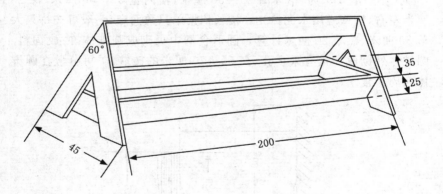

图 7-9　移动式三角架饲槽（单位：厘米）

除此之外，还应设羔羊哺乳饲槽。这种饲槽可先做成一个长方形铁架，用钢筋焊接成圆孔架，每个饲槽一般有 10 个圆形孔，每孔放置搪瓷碗一个，用于哺乳期羔羊的哺乳。

三、饮水槽

饮水槽多为固定式砖水泥结构,长度一般为 1.0～2.0 米。也可安装自动饮水器,这样能够节约用水,并且可在水箱内安装电热水器,使羊能在冬天喝上温水。

四、栅栏

(一)活动围栏

由两块栅栏板用铰链连接而成,每块高 1 米,长 1.2～1.5 米,将此活动木栏在羊舍角隅呈直角展开,并将其固定在羊舍墙壁上,可围成 1.2～1.5 米² 的母仔间(图 7-10),目的是使产羔母羊及羔羊有一个安静又不受其他羊只干扰的环境,便于母羊补料和羔羊哺乳,有利于产后母羊和羔羊的护理。此活动围栏也可用于圈羊,使羊只圈在某一区域,以方便于抓羊等。

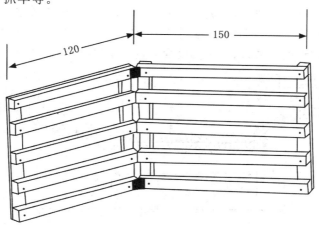

图 7-10　活动母仔栏(单位:厘米)

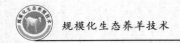
（二）羔羊补饲栏

可用多个栅栏、栅板或网栏在羊舍或补饲场靠墙围成足够面积的围栏，并在栏间插入一个大羊不能进而羔羊可自由进出采食的栅门。

（三）分羊栏

分羊栏供羊分群、鉴定、防疫、驱虫、测重、打号等生产技术性活动用。分羊栏由许多栅板连接而成。在羊群的入口处为喇叭形，中部为一小通道，可容许羊单行前进。沿通道一侧或两侧，可根据需要设置3～4个可以向两边开门的小圈，利用这一设备，就可以把羊群分成所需要的若干小群。

五、药浴池

为防治羊疥癣及其他外寄生虫病，每年应定期给羊药浴。药浴池一般用水泥筑成，形状为长方形水沟状。池的深度约1米，长10～15米，底宽30～60厘米，上宽60～100厘米，以一只羊能通过而不能转身为宜。见图7-11。药浴池的入口端为陡坡，在出口一端筑成台阶；在入口一端设贮羊圈，出口一端设滴流台。羊出浴后，在滴流台上停留一

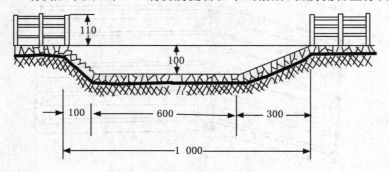

图 7-11　药浴池(单位:厘米)

段时间,使身上的药液流回池内。滴流台用水泥修成。在药浴池旁安装炉灶,以便烧水配药。药浴池应临近水井或水源,以利于往池内放水。有条件的养羊场、户可建造药浴池排水通道。

六、青贮窖或青贮壕

青贮窖或壕一般为长方形,窖底及窖壁用砖、石、水泥砌成。为防止窖壁倒塌,青贮窖应建成倒梯形。人工操作青贮窖的一般尺寸为深3～4米,宽2.5～3.5米,长度视饲喂需要量确定,大小以2～3天能将青贮原料装填完毕为原则。青贮窖应选择地势干燥的地方修建,在离青贮窖50厘米处,应挖排水沟,防止污水流入壕中。

第五节 羊场环境保护

羊场在为市场提供优质羊产品的同时,也要产生大量的粪、尿、污水、废弃物和有害气体。对于养羊的排泄物及废弃物,如果控制与处理不当,将造成对环境及产品的污染。为此在建设羊场时,要进行羊场的绿化,要注意污物处理设施的建设,同时要做好长期的环境保护工作。

一、羊场的绿化

(一)羊场绿化的必要性

羊场绿化的生态效益是非常明显的,主要体现在以下方面。

(1)有利于改善场区小气候 羊场绿化可以明显地改善场内的温度、湿度、气流等状况。在高温时期,树叶的蒸发能降低空气温度,也增加了空气湿度,同时也显著降低了树荫下的辐射强度。一般在夏季的树荫下,气温较树荫外低3～5℃。

（2）有利于净化空气　羊场羊的饲养量大，密度高，羊舍内排出的二氧化碳也比较集中，还有一定量的氨等有害气体一起排出。经绿化的羊场能净化这些气体。据报道，每公顷阔叶林，在生长季节每天可以吸收约 1 000 千克的二氧化碳，产生约 730 千克的氧，而且许多植物还能吸收氨。

（3）有利于减少尘埃　在羊场内及其四周，如种植有高大的树木，它们所形成的林带能净化大气中的粉尘。当含尘量很大的气流通过林带时，由于风速降低，大粒灰尘下降，其余的粉尘及飘尘可被树木枝叶滞留或为黏液物质及树脂所吸附，使空气变得洁净。草地的减尘作用也很显著，除可吸附空气中的灰尘外，还可固定地面上的尘土。

（4）有利于减弱噪声　树木与植被对噪声具有吸收和反射的作用，可以减弱噪声的强度。树叶的密度越大，减音的效果也越显著。

（5）有利于减少空气及水中的细菌量　树林可以使空气中含尘量大为减少，因而使细菌失去了附着物，数目也相应减少。同时，某些树木的花、叶能分泌一种芳香物质，可以杀死细菌、真菌等。

（6）有利于防疫、防火　羊场外围的防护林带和各区域之间种植的隔离林带，可以起到防止人、畜任意往来的作用，因而可以减少疫病传播的机会。在羊场中进行绿化，也有利于防火。

（二）羊场的合理绿化

场界周边可设置林带。在场界周边种植乔木和灌木混合林带，特别是在场界的北、西两侧，应加宽这种混合林带（宽 10 米以上），以起到防风阻沙的作用。

场区内绿化主要采取办公区绿化、道路绿化和羊舍周围绿化等几种方式。场区隔离林带用于分隔场内各区。办公区绿化主要种植一些花卉和观赏树木。场内外道路两旁的绿化，一般种植 1～2 行，而且要妥善定位，在靠近建筑物的采光地段，不应种植枝叶过密、过于高大的树种，以免影响羊舍的自然采光。道路绿化，主要种植一些高大的乔木,如梧桐、白杨等,而且要妥善定位,尽量减少遮光。羊舍周围绿化,主要种植一些灌木和乔木。运动场绿化,在运动场南侧及西侧设 1～2 行遮阴林,起到夏季遮阴的作用。

运动场及圈舍周围种植爬藤植物,可以营建绿色保护屏障。地锦(又名爬山虎)属多年生落叶藤本植物,从夏季防暑降温的角度考虑,可以在运动场及圈舍周围种植该种植物。为了防止羊只啃食,可以在早春季节先种植于花盆,然后移至运动场及圈舍围墙上。

一般要求养羊场场区的绿化率(含草坪)要达到 40％以上。

二、羊粪的合理利用

(一)农牧结合与粪肥还田

羊粪尿主要成分易于在环境中分解。经土壤、水和大气等物理、化学过程及生物分解、稀释和扩散,逐渐得到净化,并通过微生物、植物的同化和异化作用,又重新形成植物体成分。

羊场的固体废物主要是羊粪。羊舍的粪便需要每天及时清除,然后用粪车运出场区。羊粪的收集过程必须采取防扬散、防流失、防渗漏等工艺。要求建立贮粪场和贮粪池,这些贮粪设施需要经过水泥硬化处理,目的在于防止渗漏造成环境污染。

对于一些生产水平较高的示范性羊场,可以采用简易的设备建立复合有机肥加工生产线,使得羊粪经过不同程度的处理,有机质分解、腐化,生产出高效有机肥等产品。对于一般的羊场,可以采用堆肥技术,使羊粪经过堆腐发酵,其中的微生物对一些有机成分进行分解,杀灭病原微生物及寄生虫卵,也可以减少有害气体产生。

羊粪制作有机肥,要因地制宜,达到无害化。从卫生学观点和保持肥效等方面考虑,堆肥发酵后再利用比使用生粪要好。堆肥的优点是技术和设施简单,使用方便,无臭味;同时,在堆制过程中,由于有机物的降解,堆内温度持续 15～30 天、达 50～70℃,可杀死绝大部分病原微生物、寄生虫卵,而且腐熟的堆肥属迟效肥料,对牧草及作物使用安全。

堆肥的方法如下。

(1)场地　需采用水泥地或铺有塑料膜的地面,也可在水泥槽中进行。

(2)堆积体积　将羊粪堆成长条状,高不超过 1.5～2.0 米,宽不超过 1.5～3.0 米,长度视场地大小和粪便多少而定。

(3)堆积方法　先比较疏松地堆积一层,待堆温达到 60～70℃后保持 3～5 天(或者待堆温自然稍降后),再将粪堆压实,然后再堆积一层新鲜粪。如此层层堆积到 1.5～2.0 米为止,用泥浆或塑料膜密封。

(4)中途翻堆　为保证堆肥的质量,含水量超过 75% 时应中途翻堆,含水量低于 60% 时,最好泼水,满足一定的水分要求,从而有利于发酵处理效果。

(5)启用　密封 3～6 个月,待肥堆溶液的电导率小于 0.2 毫西/厘米时启用。

实行羊粪还田,是一种良性生态循环的农牧结合模式,是生态农业的发展方向。具体模式是种草养畜,草畜配套,养羊积肥,以羊促草。这种发展模式减少了规模养羊的环境污染;粪便通过发酵利用,可以减少寄生虫卵和病原菌对人、畜的危害,还可以减少粪便中杂草籽对种植业的不良影响,实现了良好的经济效益和社会生态效益。

(二)沼气池综合利用

羊场配套建设沼气池,有利于防治环境污染,对无公害养殖来说,有重要的应用价值,值得推广与实施。

沼气池按贮气方式分为水压式沼气池、浮罩式沼气池和气袋式沼气池,一般农户、养羊场大多数采用水压式沼气池。随着沼气事业的发展,近几年出现一些容积小、自热条件下产气率高、建造成本较低、进出料方便的小型沼气池。

通过分离器或沉淀池,将固体肥与液体厩肥分离,前者作为有机肥还田,后者进入沼气厌氧发酵池。或者直接将羊场的粪尿送入沼气池进行厌氧发酵法处理。

通过沼气池厌氧发酵法处理,不仅能净化环境,而且可以获得生物能源,解决养羊户的燃料问题。同时,发酵后的沼渣含有丰富的氮、磷、钾等元素,是种植业的优质有机肥。沼液可用于养鱼或牧草地灌溉,将种植业和养殖业有机地结合起来,形成了多级利用,多层次增值。目前许多国家都广泛采用此法处理反刍动物的粪尿。

三、污水处理

污水主要指生产废水和生活污水。生产废水主要来源于各类羊舍的废水,因可能含有病原微生物而被视为污染源。生活污水的主要来源有行政办公区、消毒更衣室的生活用水和厕所产生的污水等。

羊场应采用干法清粪,实现粪、尿等的干湿分离,减少生产用水浪费,从而减少污水的产生量。

对于楼式羊舍,羊舍内的粪便由漏缝地板漏入羊舍下方的贮粪池中,粪水经冲洗进入沼气池或专门的贮污池中。

运动场内的羊粪要做到每天清扫后送走,避免雨水冲刷后产生大量污水。

污水排放采用雨污分流,雨水采用专用沟组织排水。一般来说,在羊舍建造时就应考虑到在屋顶设置天沟,这样可以通过天沟将雨水引入到羊舍的排水管,然后流到排水沟中。

在场内修建污水处理池,粪水在池内静置可使 $50\%\sim85\%$ 的固形物沉淀。处理池应大而浅,但其水深不小于 0.6 米,最大深度不超过 1.2 米。修建时采用水泥硬化,最好先使用防渗漏材料。羊舍及场内所产生的污水主要是尿液及粪便冲洗污水,经收集系统收集后,排入场内的污水处理池,经过二级或三级沉淀、自然发酵后,排入周边农田或果园。

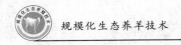

四、废气处理

羊场的废气一是来源于羊场圈舍内外和粪堆、粪场周围的空间,粪污中的有机物经微生物分解产生恶臭以及有害气体;另一来源是羊舍排放的污浊气体。羊场废气的恶臭除直接或间接危害人、畜健康外,还会使羊的生产力降低,使羊场周围生态环境恶化。

在管理上应及时清粪并保持粪便干燥,以减少废气产生量。利用自然通风防止恶臭气体集聚于舍内,使其排出浓度降低,达到有关规定要求。

对于场内羊粪的处理,建立封闭式粪便处理设施是必要的,这样可以减少有害气体的产生及有害气体的逸散。附设有加工有机肥厂的羊场,发酵处理间的粪便加工过程中形成的恶臭气体可以集中在排气口处进行脱臭处理,处理的技术包括化学溶解法、电场净化法和等离子体分解法3种。

五、羊场的生物安全

(一)羊场的生物安全带

羊场四周设置围墙及防护林带,最好在院墙外面建有防疫沟,沟内常年有水。防止闲杂人员及其他畜禽串入羊场。

同时,利用羊舍间防疫间距进行绿化布置,有利于防疫,同时也净化了空气,改善了生产环境。

(二)羊场蚊蝇虻的控制

蚊、蝇、虻是羊场传播一些疾病的有害昆虫,对于羊场的生物安全有很大影响,因此必须予以重视。

除了在易于滋生蚊、蝇、虻的污水沟定期投药物进行药杀以外,在场区设置诱蚊、诱虻、诱蝇的水池和悬挂灭蚊蝇装置也是合理的选择。

利用蚊、蝇、虻喜水、喜草、喜臭味的特性,在离羊舍 5～10 米的位置建造一个水池,并植水稻、稗草。池中央距水面高度 1 米处悬挂高光度青光电子灭蝇灯,这样既可诱杀栖息于水池内水稻、稗草上的虻,还可杀灭蚊子、苍蝇。池水中设置电极,利用土壤电处理机器每隔 1 天启动一次,每次工作 30 分钟,即可杀死水中的虻、蚊幼虫。

此外,对于羊场的粪便存贮设施及粪堆经常以塑料薄膜覆盖,也可以减少苍蝇滋生。

(三)病死羊的处理

兽医室和病羊隔离舍应设在羊场的下风头,距羊舍 100 米以上,防止疾病传播。在隔离舍附近应设置掩埋病羊尸体的深坑(井),对死羊要及时进行无害化处理。对场地、人员、用具应选用适当的消毒药及消毒方法进行消毒。

病羊和健康羊分开喂养,派专人管理,对病羊所停留的场所、污染的环境和用具都要进行消毒。

当局部草地被病羊的排泄物、分泌物或尸体污染后,可以选用含有效氯 2.5% 的漂白粉溶液、40% 的甲醛、10% 的氢氧化钠等消毒液喷洒消毒。

对于病死羊只应作深埋、焚化等无害化处理,防止病原微生物传播。

羊病防治

第一节　羊场卫生防疫措施

羊病防治必须坚持"预防为主"的方针，采取加强饲养管理、搞好环境卫生、开展防疫检疫、定期驱虫、预防中毒等综合性防治措施，将饲养管理工作和防疫工作紧密地结合起来，以取得防病灭病的综合效果。

一、加强饲养管理，增进羊体健康

加强饲养管理，科学喂养，精心管理，增强羊只抗病能力是预防羊病发生的重要措施。饲料种类力求多样化并合理搭配与调制，使其营养丰富全面，改善羊群饲养管理条件，提高饲养水平，使羊体质良好，能有效地提高羊只对疾病的抵抗能力，特别是对正在发育的幼龄羊、怀孕期和哺乳期的成年母羊加强饲养管理尤其重要。各类型羊要按饲养标准合理配制日粮,使之能满足羊只对各种营养元素的需求。

二、搞好环境卫生

养羊环境卫生的好坏,与疫病的发生有密切关系。环境污秽,有利于病原体的滋生和疫病的传播。因此,羊舍、羊圈、场地及用具应保持清洁、干燥,每天清除圈舍、场地的粪便及污物,将粪便及污物堆积发酵,30天左右可作为肥料使用。

羊的饲草应当保持清洁、干燥,不能用发霉的饲草、腐烂的粮食喂羊;饮水也要清洁,不能让羊饮用污水和冰冻水。另外还要注意防寒保暖及防暑降温工作。

老鼠、蚊、蝇等是病原体的宿主和携带者,能传播多种传染病和寄生虫病。应当清除羊舍周围的杂物、垃圾及乱草堆等,填平死水坑,认真开展杀虫灭鼠工作。

三、严格执行检疫制度

检疫是应用各种诊断方法(临床的、实验室的),对羊及其产品进行疫病(主要是传染病和寄生虫病)检查,并采取相应的措施,以防止疫病的发生和传播。为了做好检疫工作,必须有一定的检疫手续,以便在羊流通的各个环节中,做到层层检疫,环环扣紧,互相制约,从而杜绝疫病的传播蔓延。羊从生产到出售,要经过出入场检疫、收购检疫、运输检疫和屠宰检疫,涉及外贸时,还要进行进出口检疫。出入场检疫是所有检疫中最基本、最重要的检疫,只有经过检疫而未发现疫病时,方可让羊及其产品进场或出场。羊场或养羊专业户引进羊时,只能从非疫区购入,经当地兽医检疫部门检疫,并签发检疫合格证明书;运抵目的地后,再经本场或专业户所在地兽医验证、检疫并隔离观察1个月以上,确认为健康者进行驱虫、消毒,没有注射过疫苗的还要补注疫苗,方可混群饲养。

四、有计划地进行免疫接种

根据当地传染病发生的情况和规律,有针对性地、有组织地搞好疫苗注射防疫,是预防和控制羊传染病的重要措施之一。

五、做好消毒工作

定期对羊舍、用具和运动场等进行预防消毒,是消灭外界环境中的病原体、切断传播途径、防制疫病的必要措施。注意将粪便及时清扫、堆积、密封发酵,杀灭粪便中的病原菌和寄生虫或虫卵。

(1)羊舍消毒　一般分两个步骤进行,第一步先进行清扫,第二步用消毒液消毒。消毒液的用量,以羊舍内每平方米面积用1升药液计算。常用的消毒药有10%~20%的石灰乳和10%的漂白粉溶液。消毒方法是将消毒液盛于喷雾器内,先喷洒地面,然后喷墙壁,再喷天花板,最后再开门窗通风,用清水刷洗饲槽、用具,将消毒药味除去。在一般情况下,每年可进行两次(春、秋各一次)。产房的消毒,在产羔前应进行一次,产羔高峰时进行多次,产羔结束后再进行一次。在病羊舍、隔离舍的出入口处应放置浸有消毒液的麻袋片或草垫;消毒液可用2%~4%氢氧化钠(对病毒性疾病)或10%克辽林溶液。

(2)地面土壤消毒　土壤表面消毒可用含2.5%有效氯的漂白粉溶液、4%福尔马林或10%氢氧化钠溶液。停放过芽孢杆菌所致传染病(如炭疽)病羊尸体的场所,应严格加以消毒。首先用上述漂白粉溶液喷洒地面;然后将表层土壤掘起30厘米左右,撒上干漂白粉,并与土混合,将此表土妥善运出掩埋。其他传染病所污染的地面土壤,则可先将地面翻一下,深度约30厘米,在翻地的同时撒上干漂白粉(用量为1米^{2}面积0.5千克);然后以水洇湿,压平。如果放牧地区被某种病原体污染,一般利用自然因素(如阳光)来消除病原微生物;如果污染的面积不大,则应使用化学消毒药消毒。

（3）粪便消毒　羊的粪便消毒方法有多种，最实用的方法是生物热消毒法，即在距羊场 100～200 米以外的地方设一堆粪场，将羊粪堆积起来，上面覆盖 10 厘米厚的沙土，堆放发酵 30 天左右，即可用作肥料。

（4）污水消毒　最常用的方法是将污水引入污水处理池，加入化学药品（如漂白粉或生石灰）进行消毒。消毒药的用量视污水量而定，一般 1 升污水用 2～5 克漂白粉。

（5）皮毛消毒　患炭疽、口蹄疫、布氏杆菌病、羊痘、坏死杆菌病等的羊的皮、毛均应消毒。应当注意，发生炭疽时，严禁从尸体上剥皮。皮、毛消毒，目前广泛利用环氧乙烷气体消毒法。消毒时必须在密闭的专用消毒室或密闭良好的容器（常用聚乙烯或聚氯乙烯薄膜制成的篷布）内进行。此法对细菌、病毒、真菌均有良好的消毒效果，对皮、毛等产品中的炭疽芽孢也有较好的消毒作用。

六、组织定期驱虫

羊寄生虫病发生较普遍。患羊轻者生长迟缓、消瘦，生产性能严重下降，重者可危及生命，所以养羊生产中必须重视驱虫、药浴工作。驱虫可在每年的春、秋两季各进行一次，药浴则于每年剪毛后 10 天左右彻底进行一次，这样即可较好地控制体内外寄生虫病的发生。

预防性驱虫所用的药物有多种，应视病的流行情况选择应用。阿苯达唑（丙硫苯咪唑）具有高效、低毒、广谱的优点，对羊常见的胃肠道线虫、肺线虫、肝片吸虫和绦虫均有效，可同时驱除混合感染的多种寄生虫，是较理想的驱虫药物。目前使用较普遍的阿维菌素、伊维菌素对体内和体外寄生虫均可驱除。使用驱虫药时，要求剂量准确。驱虫过程中发现病羊，应进行对症治疗，及时解救出现毒、副作用的羊。

七、预防毒物中毒

某种物质进入机体，在组织与器官内发生化学或物理化学的作用，引起机体功能性或器质性的病理变化,甚至造成死亡,此种物质称为毒物;由毒物引起的疾病称为中毒。

在羊的饲养过程中,不喂含毒植物的叶、茎、果实、种子;不在生长有毒植物的区域内放牧,或实行轮作,铲除毒草。不饲喂霉变饲料,饲料喂前要仔细检查,如果发霉变质,应废弃不用;注意饲料的调制、搭配和贮藏。有些饲料本身含有有毒物质,饲喂时必须加以调制。如棉籽饼经高温处理后可减毒,减毒后再按一定比例同其他饲料混合搭配饲喂,就不会发生中毒。有些饲料如马铃薯若贮藏不当,其中的有毒物质会大量增加,对羊有害,因此应贮存在避光的地方,防止变青发芽;饲喂时也要同其他饲料按一定比例搭配。

另外,对有毒药品如灭鼠药、农药及化肥等的保管及使用也必须严格,以免羊接触发生中毒事故。喷洒过农药和施有化肥的农田的排水,不应做饮用水;工厂附近排出的水或池塘内的死水,也不宜让羊饮用。

八、发生传染病时及时采取措施

羊群发生传染病时,应立即采取一系列紧急措施,就地扑灭,以防止疫情扩大。兽医人员要立即向上级部门报告疫情,同时要立即将病羊和健康羊隔离,不让它们有任何接触,以防健康羊受到传染;对于发病前与病羊有过接触的羊(虽然在外表上看不出有病,但有被传染的嫌疑,一般叫做"可疑感染羊"),不能再同其他健康羊在一起饲养,必须单独圈养,经过 20 天以上的观察不发病,才能与健康羊合群;如有出现病状的羊,则按病羊处理。对已隔离的病羊,要及时进行药物治疗;隔离场所禁止人、畜出入和接近,工作人员出入应遵守消毒制度;隔离区内的用具、饲料、粪便等,未经彻底消毒不得运出;没有治疗价值的病羊,由兽医根据国家规定进行严格处理;病羊尸体要严格处理,视具体情况,或焚烧,或深埋,不得随意抛弃。对健康羊和可疑感染羊,要进行疫苗紧急接种或用药物进行预防性治疗。如发生口蹄疫、羊痘等急性烈性传染病,应立即报告有关部门,划定疫区,采取严格的隔离封锁措施,并组织力量尽快扑灭。

第二节 常见传染病防治

传染病是病原微生物直接或间接传染给健康羊,经历一定潜伏期而表现出临床症状的一类疾病。病程短、症状剧烈的叫急性传染病,如羊快疫、肠毒血症、炭疽等;病程长、症状表现稍缓慢的叫慢性传染病,如结核、布氏杆菌病等。传染病较其他疾病来势猛,发病数量大,面积广,死亡率高。

一、炭疽

炭疽是一种人、畜共患的急性、败血性传染病,常呈散发性或地方性流行。

(一)病原及传染

炭疽的病原体是炭疽杆菌,炭疽病羊是此病的主要传染源。该病主要经消化道感染,也有经呼吸道、皮肤创伤和吸血昆虫叮咬、螫刺等感染的,潜伏期1~5天。气候温暖、雨量较多时,此病易发生。

(二)症状

多为急性或最急性经过。表现为突然倒地,全身痉挛,瞳孔扩大,磨牙,天然孔口、鼻、肛门等流出带气泡的紫黑色血液,数分钟内死亡。肥壮的羔羊发病死亡更快。病程较缓慢者也只延续几小时,表现不安、战栗、心悸、呼吸困难和天然孔流血等症状。

(三)防治

发病初期,注射抗炭疽血清有一定疗效,第一次 50 毫升。注射一次后,如 4 小时体温不退,可再注射 25～30 毫升。早期发病也可注射磺胺类药物及青霉素等。此病发病急,病程短,往往来不及治疗即死亡,所以应以预防为主。首先,患炭疽死亡的羊,严禁剥皮、吃肉及剖检,否则炭疽杆菌能形成芽孢,污染场地,造成传播。病羊尸体要深埋,被尸体污染的地面应铲除,和尸体一起埋掉。发现病羊应立刻对所在羊群进行检查、治疗,对病羊圈及周围活动场所要彻底消毒。其次,在发生过炭疽的地区内放牧的羊群,每年要进行一次Ⅱ号炭疽芽孢苗的注射。

二、羊快疫

此病是绵羊的一种急性传染病,特点是在羊的第四胃和十二指肠黏膜上有出血性炎症,并在消化道内产生大量气体。

(一)病原及传染

羊快疫的病原体是腐败梭菌。主要通过消化道感染,低洼沼泽地区多发生。早春、秋末气候突然变化,羊在冬季营养不良或采食霜草、患感冒等都能诱发本病。4～7 月龄的断奶羔羊以及 1 周龄以内的羔羊最易感染此病。

(二)症状

突然发病,迅速死亡,整个病程仅 2～12 小时。病羊体温升高,口腔、鼻孔溢出红色带泡沫的液体。有时也有下痢、精神不安、兴奋等症状。有的病羊呈现腹痛、臌气、排出稀粪等症状。

(三)防治

此病发病急,病羊往往来不及治疗,故要以预防为主。疫区的羊应每年春、秋季注射三联苗或四联苗两次。一般接种后 7～10 天即可产生免疫力,免疫期 6～8 个月。

对发病慢的羊可用抗生素或磺胺类药物对症治疗。

三、羊肠毒血症

本病具有明显的季节性,多在春末夏初或秋末冬初发生。羊喂高蛋白精料过多会降低胃的酸度,导致病原体生长繁殖快。多雨、气候骤变、地势低洼等都易诱发本病。

(一)病原及传染

羊肠毒血症(软肾病)的病原体是 D 型魏氏梭菌。羊采食带有病菌的饲料,经消化道感染。病菌可在羊的肠道中大量繁殖,产生毒素而引起本病发生。3～12 周龄羔羊最易患此病而死亡,2 岁以上羊患此病的较少。

(二)症状

多呈最急性症状。病羊突然不安,迅速倒地、昏迷,呼吸困难,随之窒息死亡。病程缓慢的,初期可呈兴奋症状,转圈或撞击障碍物,随后倒地死亡;或初期沉郁,继而剧烈痉挛死亡。一般体温不高,但常有绿色糊状腹泻。

(三)防治

疫区每年春、秋两次注射羊肠毒血症菌苗或三联苗。对羊群中尚未发病的羊只,可用三联苗做紧急预防注射。当疫情发生时,应注意尸体处理,羊舍及周围场所消毒。病程缓慢的可用免疫血清(D 型产气荚膜梭菌抗毒素)或抗生素、磺胺药等,能收到一定疗效。但此病往往发病急,来不及治疗即死亡。

四、山羊传染性胸膜肺炎

山羊传染性胸膜肺炎俗称"烂肺病",是一种高度接触性传染病。本病秋季多发,传播迅速,死亡率较高。其特征是高热,肺实质和胸膜发生浆液性和纤维性炎症。肺高度水肿,并有明显肝脏病变。

(一)病原及传染

病原体为丝状支原体山羊亚种,主要存在于病羊的肺脏、胸膜渗出液和纵隔淋巴结中。本病主要通过飞沫传染,发病率可达95%以上。传染源为病羊和隐性感染羊。成年羊的发病率较幼年羊高,怀孕母羊发病死亡率较高,多为地方性流行。羊只营养不良、受寒、受潮以及羊群过于拥挤,都易诱发本病。

(二)症状

潜伏期18～26天,呈急性或慢性经过,死亡率较高。病初体温升高至41～42℃,精神萎靡,咳嗽,食欲减退,两眼无光,被毛粗乱,发抖,呆立离群。听诊有湿性啰音及胸膜摩擦音;症状沉重时,摩擦音消失,局部呈完全浊音。以手按压肋间时,有疼痛感。呼吸逐渐困难,自鼻孔内流出浆液性黏液样分泌物,鼻黏膜及眼结膜高度充血。后期病羊卧地,呼吸极度困难,背弓起,头颈伸直,口半张开,流涎、流泪,并有胃肠炎、血性下痢。急性时常在4～5天内死亡,死亡率60%～70%,慢性者常因衰竭而死。

(三)防治

对疫区的羊每年定期使用山羊传染性胸膜肺炎氢氧化铝疫苗进行预防注射。发现病羊应及时隔离,对其有可能污染的场所和用具严格消毒。

在治疗上,可用磺胺噻唑钠,每千克体重用0.2～0.4克配成水溶液,皮下注射,每天一次;松节油,成年羊 0.5~0.8 毫升,幼年羊 0.2~0.3 毫升,静脉注射;土霉素,每千克体重 10 毫克,肌肉注射,每天一次。

五、破伤风

(一)病原及传染

本病是一种人、畜共患的急性、创伤性、中毒性传染病。病原体为破伤风梭菌,又称强直梭菌。通常由伤口感染含有破伤风梭菌芽孢的物质引发本病。在伤口小而深、创伤内发生坏死或创口被泥土、粪便、痂皮等封盖,创伤内组织损伤严重、出血、有异物,或在需氧菌混合感染的情况下,破伤风梭菌才能生长发育,产生毒素,引起发病。羊只常因皮肤创伤、公羊去势、母羊分娩、胎儿处理不当而感染发病。

(二)症状

潜伏期一般为 5~15 天。初期症状不明显,常表现为四肢僵硬,精神不振,全身呆滞,运动困难,角弓反张(尤以躺卧时更明显),牙关紧闭,流涎吐沫,饮食困难,并常发生轻度臌胀。突然的响声可使肌肉发生痉挛,致使病羊倒地。在病程后期,因呼吸窒息而死亡,尤以羔羊死亡率高。

(三)防治

破伤风类毒素可较好预防本病。羔羊的预防,则以母羊妊娠后期注射破伤风类毒素较为适宜。

创伤处理:对感染创伤进行有效的防腐消毒处理,彻底排出脓汁、异物、坏死组织及痂皮等,及时用消毒药液消毒创面。并结合青霉素、链霉素,在创伤周围注射,以清除产生破伤风毒素的来源。同时在羔羊断脐、公羊阉割、母羊分娩时要注意器械、手术部位等消毒。

早期应用破伤风血清(破伤风抗毒素),可一次用足量(20 万~80

万单位),也可将总用量分 2～3 次注射。皮下、肌肉、静脉注射均可,也可一半皮下或肌肉注射,一半静脉注射。

六、传染性脓疮

传染性脓疮包括羔羊口疮、传染性口膜炎或脓疱性口膜炎,是急性接触性传染病,以羔羊、幼龄羊发病率较高。其特征为口唇等处皮肤和黏膜形成丘疹、脓疱、溃疡和结成疣状厚痂。

(一)病原及传染

本病由病毒引起。病毒主要存在于病变部位的渗出液和痂块中。健康羊只因同病羊直接接触而感染,或由污染的羊舍、饲料、饮水等而感染。

(二)症状

病变主要在口腔、口唇和鼻等部位,起初出现稍凸起的红色斑点,以后变为红疹、水疱、脓疮,最后形成痂皮。痂皮开始呈红棕色,以后变为黑褐色,非常坚硬。病羊口中流出混浊发臭的口水,疼痛难忍,不能采食。有的病羊蹄部也出现脓疮和溃疡。另外,由于病羔吃奶,也可使母羊的乳房、乳头及大腿内侧出现脓疮和溃疡。若无其他并发病,一般呈良性经过,经过 10 天后,痂块脱落,皮肤新生,并不留任何斑痕。

(三)防治

在流行地区进行疫苗接种。饲料和垫草应尽量拣出芒刺,加喂适量食盐,以减少羊只啃土、啃墙,从而保护皮肤黏膜不造成损伤。

治疗可用 0.1% 的高锰酸钾溶液冲洗患部,或用 5% 硼酸、3% 氯酸钾溶液洗涤,然后涂以 5% 的碘酒或碘甘油,或 2% 龙胆紫(甲紫)、5%

土霉素软膏或青霉素呋喃西林软膏,每天1次或2次。继发咽炎或肺炎者,肌肉注射青霉素。

七、羊痘

(一)病原及传染

羊痘为人畜共患急性接触性传染病,病原体为滤过性病毒。该病可发生于全年任何季节,但以春、秋两季多发,传播很快。传染途径为呼吸道、消化道和受损伤的皮肤。受到病毒污染的饲料、饮水、初愈病羊都可能成为传播媒介。病羊痊愈后能获得终身免疫。

(二)症状

恶性型羊痘,病羊体温升高至41~42℃,精神萎靡,食欲消失,眼肿流泪,呼吸困难。经1~3天,全身皮肤表面出现红色斑疹(痘疹),然后变成丘疹、水疱,最后形成脓疱,7~8天后结成干痂慢慢脱落。羊痘对成年羊危害较轻,死亡率1%~2%,而羔羊患病后死亡率高。

(三)防治

发现病羊应及时隔离,并对其污染的羊舍、用具等进行彻底消毒。局部治疗可用0.1%高锰酸钾溶液冲洗患部,干后涂以碘酒、紫药水、硼酸软膏、硫黄软膏、凡士林、红霉素软膏、四环素软膏等;中药治疗可用葛根15克、紫草15克、苍术15克、黄连9克、绿豆30克、白糖30克,水煎后候温灌服,每日1剂,连用3剂即可见效。

八、流行性眼炎

(一)病原及传染

病原体为滤过性病毒或立克次氏体和细菌,有时三者混合感染。病原体主要存在于眼结膜及其分泌物中,通过直接接触传染,蚊、蝇类

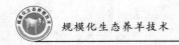

可成为主要传染媒介。气候炎热、刮风、尘土等因素有利于本病的发生和传播。羔羊及青年羊多发。

(二)症状

病初眼睛畏光,流泪,先侵害眼结膜,眼睑肿胀,疼痛,结膜潮红,血管舒张,并有黏性分泌物。然后波及眼角膜,引起角膜充血,呈灰白色混浊;严重者形成溃疡,引起角膜穿孔,甚至失明。一般经过治疗,1~2周即可康复。

(三)防治

发现病羊及时隔离,以防传染,加强护养,避免强光刺激。治疗可用4%硼酸水冲洗病眼,用5%葡萄糖溶液点眼,每天2~3次;用各种眼膏或水剂抗生素眼药水点眼,每天2~3次。

九、羔羊痢疾

羔羊痢疾是以羔羊剧烈腹泻为特征的急性传染病,主要危害7日龄内的羔羊,可造成大批死亡。

(一)病原及传染

引起羔羊痢疾的病原微生物主要为大肠杆菌、沙门氏杆菌、产气荚膜梭菌、肠球菌等。传染途径主要通过消化道,也可经脐带或伤口传染。本病的发生和流行,与怀孕母羊营养不良、护理不当、产羔季节气候突变、羊舍阴暗潮湿等有密切关系。此外,哺乳不当、饥饱不匀及接羔、育羔时清洁卫生条件差等也可诱发本病。

(二)症状

发病初期精神不振,低头弓背,不吃奶,心跳加快。以后出现持续性腹泻,粪便恶臭,初为糊状,以后如稀水状,内有气泡、黏液和血液。

粪便颜色呈黄绿或灰白色。病羔逐渐虚脱,脱水,卧地不起,如来不及治疗常在 1～2 天死去,只有少数病轻者可自愈。有的病羔腹胀而不下痢,或只排少量稀粪,主要表现为神经症状,四肢瘫软,卧地不起,呼吸急促,口流白沫,头向后仰,体温下降,最后昏迷死亡。

(三)防治

加强母羊妊娠后期的饲养管理,使羔羊在胎儿阶段发育良好。产房要保持清洁,并经常消毒,冬季注意保温。产羔后尽量让羔羊吃上初乳,以增加抗病力。羔羊出生 12 小时后灌服土霉素,每次 0.05～0.1 克,每天 1 次,对本病有较好的预防效果。

治疗本病常用药物:土霉素,0.2～0.3 克,加等量胃蛋白酶,加水灌服,每天 2 次;大蒜捣烂,取汁半匙,加等量白酒、醋,混合后一次内服,每天 2 次,每次 10～20 毫升,直至痊愈;诺氟沙星(氟哌酸),每千克体重 0.01 克内服,每天 2 次,连用 3～5 天;病初可肌肉注射青霉素、链霉素各 20 万单位,每天 2 次。

十、羔羊肺炎

羔羊肺炎是羔羊一种急性烈性传染病,其特点是发病急,传染快,常造成大批死亡。

(一)病原及传染

病原体是传染性乳房炎杆菌,患有传染性乳房炎的泌乳羊是主要传染源。病原体存在于乳房里,当羔羊吃乳时经口感染。此外,当羔羊接触病羊或病羊污染的垫草和用具时,也能感染发病。

(二)症状

发病后羔羊体温升高至 41℃,呼吸、脉搏加快,食欲减退或废绝。

精神不振,咳嗽,鼻子流出大量黏液和脓性分泌物。病势逐渐加重,多在几天内死亡。能痊愈者往往发育不良,长期体内带菌并传染健康羊。

(三)防治

发现母羊患传染性乳房炎时,要及时把羔羊隔离,不让其吃病羊乳汁,改喂健康羊乳汁。同时将病母羊污染的圈舍、场地、用具等清扫干净,彻底消毒。对病羔加强护理,饲养在温暖、光亮、宽敞、干燥的圈舍内,多铺和勤换垫草。

羔羊发病初期,可用青霉素、链霉素或卡那霉素肌肉注射,每天2次。用量为每千克体重青霉素1万～1.5万单位,链霉素10毫克,卡那霉素5～15毫克。

十一、巴氏杆菌病

巴氏杆菌病亦称出血性败血病,是由多杀性巴氏杆菌引起的一种人畜共患病。特征为高热、肺炎、急性胃肠炎及多种脏器的广泛出血。

(一)病原及传染

多杀性巴氏杆菌是两端着色的革兰氏阴性短杆菌。本病多发于断奶羔羊,也见于1岁左右的绵羊,而山羊较少见。病羊和带菌者是传染源。主要通过与病羊直接接触或通过本菌污染的垫草、饲料、饮水而感染。多呈散发,有时呈地方性流行。发病不分季节,但以冷热交替、天气剧变、湿热多雨的时期发生较多。

(二)症状

最急性型常见于哺乳羔羊,多无明显症状而突然死亡,或发病急,仅呈现打寒战、呼吸困难等症状,于数分钟至数小时内死亡,无特征病变,仅见全身淋巴结肿胀,浆膜、黏膜有出血点。急性型体温升高至41～42℃,食欲废绝,呼吸急促,咳嗽,鼻液混血,颈部、胸前部肿胀,先便秘后腹泻,或呈血便,常于重度腹泻后死亡,颈、胸部皮下胶样水肿和出血。全身淋巴结水肿,出血。上呼吸道黏膜充血、出血,其中有淡红色泡沫状液体。肺淤血,水肿,出血。肝常有散在灰黄色病灶,有些周围尚有红晕。皱胃和盲肠水肿,出血,有溃疡病灶。慢性型即胸型,病羊流黏脓性鼻液,咳嗽,呼吸困难,消瘦,腹泻。也可见角膜炎,颈与胸下部水肿等症状,呈纤维素性肺炎变化,常有胸膜炎和心包炎。

(三)防治

首先要按计划进行免疫接种。其次要加强饲养管理,增强肉羊的抗病力。发生本病后应迅速采取隔离、消毒、治疗等措施。治疗本病可用青霉素、链霉素肌肉注射。

十二、布鲁氏菌病

布鲁氏菌病是由布鲁氏菌引起的一种人畜共患病,特征是生殖器官和胎膜发炎,引起流产、不育和各种组织的局部病灶。

(一)病原与传染

病原为布鲁氏菌。该菌对外界环境抵抗力较强,但对湿热的抵抗力不强,消毒药能很快将其杀死。绵羊和山羊均可感染。传染源是病羊及带菌者,尤其是受感染的妊娠羊,在其流产或分娩时,可随胎儿、胎水和胎衣排出大量布鲁氏菌。在感染公羊的精囊腺中也含有布鲁氏菌。主要通过消化道感染,也可经皮肤、结膜和配种感染。此外,吸血昆虫可以传播本病。

(二)症状

怀孕羊发生流产是本病的主要症状,流产多发生于妊娠 3～4 个月内,有的山羊流产 2～3 次。其他症状可能有乳房炎、支气管炎、关节炎和滑液囊炎。公羊发生睾丸炎和附睾炎,睾丸肿大,发病后期睾丸萎缩。胎衣呈黄色胶样浸润,其中部分覆有纤维蛋白絮片和脓液,有的增厚并有出血点。胎儿呈现败血症病变,胃肠和膀胱浆膜下有点状或线状出血,皮下有出血性浆液性浸润,肝、脾和淋巴结肿大,有的散在有坏死灶。公羊的精囊、睾丸和附睾可能有出血、坏死和化脓灶。

(三)防治

主要措施是检疫、隔离,控制传染源,切断传播途径,培养健康羊群及主动免疫接种,采用自繁自养的管理模式和人工授精技术。必须引进种羊或补充羊群数量时,要严格检疫,将引入羊只隔离饲养 1 个月后再次检疫,全群 2 次检查阴性者,才可与原群接触。没有发生过该病的羊群,每年至少检疫 1 次。一旦发现病羊,则应捕杀。

发现布鲁氏菌病,应采取措施,将其消灭。彻底消毒被污染的用具和场所。销毁流产胎儿、胎衣、羊水和产道分泌物。羊场工作人员应注意个人防护,以防感染。

第三节　常见寄生虫病防治

一、绦虫病

绦虫病是羊的一种体内寄生虫病,分布很广,可引起羊发育不良,甚至死亡。

(一)病原

本病的病原体为绦虫。寄生在羊小肠内的绦虫有三个属,即莫尼茨绦虫、曲子宫绦虫和无卵黄腺绦虫。

绦虫虫体扁平,呈白色带状,分为头节、颈节、体节 3 个部分。绦虫雌雄同体,全长 1～5 米,每个体节上都包括 1～2 组雌雄生殖器官,自体受精。节片随粪便排出体外,节片崩解,虫卵被地螨吞食后,卵内的六钩蚴在螨体内经 2～5 个月发育成具有感染力的似囊尾蚴,羊吞食了含有似囊尾蚴的地螨以后,幼虫吸附在羊小肠黏膜上,经 40 天左右发育为成虫。

本病主要危害 1.5～8 月龄的幼羊,2 岁以上的羊感染率极低。

(二)症状

羊轻度感染又无并发症时,一般症状不明显。感染严重的羔羊,由于虫体在小肠内吸取营养,分泌毒素,并引起机械阻塞,使羊食欲减退,喜欢饮水,消瘦、贫血、水肿、脱毛、腹部疼痛和臌气,下痢和便秘交替出现,淋巴结肿大。粪便中混有绦虫节片。病后期精神高度沉郁,卧地不起,个别羊只还出现神经症状,如抽搐、仰头或作回旋运动,口吐白沫,终至死亡。

(三)防治

①粪便要及时清除,堆积发酵处理,以杀灭虫卵,并做到定期驱虫。

②硫氯酚治疗,剂量为每千克体重 100 毫克,一次性口服。

③氯硝硫氨(驱绦灵)治疗,剂量为每千克体重 50～75 毫克,一次性口服。

④苯硫丙咪唑(抗蠕敏)治疗,剂量为每千克体重 10～15 毫克,一次性内服。

二、血矛线虫病(捻转胃虫病)

(一)病原

血矛线虫病的病原体是血矛线虫(捻转胃虫),它寄生在羊的第四胃里。雄虫长 10～20 毫米,雌虫长 18～30 毫米。虫体细小,须状,雌虫像一条红线和一条白线扭在一起的线绳。每天可产卵 5 000～10 000 个,卵随粪便排到草地上,在适宜温度(20～30℃)和湿度条件下,经 4～5 天即可孵化成幼虫而感染致病。雨后幼虫常被雨水冲到低洼地区,故在低湿地区放牧羊只最容易感染血矛线虫。

(二)症状

一般病羊表现为贫血,消瘦,被毛粗乱,精神沉郁,食欲减退。放牧时病羊离群或卧地不起。腹泻和便秘交替出现。颌下、胸下、腹下水肿,体温一般正常,脉搏弱而快,呼吸次数增多,最后卧地不起,虚脱死亡。

剖检在真胃可见有大量血矛线虫虫体吸着在胃壁黏膜上,或游离于胃内容物中。

(三)防治

①不到低洼潮湿的地方放牧,不放"露水草",不饮死水。羊舍内粪便要堆积发酵以杀死虫卵,并做好定期预防性驱虫,如每年进行春季放牧前、秋末或初冬两次驱虫。

②苯硫丙咪唑治疗,每千克体重 10～15 毫克,一次性内服。

③驱虫净(噻咪唑、四咪唑)治疗,每千克体重 20 毫克,加水灌服。

④左旋咪唑治疗,每千克体重 50～60 毫克,配成水溶液,一次灌服。

三、肺丝虫病

(一)病原

此病的病原体是肺丝虫,肺丝虫又分为大型肺丝虫(丝状网胃线虫)和小型肺丝虫(原圆科线虫)两类。

大型肺丝虫成虫寄生在羊气管和支气管内,含有幼虫的虫卵或已孵出的幼虫随咳痰咳出,或咽下后经粪便排出。幼虫能在水、粪中自由生活,经 6～7 天发育成侵袭性幼虫,由消化道进入血液,再由血液循环到达肺部。本病在低湿牧场和多雨季节最易感染。

小型肺丝虫的雌虫在肺内产卵,幼虫由卵孵出后由气管上行至口腔,随痰咳出或吞咽后进入消化道,再随粪便排出。幼虫钻入旱地螺蛳或淡水螺蛳内,经过一段时间的发育后,再由螺蛳体内钻出来,随羊吃草或饮水进入羊消化道,再通过血液循环进入肺部。

(二)症状

病初频发干性强烈咳嗽,后渐渐变为弱性咳嗽,有时咳出含有虫卵及幼虫的黏稠痰液。以后呼吸渐转困难,逐渐消瘦,最后常常并发肺炎,体温升高,黏膜苍白,皮肤失去弹性,被毛干燥,如得不到及时治疗,死亡率较高。

(三)防治

①不到低洼潮湿的地方放牧,不饮死水。对粪便进行处理,杀死幼虫,并做到定期驱虫。

②用碘溶液气管注射法治疗大型肺丝虫。用碘片 1 克、碘化钾 1.5 克、蒸馏水 1 500 毫升,煮沸消毒后凉至 20～30℃进行气管注射。剂量为羔羊 8 毫升,幼羊 10 毫升,成年羊 12～15 毫升,一次性注射。

③用水杨酸钠溶液气管注射法治疗小型肺丝虫。用水杨酸钠 5 克加蒸馏水 100 毫升,经消毒后注入气管。也可幼羊 10～15 毫升,成年羊 20 毫升,一次性注射。

④用四咪唑治疗。按每千克体重 7.5～25 毫克内服,或配成水剂肌肉注射。

⑤用苯硫丙咪唑治疗。按每千克体重 10～15 毫克,一次性内服或配制成针剂肌肉注射。

四、肝片吸虫病

肝片吸虫病是由肝片吸虫寄生在羊的肝脏和胆管内所引起,表现为肝实质和胆管发炎或肝硬化,并伴有全身性中毒和代谢紊乱,一般呈地方性流行。本病危害较大,尤其对幼畜的危害更为严重,夏、秋季流行较多。

(一)病原

本病的病原体是肝片吸虫,其形状似柳树叶。雌虫在胆管内产卵,卵顺胆汁流入肠道,最后随粪便排出体外。卵在适宜的生活条件下,孵化发育成毛蚴,毛蚴进入中间宿主螺蛳体内,再经过胞蚴、雷蚴、尾蚴3个阶段的发育又回到水中,成为囊蚴。羊饮水时吞食囊蚴而感染此病。

(二)症状

本病可表现为急性症状和慢性症状。急性症状表现为精神沉郁,食欲减退或消失,体温升高,贫血、黄疸和肝大,黏膜苍白,严重者3～5天内死亡。慢性症状表现为贫血、黏膜苍白,眼睑及下颌间隙、胸下、腹下等处发生水肿,被毛粗乱、干燥、易脱断、无光泽,食欲减退,逐渐消瘦,并伴有肠炎,最终导致死亡。

(三)防治

①不要到潮湿或沼泽地放牧,不让羊饮死水或饮有螺蛳生长地区的水。每年进行2或3次驱虫。

②由于幼虫发育需要中间宿主螺蛳,因此应进行灭螺,使幼虫不能发育。每亩地施用20%的氨水20千克,或用1∶5 000硫酸铜溶液、石灰等进行灭螺。

③四氯化碳治疗。四氯化碳1份、液状石蜡1份,混合后肌肉注射。成年羊注射3毫升,幼羊2毫升。内服四氯化碳胶囊,成年羊4个(每个胶囊含四氯化碳0.5毫升),幼羊2个(含四氯化碳1毫升)。

四氯化碳对羊副作用较大,应用时先以少数羊试治,无大的反应再广泛应用。

④硝氯酚治疗,每千克体重4毫克,一次性口服。

⑤别丁(硫氯酚)治疗,每千克体重35～75毫克,配成悬浮液口服。

⑥苯硫丙咪唑治疗,每千克体重15毫克,一天一次,连用两天。

⑦中药治疗,苏木 15 克、贯仲 9 克、槟榔 12 克,水煎去渣,加白酒 60 克灌服。

五、羊鼻蝇幼虫病

本病是由羊鼻蝇幼虫寄生在羊的鼻腔和额窦内而引起的一种慢性疾病。

(一)病原

本病的病原为羊鼻蝇幼虫。其成虫为羊鼻蝇,外形像蜜蜂。夏、秋季雌蝇将幼虫产在羊鼻孔周围,幼虫沿鼻黏膜爬入鼻腔、鼻窦和额窦等处。幼虫起初如同小米粒大小,在羊鼻腔、鼻窦及额窦内逐渐长大,经 9~10 个月成为第三期幼虫,长约 3 厘米,颜色也由白色变黄再变为褐色。羊打喷嚏时,幼虫落到地面,钻入浅层土壤变为蛹。经 1~2 个月,蛹羽化为鼻蝇。

(二)症状

成虫鼻蝇在羊鼻孔产幼虫时,羊惊恐不安,摇头、奔跑,影响羊的采食、休息和活动,体质逐渐下降。幼虫钻进鼻腔内,其角质钩刺可引起鼻黏膜损伤发炎或溃疡,由鼻内流出混有血液的脓性鼻涕,由于大量的鼻液堵塞鼻孔,使羊呼吸困难,经常打喷嚏,在地上摩擦鼻端;羊食欲减退,日渐消瘦。个别幼虫还可进入颅腔,损伤胸膜,引起神经症状,运动失调,摇头、转圈等,可造成死亡。

(三)防治

①鼻蝇飞舞季节,在鼻孔周围涂上 1% 滴滴涕软膏、木焦油等,可驱避鼻蝇。

②秋末羊鼻蝇绝迹时,用 1% 敌百虫水溶液注入鼻腔,每侧鼻腔 10~20 毫升;或用敌百虫内服,每千克体重 0.1 克,加水适量,一次灌

服;或用3%来苏儿溶液向羊鼻孔喷洒。

③螨净治疗,将螨净配成0.3%的水溶液,鼻腔喷注,每侧鼻孔内各喷入6~8毫升。

六、肠结节虫病

(一)病原

本病病原为食道口线虫。其幼虫常寄生在大肠肠壁上,形成大小不等的结节,故称为结节虫。

雌虫在羊肠道内产卵,卵随粪便排出体外,在适宜的条件下孵出幼虫,幼虫经7~8天的发育变成有感染性的幼虫,爬在草叶上,当羊吃草时吞食了幼虫而被感染。

(二)症状

当幼虫钻入肠壁形成结节时,使羊肠道变窄,肠道发炎或溃疡,引起羊腹泻,有时粪中混有血液或黏液。羊厌食,消瘦,贫血,逐渐衰弱死亡。当幼虫从结节中回到肠道后,上述症状将逐渐消失,但常表现间歇性下痢。

(三)防治

①每年春、秋两季,用敌百虫或驱虫净进行预防驱虫。

②敌百虫治疗,每千克体重50~60毫克,配成水溶液,一次灌服。

③驱虫净治疗,每千克体重10~20毫克,一次口服,或配成5%的水溶液肌肉注射,每千克体重10~12毫克。

七、羊脑包虫病

(一)病原

羊脑包虫病是由多头绦虫的幼虫——多头蚴引起的。成虫寄生在终末宿主犬、狼、狐等肉食动物的小肠内,卵随粪便排出体外,羊在被绦虫卵严重污染的牧地上放牧时被感染。幼虫寄生在羊的脑内。幼虫呈包囊泡状,囊内充满透明的液体,囊内六钩蚴数量常多达 100～250 个,包囊由豌豆大到鸡蛋大。本病主要侵袭 2 周岁以内的羊,2 周岁以上的羊也有个别发生。

(二)症状

根据侵袭包虫的数量和对脑部的损伤程度及死亡情况,可分为急性、亚急性和慢性 3 种。

(1)急性型 发生在感染后 1 个月左右,由于感染包虫数量多(7～25 个),幼虫在移动过程中对脑部损伤严重,常引起脑脊髓膜炎,羊暴躁狂奔,痉挛惊叫,很快死亡。

(2)亚急性型 发生在感染后 2 个月左右。感染包虫数 2～7 个。病羊间断性癫痫发作,一天数次,每次 5～10 分钟,表现多种神经症状,死亡较急性拖得长。

(3)慢性型 发生在感染后 2～3 个月,包虫数大多为一个,癫痫发作次数一般一天或隔天一次,病羊向寄生侧作转圈运动。

(三)防治

①加强对牧羊犬的管理,控制牧犬数量,消灭野犬,捕灭狼、狐,防止草场被严重污染。

②每季度给牧犬投驱绦虫药一次,驱虫后排出粪便要深埋或焚烧。

③对病羊进行手术摘除。

手术部位确定:根据羊旋转的方向确定寄生部位,一般向右旋转则寄生在脑的右侧,向左旋转则寄生在左侧。然后用小叩诊锤或镊子敲打两边颅骨疑似部位,若出现低实音或浊音即为寄生部位,非寄生部位呈鼓音。用拇指按压,可摸到软化区。此区即为最佳手术部位。

手术方法:术部剪毛,用清水洗净,再用碘酊消毒,用刀片对皮肤作 V 形切口,在切开 V 形骨的正中用圆骨钻或外科刀将骨质打开一个直径约 1.5 厘米的小洞,用针头将脑膜轻轻划开,一般情况下包虫即向外鼓出,然后进行摘除,最后在 V 形切口下端作一针缝合,消毒后用绷带或纱布包扎。

④药物治疗。对感染期的病羊用 5% 黄色素注射液作超剂量静脉注射,注射量 20～30 毫升,每天一次,连用两天,病羊可逐渐康复。

八、羊疥癣

羊疥癣又称螨病,俗称"羊癫",由疥癣虫寄生在羊的皮肤上引起,其主要特征是剧痒、脱毛、消瘦,对养羊业危害较大。

(一)病原

本病的病原为疥癣虫。侵害绵羊的疥癣虫主要是吸吮疥虫(痒螨),寄生于皮肤长毛处;侵害山羊的疥癣虫主要是穿孔疥虫(疥螨),寄生于皮肤内。疥癣虫习惯生活在羊的皮肤上,离开皮肤后容易死亡。雌虫在皮肤上产卵,卵经 10～15 天发育为成虫(卵—幼虫—稚虫—成虫)。病的传播主要通过健康羊与病羊直接接触而感染。

(二)症状

绵羊多发部位为毛长而稠密的地方,如背、臀、尾根等处;山羊多发部位为无毛或短毛的地方,如唇、口角、鼻孔周围,眼圈、耳根、乳房、阴囊、四肢内侧等处。羊感染螨病后,皮肤剧痒,极度不安,用嘴啃咬或用蹄踢患部,常在墙壁上摩擦患部。患部被毛蓬乱、脱落,皮肤增厚,发炎,流出渗出物,干燥后结成痂皮。由于病羊极度瘙痒,影响采食及休息,使羊日渐消瘦,体质下降。

(三)防治

①每年夏初、秋末进行药浴预防。

②从外地购入羊,应隔离观察 15～30 天,确定无病后再混入羊群。

③舒利保(英国杨氏公司生产)治疗,治疗浓度为 200 毫克/千克。

④溴氰菊酯治疗,治疗浓度为 50 毫克/千克。

⑤30%烯虫磷乳油(石家庄化工厂生产)治疗,按 1∶1 500 倍稀释,药浴病羊或涂抹患部。

⑥干烟叶硫黄治疗,干烟叶 90 克,硫黄末 30 克,加水 1.5 千克。先将烟叶在水中浸泡一昼夜,煮沸,去掉烟叶,然后加入硫黄,使之溶解,涂抹患部。

⑦灭扫利(20%乳油,日本产)治疗,药浴浓度为 80 毫克/千克。

九、羊蜱病

(一)病原

本病的病原为蜱,又称草鳖、草爬子,可分为硬蜱科和软蜱科,硬蜱背侧体壁有厚实的盾片状角质板,硬蜱可传播病毒病、细菌病和原虫病等;软蜱没有盾片,为弹性的草状外皮,饱食后迅速膨胀,饥饿时迅速缩瘪,故称软蜱。蜱的外形像个袋子,头、胸和腹部融合为一个整体,因此虫体上通常不分节。雌虫在地下或石缝中产卵,孵化成幼虫,找到宿主后,靠吸血生活。

(二)症状

蜱多趴在毛短的部位叮咬,如嘴巴、眼皮、耳朵、前后肢内侧、阴户等。蜱的口腔刺入羊的皮肤吸血,由于刺伤皮肤造成发炎,羊表现不安。蜱吸血量大,可造成羊贫血甚至麻痹,使羊日趋消瘦,生产力下降。

(三)防治

用 1.5%的敌百虫水溶液药浴,可使蜱全部死亡,效果较好。

十、羊虱病

本病是由羊虱寄生在羊的体表引起的,以皮肤发炎、剧痒、脱皮、脱毛、消瘦、贫血为特征的一种慢性皮肤病。

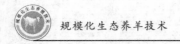

(一)病原

羊虱可分为吸血虱和食毛虱两类。吸血虱嘴细长而尖,具有吸血口器,吸吮血液;食毛虱嘴硬而扁阔,有咀嚼器,专食羊体的表层组织、皮肤分泌物及毛、绒等。

雌虱将卵产在羊毛上,白色小卵约经 2 周可变成幼虱,侵害羊体。

(二)症状

皮肤发痒,精神不安,常摩擦和搔咬,当寄生大量虱子时,皮肤发炎,羊毛粗乱,易断或脱落,皮肤变粗糙、起皮屑,消瘦,贫血,抵抗力下降,并可引起其他疾病。

(三)防治

①经常保持圈舍卫生、干燥,定期消毒,对羊舍及所接触的物体用 0.5%～1%敌百虫溶液喷洒。

②羊生虱子后可用 0.5%～1%敌百虫喷淋或药浴 1 或 2 次,每次间隔 2 周。如天气较冷可用药液洗刷羊身或局部涂抹。

③用 45%烟草水擦洗,也可达到杀灭虱子的效果。

第四节　常见普通病防治

一、急性瘤胃臌气

(一)病因

急性瘤胃臌气(气胀)是羊胃内饲料发酵,迅速产生大量气体而致。多发生于春末夏初放牧的羊群。羊吃了大量易发酵的嫩紫花苜蓿或采食霜冻饲料、酒糟、霉烂变质的饲料后易发此病。

（二）症状

病初，羊只食欲减退，反刍、嗳气减少，或很快食欲废绝，反刍、嗳气停止。呻吟、努责，腹痛不安，腹围显著增大，尤以左肷部明显。触诊瘤胃时充满、坚实并有疼痛感，叩诊呈浊音。病初羊经常作排粪姿势，但排出粪量少，为干硬带有黏液的粪便，或排少量褐色带恶臭的稀粪，尿少或无尿排出。鼻、嘴干燥，呼吸困难，眼结膜发绀。重者脉搏快而弱，呼吸困难，口吐白沫，但体温正常。病后期，羊虚乏无力，四肢颤抖，站立不稳，最后昏迷倒地，因窒息或心脏衰竭而死亡。

（三）防治

初春放牧时，要防止羊采食大量豆科牧草，不喂霉烂或容易发酵的饲料，不喂冰冻饲料，不喂雨后水草或露水未干的草，不喂大量难以消化和易膨胀饲料。变换饲料应逐渐更换，以防本病发生。

治疗本病时，可先插入胃导管放气，或用大号针头穿刺瘤胃放气，缓解腹压。然后每只羊可用硫酸镁（钠）100 克，加鱼石脂 5～10 克，混水一次灌服；或液状石蜡、植物油 100～150 毫升，一次灌服；或用福尔马林、来苏儿 2～5 毫升，加水 200～300 毫升，一次灌服。

二、羔羊消化不良

（一）病因

母羊妊娠后期饲养不良，所产羔羊体形瘦弱，胃肠机能欠佳；羔羊饮食不当，如采食量过大，食物及饮水温度太低以及顶风吃食等都可引起羔羊消化不良。

（二）症状

精神不振，食欲降低，体温正常。由于消化不良，食物不能被充分消化吸收，身体逐日消瘦，全身症状轻微。

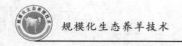

（三）防治

加强母羊妊娠后期的饲养管理及羔羊出生后的护理。羔羊消化不良的治疗可采用以下药物：人丹，每天 2 次，每次 2 袋，至食欲好转后停药；10％高渗盐水 20 毫升，20％葡萄糖 100 毫升，维生素 C 10 毫升，静脉注射，每天 1 次，一般 2～3 次即愈；乳酶生，每次 2～3 片，每天 2～3 次，连用 3～5 天。用中药治疗时可选用椿皮散、健胃散等，均有良好疗效。

三、感冒

（一）病因

在早春和晚秋气候多变季节多发。气候剧变、栏舍潮湿、门窗破损、风雨侵袭，或长途运输、夏季剪毛后或出汗后突遭雨淋等，都可能引起羊只防御机能下降，上呼吸道黏膜发生炎症变化而感冒。羔羊最易发生本病。

（二）症状

病羊精神不振，低头耷耳，结膜潮红，皮温不匀，耳尖、鼻端和四肢末端发凉，体温升高至 40℃以上。鼻塞，初流清鼻涕，以后鼻涕变黏。常发咳嗽，呼吸加快，听诊肺泡音粗。食欲减退，反刍减少，鼻镜干燥。

（三）防治

冬季要注意羊只防寒保温，要把羊舍门窗封好，墙壁堵严，防止羊舍内有贼风；同时应保持羊舍干燥，在雨雪天气严禁放牧。

本病治疗可用解热镇痛药复方氨基比林注射液，成年羊 4～6 毫升，羔羊 2～3 毫升，肌肉注射，每天 2 次；病重者可在用解热镇痛药物后，适当配合用磺胺类药物和抗生素。

四、骨软病

骨软病是成年羊比较多发的骨质性脱钙、未钙化的骨基质过剩而骨质疏松的一种慢性疾病。

(一)病因

主要是由于草料内磷不足或缺乏所致。

(二)症状

病羊出现慢性消化障碍症状和异嗜,舔墙吃土,啃嚼石块,或舔食铁器、垫草等异物。四肢强拘,运步不灵活,出现不明原因的一肢或多肢跛行,或交替出现跛行。弓背站立,经常卧地,不愿起立。骨骼肿胀、变形、疼痛。尾椎骨移位、变软,肋骨与肋软骨结合部肿胀,易折断。

(三)防治

预防本病主要在于调整草料内磷、钙含量和磷、钙比例,加强管理,适当运动,多晒太阳。

五、白肌病

白肌病是由于硒和维生素 E 缺乏所引起的一种以骨骼肌、心肌纤维以及肝组织等发生变性、坏死为主要特征的疾病。

(一)病因

主要是由于土壤、草料中缺乏硒和维生素 E 所致。羔羊多发。常呈地区性发生。

(二)症状

病程分急性、亚急性、慢性 3 种类型。急性病例,病羊常突然死亡。

亚急性病例,病羊精神沉郁,背腰发硬,步样强拘,后躯摇晃,后期常卧地不起;臀部肿胀,触之硬固;呼吸加快,脉搏增加;初期心搏动增强,以后心搏动减弱,并出现心律失常。慢性病例,病羊运动缓慢,步样不稳,喜卧;精神沉郁,食欲减退,有异嗜现象;被毛粗乱,缺乏光泽,黏膜黄白,腹泻多尿;脉搏增加,呼吸加快。

(三)防治

预防本病关键在于加强对妊娠母羊、哺乳期母羊和羔羊的饲养管理,尤其是在冬、春季节,可在饲料中添加含硒维生素 E 粉,或肌肉注射 0.1%亚硒酸钠和维生素 E。每只母羊在生产前 1 个月肌肉注射 0.1%亚硒酸钠维生素 E 合剂 5 毫升,即可起到很好的预防作用。也可在羔羊初生后第 3 天肌肉注射亚硒酸钠维生素 E 合剂 2 毫升,断奶前再注射一次(3 毫升)。

治疗本病对急性病例通常使用注射剂,常用 0.1%亚硒酸钠注射剂肌肉或皮下注射,羔羊每次 2~4 毫升,间隔 10~20 天重复注射一次。维生素 E 肌肉注射,羔羊 10~15 毫克,每天一次,5~7 天为一个疗程。对慢性病例可采用在饲料中添加的办法。

六、母羊妊娠瘫痪病

(一)病因

母羊怀孕期特别是后期的营养不足,产羔后乳腺迅速膨大、泌乳,血糖、血钙等含量急剧下降,血压降低,使大脑皮层发生抑制而引起发病。

(二)症状

病初精神沉郁,黏膜苍白,食欲减退。有的怀孕羊后期流产或双目失明,流口水、磨牙;也有的头颈高举,向后弯曲,发生痉挛,卧地不起,昏迷不醒。死前呼吸浅表,瞳孔散大,四肢作游泳状。

(三)防治

加强饲养管理,特别是怀孕后期应喂富含维生素的青饲料,补喂钙、磷矿物质饲料,并保持适当的运动。产羔后立即给大量温盐水,促使降低的血压迅速恢复正常。

此外,要补充钙、糖,增加血钙、血糖的含量。每只羊静脉注射10%的葡萄糖酸钙80~100毫升,每天1次,连用2~3天;或静脉注射10%氯化钙注射液30毫升,每天1次,连用2~3天。注意钙制剂静脉注射要缓慢,不能漏到静脉血管外。同时,配合对症疗法。

七、毒草中毒

(一)病因

多因误食毒草,或有毒的植物叶子,如夹竹桃叶、苦杏树叶、霜后大麻子叶、高粱再生苗、黑斑病甘薯等而引起中毒。

(二)症状

中毒羊转圈,磨牙,肌肉和眼球震颤,四肢麻痹,口吐白沫,呕吐,胀气,下痢,喜卧阴暗处,体温升高,呼吸、脉搏加快等。

(三)防治

青草春季返青时,不要在有毒草的地方放牧,以免因误食而中毒。

羊发生中毒后,可皮下注射1%硫酸阿托品注射液0.5~1毫升,必要时1~2小时后再重复注射一次;强心补液,皮下注射10%安钠咖3毫升,静脉滴注生理盐水或5%葡萄糖生理盐水500毫升,加维生素C;4%高锰酸钾或3%过氧化氢溶液洗胃;鲜鸡蛋2个,韭菜250克,加水捣烂取汁,一次灌服;绿豆250克,磨浆灌服;鲜松针250~500克,加倍量水,煎后取汁,加地浆水250~500克,一次灌服,隔1~2小时再服一剂;还可用人尿、羊粪拌水灌服以及咸菜喂羊来解毒。

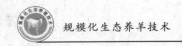

八、尿素中毒

(一)病因

尿素添加剂量过大,浓度过高,和其他饲料混合不匀,或食后立即饮水以及羊喝了大量人尿都会引起尿素中毒。

(二)症状

发病较快,表现不安,呻吟,磨牙,口流泡沫性唾液;瘤胃急性膨胀,蠕动消失,肠蠕动亢进;心音亢进,脉搏加快,呼吸极度困难;中毒严重者站立不稳,倒地,全身肌肉痉挛,眼球震颤,瞳孔放大。

(三)防治

合理正确使用尿素添加剂。发现尿素中毒应及早治疗,一般常用1%醋酸 200~300 毫升或食醋 250~500 克灌服,若再加入食糖50~100 克,加水灌服效果更好。另外可用硫代硫酸钠 3~5 克,溶于 100 毫升 5%葡萄糖生理盐水内,静脉注射。临床证明,10%葡萄糖酸钙50~100 毫升,10%葡萄糖溶液 500 毫升静脉注射,再加食醋半斤灌服,有良好效果。

九、农药中毒

(一)病因

羊只误食喷洒过农药的农作物、牧草、田间野草和被农药污染过的饲料及水、或农药管理不当被羊舔食均可引起中毒。目前常用的农药有机磷和有机氯两种类型。

(二)症状

羊只兴奋不安,腹泻,腹痛,呕吐,口吐白沫,肌肉颤抖,四肢发硬。

严重者全身战栗,狂躁不安,无目的奔跑,呼吸困难,心跳加快。体温升高,瞳孔缩小,视物不清,抽搐痉挛,昏迷,大小便失禁,终至死亡。

(三)防治

严禁用刚喷洒过农药的作物、蔬菜、牧草、杂草等做饲料喂羊,一般需喷洒 7 天后方可饲用。

发现农药中毒后应及早治疗,可用解磷定、氯磷定等特效解毒药,第一次每只羊 0.2～1 克,以后减半,用生理盐水配成 2.5%～5% 的溶液缓慢静脉注射,视病情连续用药,一般每天 1～2 次;也可用 1% 硫酸阿托品 1～2 毫升皮下注射,病重者 2～3 小时一次,到出现瞳孔散大、口干等症状时停药;排出胃肠道滞积物,先用 1% 盐水或 0.05% 高锰酸钾溶液洗胃,再灌服 50% 硫酸镁溶液 40～60 毫升,进行导泻,使中毒羊胃内毒物能由肠道尽快排出。

十、霉变饲料中毒

(一)病因

羊采食因受潮而发霉的饲料,其中的霉菌产生毒素,引起羊只中毒。有毒的霉菌主要有黄曲霉菌、棕曲霉菌、黄绿霉菌、红色青霉菌等。

(二)症状

精神不振,停食,后肢无力,步履蹒跚,但体温正常。从直肠流出血液,黏膜苍白。出现中枢神经症状,如头顶墙壁呆立等。

(三)防治

严禁喂腐败、变质的饲料,加强饲草饲料的保管,防止霉变。

发现羊只中毒,应立即停喂发霉饲料。内服泻剂,可用液状石蜡或植物油 200～300 毫升,一次灌服,或用硫酸镁（钠）50～100 克溶于

500 毫升水中,一次灌服,以排出毒物。然后用黏浆剂和吸附剂如淀粉 100～200 克、木炭末 50～100 克,或 1‰鞣酸内服以保护胃肠黏膜。静脉注射 5‰葡萄糖生理盐水 250～500 毫升或 40‰乌洛托品注射液 5～10 毫升,每天 1～2 次,连用数天。心脏衰弱者可肌肉注射 10‰安钠咖 5 毫升,出现神经症状者肌肉注射氯丙嗪,每千克体重 1～3 毫克。

参 考 文 献

[1] 陈启康.发展沿海现代肉羊产业　建设生态养羊循环经济示范园区//第六届中国羊业发展大会论文集,2009:15-18.

[2] 段宝生,王为峰.空中养羊　生态环保.北京农业,2010(22):29.

[3] 江建斌.天然牧场生态养羊.福建农业,2011(3):27.

[4] 刘喜生,任有蛇,岳文斌.发展生态养羊势在必行.现代畜牧兽医,2009(12):10-11.

[5] 龙玉洲.生态养羊的技术及其效果观察.养殖与饲料,2009(1):6-8.

[6] 毛杨毅.农户舍饲养羊配套技术.北京:金盾出版社,2008.

[7] 莫靖川,莫华武.忻城县生态养羊的综合措施.广西畜牧兽医,2007(1):19-21.

[8] 宋顺达,戴企平,祝水岳,等."果园－养羊"种养生态循环模式效益显著.中国牧业通讯,2011(13):73-74.

[9] 田颖,杜富林.鄂尔多斯市发展养羊业的 SWOT 分析及对策思考.内蒙古农业大学学报,2008(2):93-94.

[10] 吴宗权,邱安明,邵明安,等.三峡库区生态养羊模式研究.草业与畜牧,2006(10):45-46.

[11] 王玉民,魏磊.葡萄园种草生态养羊示范技术研究.安徽农业科学,2010(4):6412-6413.

[12] 肖西山.健康养羊关键技术.北京:中国农业出版社,2008.

[13] 岳文斌,任有蛇,赵祥,等.生态养羊技术大全.北京:中国农业出版社,2006.

[14] 岳文斌.舍饲养羊新技术.北京:中国农业出版社,2002.

[15] 岳炳辉,闫红军.养羊与羊病防治.北京:中国农业大学出版社,2011.

[16] 张英杰.养羊手册.北京:中国农业大学出版社,2000.

[17] 张英杰.羊生产学.北京:中国农业大学出版社,2010.

[18] 张纪元,马玉林,刘海萍,等.发展柴达木盆地绿洲生态养羊业的分析.中国草食动物,2007(6):28-31.

[19] 赵有璋.现代养羊生产.北京:金盾出版社,2005.